北京传统村落（第一批）

北京市农业农村局　主编

中国建筑工业出版社

编委会

序言

传统村落，记载着历史，传承着文化，寄托着乡愁，是乡村文明的根和魂，是乡村文化振兴的活载体，是北京文化中心的“农”元素，具有当代价值，富有永恒魅力。习近平总书记2017年2月在北京视察时强调，要“加强对‘三山五园’、名镇名村、传统村落的保护和发展”。贯彻落实习近平总书记重要指示精神，北京市于2018年3月出台了《关于加强传统村落保护发展的指导意见》，同时公布了第一批44个市级传统村落名录。

传统村落是农耕文明不可再生的文化遗产，北京的传统村落是北京历史文化名城的重要组成部分。对于这一宝贵历史文化遗产，要保护好、传承好，也要记录好、宣传好，让其中蕴藏的人文精神鲜活起来。北京市农业农村局会同相关部门，已经出台了《北京市传统村落保护发展规划设计指南》《北京市传统村落修缮技术指导意见》等规范管理文件，开展了传统村落的保护发展规划编制、保护修缮等工作。这次出版的《北京传统村落（第一批）》一书，通过大量的实地调查、文献查阅、口述访谈，全方位、图文式地呈现44个传统村落的历史沿革、空间格局、典型建筑、装饰艺术、非物质文化遗产，是探寻北京民间建筑、艺术、人文、美学，研究村落发展历史有参考价值的典籍资料。

在实施乡村振兴战略的征程中，我们将本着对历史负责、对人民负责、对未来负责的精神，做好传统村落保护，“做到能报则报，应保尽保，成为美丽乡村的最亮处，市民休闲的好去处”。诚挚希望社会各界关注支持传统村落保护发展，共建美丽家园，共享文明财富。

李志军

中共北京市委农村工作委员会 书记
北京市农业农村局 局长

目录

引言

本书是在现场调查的基础上，分析和研究北京郊区的传统村落。作为本书的引言，主要简述一下北京的基本情况。

首先，分析北京郊区的传统村落，有必要勾勒一下北京的历史轮廓。

北京是世界古人类发祥地之一[1]。西周时，先后封立蓟、燕两国，蓟的国都在蓟（今广安门一带），燕的国都在燕（今琉璃河镇董家林一带）。后燕国并蓟，迁都蓟城。两汉至隋唐间，蓟城一直是州郡（国）治所，是北方军事重镇。金贞元元年（1153年），金朝正式建都北京，称为中都。之后的元明清三代，北京一直是中国的都城，曾有三十余位皇帝在此统领国家。

历史上，北京所辖州县多有变化。但从辽到清，其各代所辖之地，都比北京现辖地域大。如清京师顺天府所隶“四路同知”，西路厅到涿州（今属河北），东路厅到三河、香河（今属河北省廊坊市），蓟州、武清（今属天津市），遵化、玉田（今属河北省唐山市），南路厅到永清、固安、文安、大城、霸州等（今属河北省廊坊市），北路厅基本同今日北京北部郊区县，其疆域远大于现在北京的市域（图0–1）。需要说明的是，本书仅讨论北京现辖范围内的传统村落。

其次，分析北京郊区的传统村落，有必要熟悉北京的地形地貌。

北京位于华北平原西北，偏居中国北方，远离中国地理中心，但其战略位置一直比较重要，自古以来就是中原汉族和少数民族的交界地带。作为都城的防御而言，北京主要通过太行山和燕山，阻断北部和西部的威胁，同时沿着这些山脉，修筑用于防御的长城和关城。对于北京的位置特征，历史上多有评论。如《明实录・卷一八二》记载，永乐十四年（1416年），“群臣集议营建北京”，共同上书：“伏维北京，圣上龙兴之地。北枕居庸，西峙太行，东连山海，南俯中原。沃壤千里，山川形胜，足以控四夷，制天下，诚帝王万世之都也”。明代《博物策会》则更为简洁地评论了北京的地理优势：“幽州之地，左环沧海，右拥太行，北枕居庸，南襟河济，形胜甲于天下，诚天府之国也。”[3]

北京市域地形地貌的基本特征是：背靠群山，面向平原，即东、北、西三面环山，东南向敞开，呈海湾状。西部和北部主要为山区，属太行山脉和燕山山脉，东南主要为平原区，属华北平原。其中，山区面积约占全市土地面积的2/3，平原区面积约占1/3。北京市域内河流水系众多，有大小河流100余条，分属于海河流域的永定河、潮白河、拒马河、北运河、蓟运河等5大水系。这些河流基本上都是从西北流向东南方向。

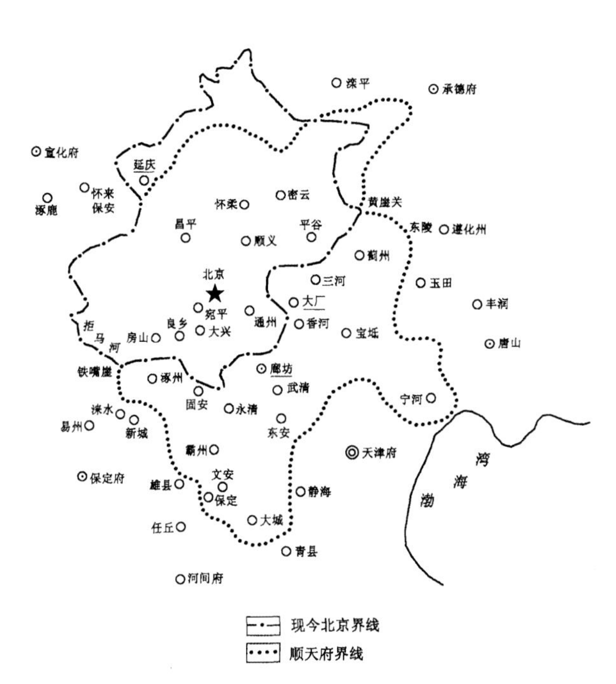

图0–1 北京现市域和清京师顺天府地域对比[2]

再次，分析北京郊区的传统村落，有必要了解北京作为都城对这些村落的影响。

作为国都的北京，是社稷所在，自然受到政治、军事和社会变革的影响也大一些。每每改朝换代，都难免首当其冲。从金灭辽、元灭金到明灭元、清灭明，从八国联军攻打北京到卢沟桥事变以及日寇侵华战争等，这些都给北京郊区村落刻上深深的烙印。以人口为例，金中都地区人口由泰和七年（1207年）的161万人减少到贞佑初年的约30万人，元大都地区人口则由泰定四年（1327年）的221万人减少到明洪武初年的5万人；明代北京地区人口则由万历六年（1578年）的185万人减少到清顺治初的50余万人[4]。人口变化如此剧烈，和北京

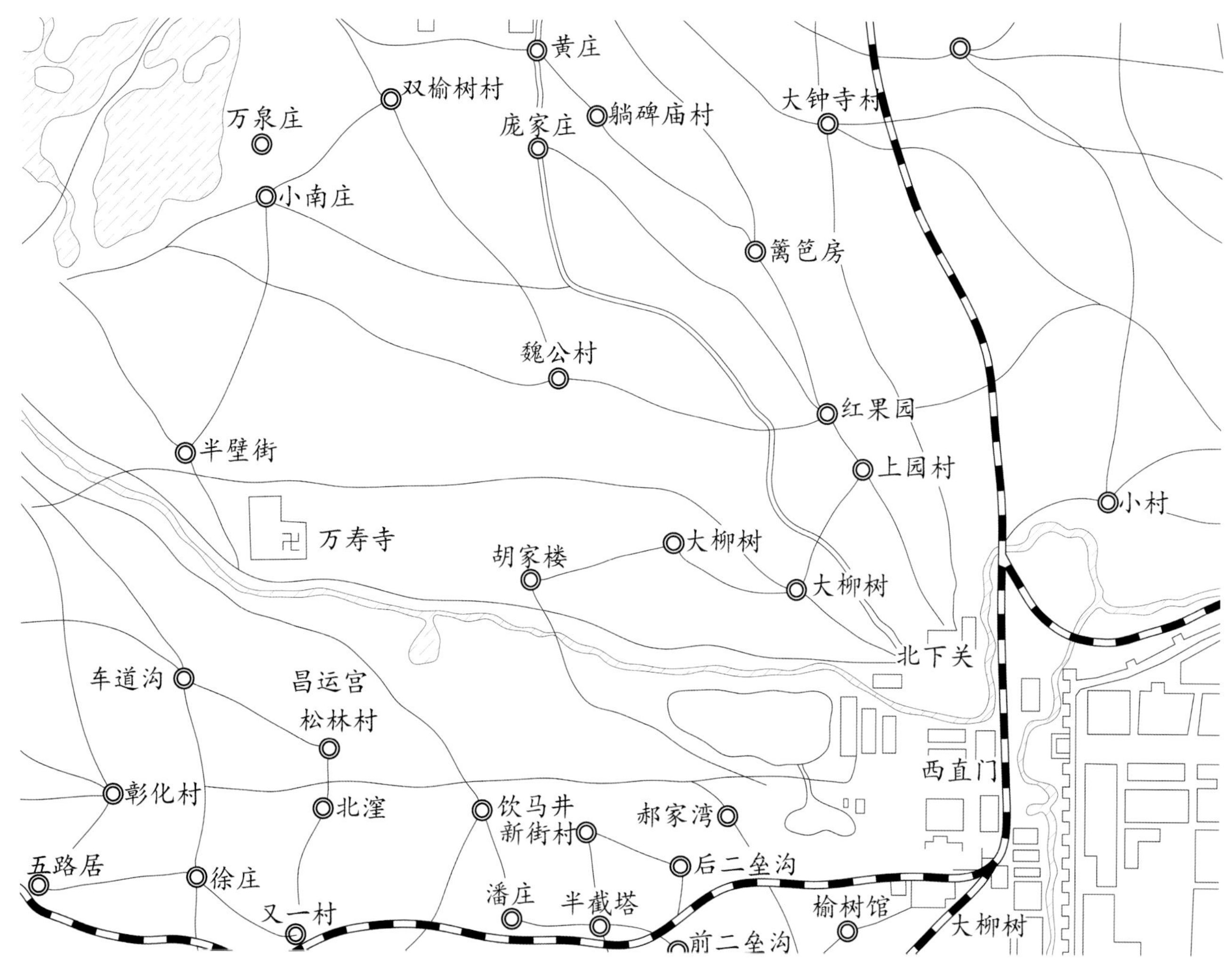

图0-2　北京旧城西北郊的村落名称（改绘自1934年北京四郊详图）

作为都城是密切相关的。而人口的增减，又是村落兴衰的直接缘由和具体表现。

作为都城的北京，其郊区村落表现出一定的特征。略举一例，北京城郊称为“坟”的村落就特别多。北京作为明清皇都，其郊区的大片土地自然就成为王公贵胄的世袭领地。而且，当时规定，北京城内的人，死后不能葬在城里。这样，这些王公贵胄只能在近郊选择墓地。《苑署杂记》载：“环城百里之间，王侯、妃主、勋戚、中贵护坟香火等地，尺寸殆尽。”由于这些墓地的主人往往有钱有势，所以会雇佣专门的看墓人。这些看坟人家的居住之处，后来就演变成为村落，并多以坟主人的姓氏或身份命名。西郊香山一带，向来被称为“风水宝地”，王公贵胄之坟墓也多选址于此。据《海淀区地名志》，以坟墓命名的村名就有52处，如九王坟、双贝子坟、黄带子坟、公主坟、牛碌坟、老公坟、铁家坟，等等。还有很多村，虽村名中没有坟字，但也是由陵墓守护者聚落点衍变而来。如顺义县薛大人庄，“明代已成村，村北有薛姓官府坟地，故名”[5]。石景山区广宁村，“原名广宁坟，因明初广宁伯刘荣鑫葬此得名”[6]。

最后，分析北京郊区的传统村落，有必要了解北京郊区现存村落的大致情况。

据统计，2017年，北京市共有143个建制镇、38个建制乡、3926个村民委员会，农业户籍人口227.5万人[7]。我们做个假设，这些村落，如果新中国成立后能原封不动地保护下来，留存到现在，就都是典型的传统村落。这当然只是假设而已。新中国成立后，特别是改革开放以来，京郊农民普遍富裕起来，这些富了的农民，首先考虑要做的事就是盖新房。这样，京郊数千个村落，其面貌发生了较大变化。到当下，绝大多数村落的传统风貌已经难觅了。

由于城市扩充，大批周边的村落也消失了。新中国成立之初，城墙之外，除了靠近城门的关厢外[8]，有很多村落散布四郊。当时，北京城区面积仅仅62平方公里，郊区大多是村落和农田。但新中国成立之后，随着人口的增加，城区迅速扩展。原来旧城周边的村落，都被高楼大厦所取代。如现在北京交通大学的地址为上园村3号，其中的“上园村”，就是当时的一个村落。实际上，西直门外，当时布满了村落。很多村落现在已经被拆除改造，但村落的名称还是被保留下来了（图0–2）。总之，由于各方面的原因，能够留存下来的传统村落已经是凤毛麟角了。现在北京郊区被公布为中国历史文化名镇名村或中国传统村落的有22处，北京市传统村落共计44处（表0–1、图0–3）。

北京市传统村落名录（第一批） 表0–1

序号	区县	所在乡镇	村名
01	门头沟区（14个）	斋堂镇	爨底下村 *
02			灵水村 *
03			黄岭西村 *
04			马栏村 *
05			沿河城村 *
06			西胡林村 *
07		清水镇	张家庄村
08			燕家台村
09		雁翅镇	碣石村 *
10			苇子水村 *
11		王平镇	东石古岩村 *
12		大台办事处	千军台村 *
13		龙泉镇	琉璃渠村 *
14			三家店村 *
15	房山区（6个）	史家营乡	柳林水村
16		佛子庄乡	黑龙关村 *
17		大石窝镇	石窝村
18		南窖乡	水峪村 *
19			南窖村 *
20		蒲洼乡	宝水村 *
21	顺义区（1个）	龙湾屯镇	焦庄户村 *
22	昌平区（5个）	流村镇	长峪城村 *
23		十三陵镇	万娘坟村
24			德陵村
25			康陵村
26			茂陵村
27	平谷区（1个）	大华山镇	西牛峪村
28	怀柔区（1个）	琉璃庙镇	杨树底下村
29	密云区（9个）	古北口镇	潮关村
30			河西村
31			古北口村 *
32		新城子镇	吉家营村 *
33			遥桥峪村
34			小口村
35		冯家峪镇	白马关村
36		太师屯镇	令公村 *
37		石城乡	黄峪口村
38	延庆区（5个）	张山营镇	东门营村
39		井庄镇	柳沟村
40		珍珠泉乡	南天门村
41		康庄镇	榆林堡村
42		八达岭镇	岔道村 *
43	通州区（1个）	漷县镇	张庄村
44	海淀区（1个）	苏家坨镇	车耳营村

注：标 * 者为中国历史文化名镇名村或中国传统村落

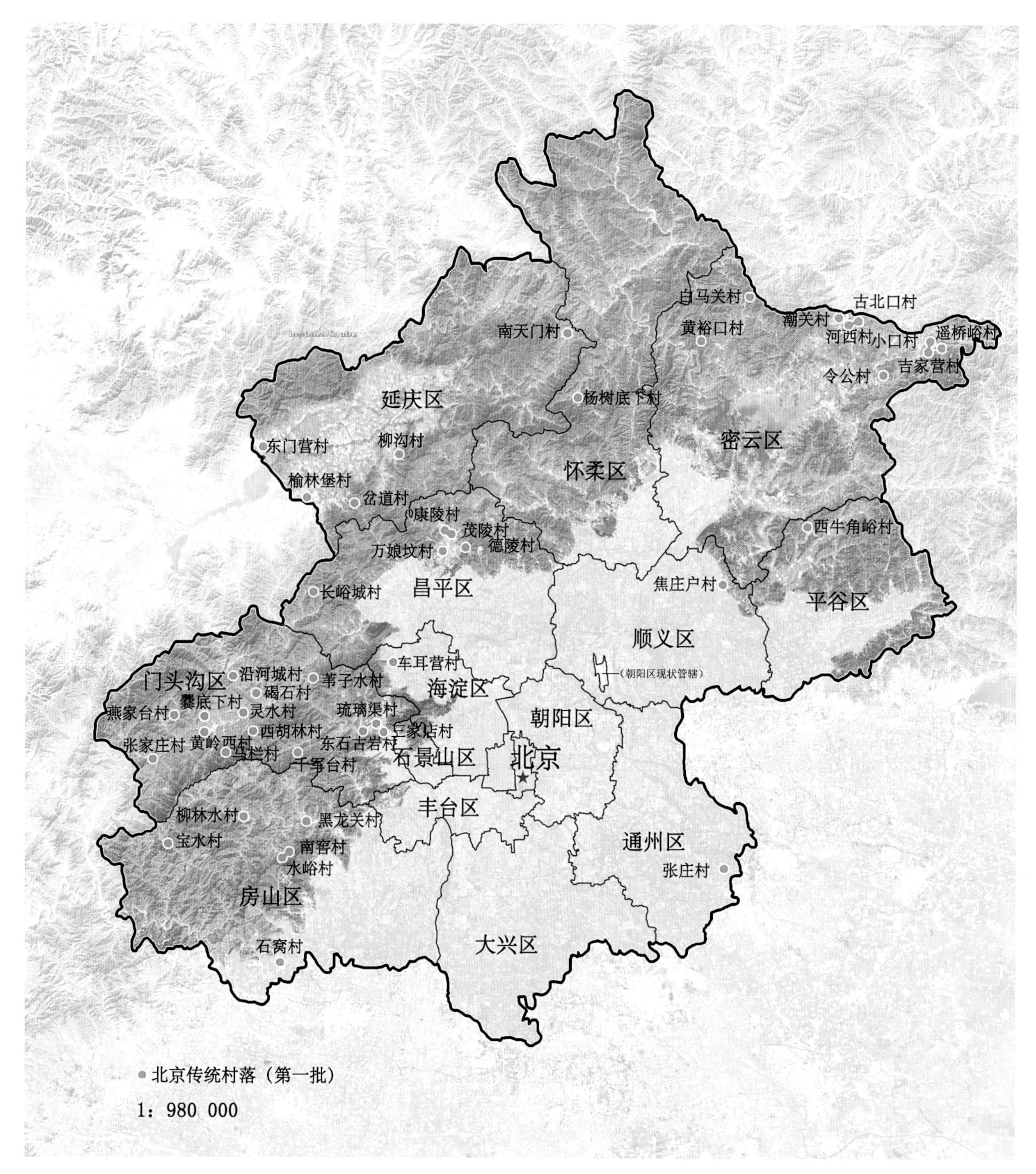

图0-3　北京市传统村落分布图（第一批）

1　房山区周口店北京人遗址，是著名的古人类遗址，说明早在70万年到20万年前，就有北京人生活在这里。

2　宣之强．北京城地域沿革及发展思考．化工矿产地质，2003（2）．

3　于敏中等《日下旧闻考·卷五·形胜》引明代《博物策会》。

4　韩光辉．历史上北京地区人口周期性锐减的原因探析．北京社会科学，1994（1）．

5　顺义县地名志编辑委员会．北京顺义县地名志．北京出版社，1993．88．

6　石景山区地名志编辑委员会．北京市石景山区地名志．北京科学技术出版社，1991．49．

7　数据参考2018年北京统计年鉴 http://tjj.beijing.gov.cn/nj/main/2018-tjnj/zk/indexch.htm.

8　所谓“关厢”，就是城门外大街及其附近地区，也泛指城门外两三里之内的居民聚集地，由居民和店铺组成。《明史·食货志》载：“在地曰坊，近城曰厢。”

01

门头沟区·斋堂镇·爨底下村

获得称号

第一批中国历史文化名村、第一批中国传统村落。

地理位置

北京市门头沟区斋堂镇，距市中心约65公里（图1-1、图1-2）。

社会经济

村中目前有居民45户，常住人口99人。[1]村域面积5.33平方公里，土地280亩。村民充分利用当地的传统资源，大力发展民俗旅游，先后获得国家3A级景区、京西传统教育基地和影视基地的称号，既改善了整个传统村落的人居环境，又增加了经济收入。2016年的统计数据显示，村集体年收入达30.7万元，人均收入31369元。

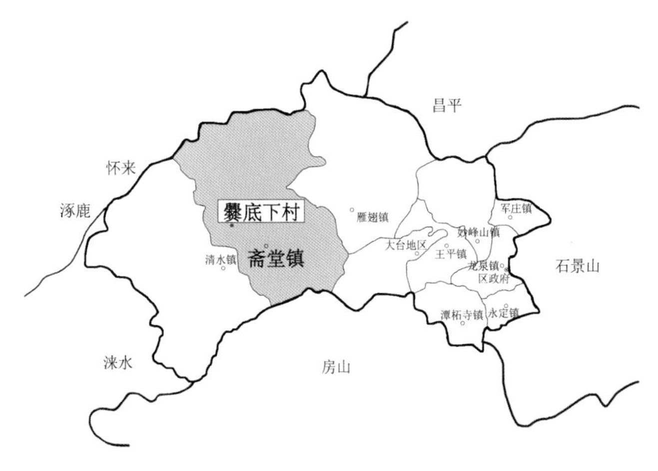

图1-1　爨底下村在门头沟区的区位图

图1-2　爨底下村全景鸟瞰图

爨里口与爨底下

爨底下村，因位于“爨里口”下方而得名（图1-3）。“爨里口”为明代军事隘口。明《四镇三关志·真保镇形胜·乘障篇》载：“沿河口下：隘口十七座”，“爨里口：正城一道”，“与乾涧口，支锅口俱正德十年（1515年）建。”据传，沿河城的守口百户韩仕宁后裔韩甫金、韩甫银、韩甫仓三兄弟奉命自沿河城到爨里口守关。[2]为了增强防御，明正德十四年（1519年），爨里口西北方向的柏峪口守口千户李宫率众修建了一条重要的军事通道，称黄草梁古道，从村前黄草梁山下直接通往村北长城敌台。[3]明崇祯十五年（1642年）曾维修此古道。

明代实行“卫所制”，这里的村民皆为军籍，世代为兵，平时屯垦训练，战时出征。爨里口逐渐繁衍发展成为韩氏聚族而居的血缘村落。据《韩氏家谱》记载，从一世祖韩甫金、韩甫银、韩甫仓开始，家族辈分共20字，即甫、景、自、守、玉、有、奉、万、宏、思、义、聚、晓、怀、孟、永、茂、广、连、文，如今已至第十七代茂字辈。

清初沿用明制，爨里口仍归沿河口下守备所管制。清康熙三十六年（1697年）平定准噶尔之后，北方战事逐渐减少，沿河口所辖隘口的防卫功能相应减弱，爨底下村的性质也由军屯转向农商聚落。同治六年（1867年），爨底下划归宛平县齐家司治理[5]，爨里安口兵丁转军为民。由于爨底下附近的斋堂川大量出产煤炭，原来的军事通道黄草梁古道，与京西古道天津关段相衔接，成为南通斋堂，北经黄草梁及河北省怀来县麻黄峪，通达山西、内蒙古的商旅通道。

往来涿鹿、怀来的驼队、马队均须穿行爨底下村，古村的商业因此繁荣起来。到了清康乾时期，村内有八家买卖铺子，三四家骡马店，人口400余人。现在留下名号的店铺有“瑞福堂”、“瑞庆堂”等。光绪元年（1875年），村中对建筑进行了维修与扩建，如双店院和骡马店院等。光绪年间的《齐家司志略·村郭》中载：“西斋堂北涧诸村，曰青龙涧，曰黄岭西，曰双石头，曰爨底下，曰柏峪台，曰柏峪”，说明爨底下这一村名已出现。

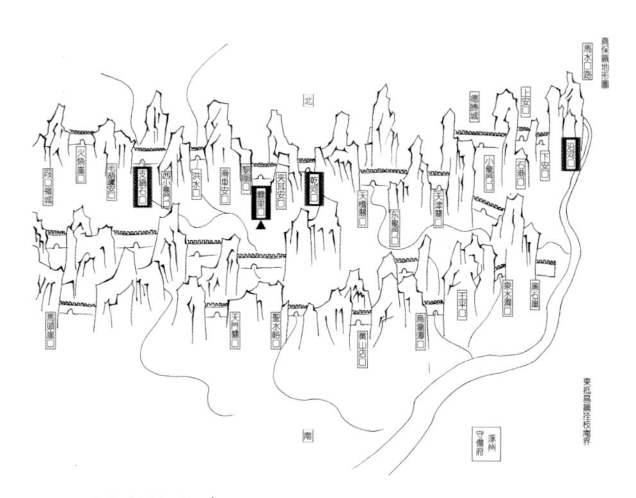

图1-3 真保镇地形图[4]

清末时期，村中还曾出现了一些重要人物，如清光绪二十年韩氏子弟在中日甲午战争中杀敌立功，升任把总，村中现“捷报院”门洞墙上有残存的捷报记录：“贵府韩老爷添喜□令□□呈高大老爷因剿匪徒出力，蒙直隶总督部堂袁□奏请奖励存案□，北洋□直隶总督显堂马、袁覆奏，允准兵部注册保举册赏□先补用把总之喜，为此喜为升任之喜驰报。”

低谷与转机

抗日战争时期，宛平县一区抗日民主政府迁至爨底下村。1939年，日军由涿鹿进犯斋堂川地区，其中一支入侵山村，烧毁民居，杀害村民，爨底下村损失惨重。

1909年，京张铁路开通，尤其到1955年丰沙铁路、1967年京拉公路开通后[6]，内蒙古、河北等地区与北京的交通往来不再依赖村前古道，因此古村商业逐渐没落，再加上农业发展条件受限，爨底下村的经济迅速走向衰落，大量人员外迁。

1958年，全国统一地名，由于“爨”字过于复杂，改为同音字“川”字，“爨底下”也变为“川底下”。

1984年，在北京市的第二次文物普查中，爨底下村的历史文化价值被认识。随后，文物部门及高校科研团队开展了数年的调查研究与开发工作。

近年来，爨底下村因其古老的山地民居、秀美的自然风光，吸引了社会各界人士，多部知名影视作品在爨底下村取景拍摄，带动了村落的旅游经济。如今，“爨”字的历史意义重新受到人们的青睐，村中随处可见各式“爨”字，甚至村民家中的墙上，也刻着爨字的顺口溜：“兴字头，林字腰，大字下边架火烧，火大烧林，越烧越旺”。

2006年，爨底下古建筑群被公布为全国重点文物保护单位。村中现有明清时期院落70余座，房屋600余间。

选址格局

爨底下村坐落于沟谷之中，背靠龙头山，南面金蟾山（朝山）。村前古道同时也是河道，起于黄草梁，至西斋堂汇入清水河（图1-4）。河道边缘分布多口水井，遗憾的是，由于连年干旱，河水已经断流。

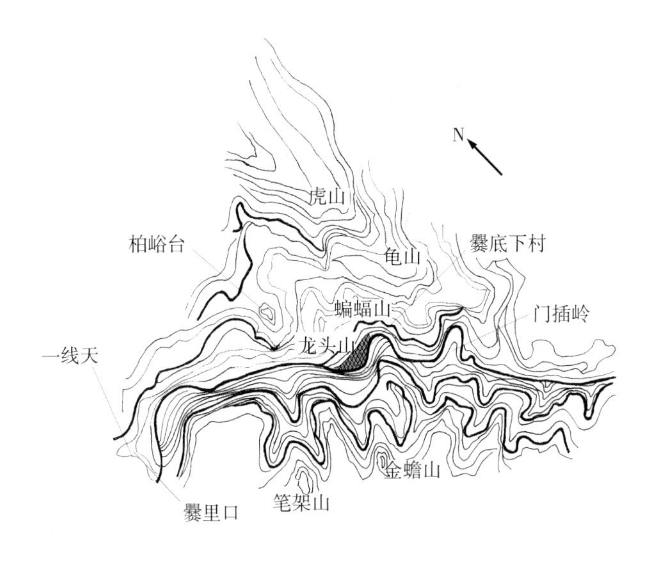

图1-4 爨底下村地形图[7]

图1-6 爨底下村村头水井

聚落建设依山就势，从龙头山向外，大致呈扇形平面，分为上、下两个台地，相对高差达20余米（图1-5）。上层台地主要为居住建筑，既可以在有限的山地条件中获得最好的采光及通风，还能节约土地，有效防洪。其中建在全村最高点的广亮院，后院正房五间，规格最高，居住者亦为村中辈分最高、最有威信的长者。下层台地主要为商住混合院落，靠近古道，坡度和缓。东南村口处设有戏台，关帝庙与娘娘庙分立于村口两侧的山头之上，遥相呼应，无形中限定了村落的边界。

村中道路系统顺应台地地形布置，古道位于下层台地，绕村而过，宽度较宽，平时作为车马通道，也作河道使用；上层道路随山势高低蜿蜒，宽度较窄。上下层道路形成环状，内有垂直等高线的若干小巷联系各组院落（图1-6～图1-11）。

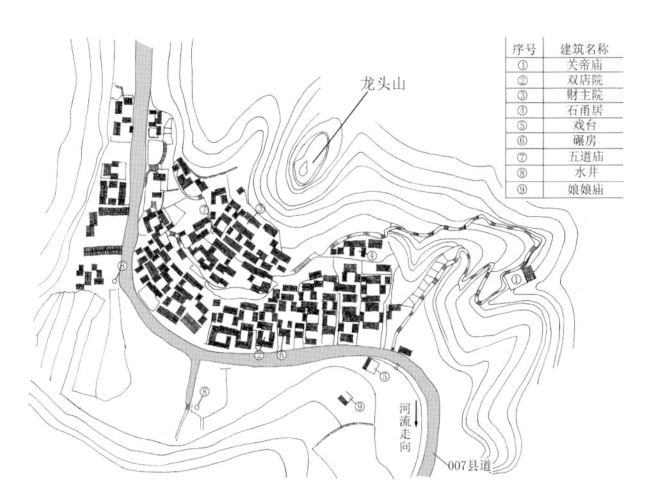

图1-5 爨底下村总平面图

图1-7 山间小道

图1-8 爨底下村局部鸟瞰图

图1-9 爨底下村局部鸟瞰图

图1-10 爨底下村局部鸟瞰图（村落东侧）

图1-11 在爨底下村写生的画家和学生

传统民居

村中传统建筑分布集中，大部分为清朝后期所建。下层台地相对平坦开阔，多为相对规整的一进、二进四合院，东南角设置门楼，但进深较小，如双店院、捷报院等。上层台地地形局促，三合院建筑较多，其入口根据道路方位，设在南墙或东西厢房，少数设在正房西北角的一间，如石甬居、福字院等。为抵抗水灾，在山路拐角处，院落往往采用弧形围墙的特殊形式。还有的院落受地形限制，正房、厢房不能保证垂直关系，而是成各种各样的角度，如瞭望哨院等（图1-12～图1-16）。

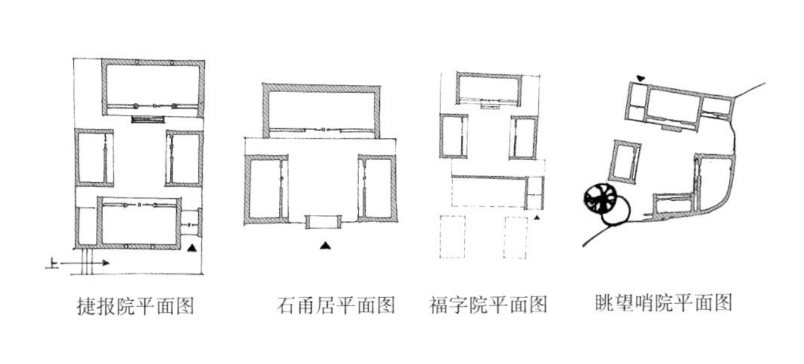

图1-12 主要合院形式

图1-13 台地上的院落

图1-14 台地下的院落

图1-15 路西的院落

图1-16　院落内部

图1-17　毛石围墙

受山地以及经济条件、等级地位等因素影响，建筑单体的进深开间均偏小，有些厢房出现两开间等特殊情况。建筑结构多为木架构，围合材料就地取材，毛石、夯土、青砖兼有，尤其是毛石夯土砌筑的围墙，原料易得，砌筑简便，坚固耐用（图1-17）。院落地面铺装及台阶取材于当地特产的含有紫色矿石的石材（图1-18）。

建筑装饰一般仅限于关键部位，以砖雕和石雕为主，平实简朴。砖雕主要用于屋面瓦顶端的花饰、脊上花饰、戗檐砖、门楼的门神龛等。雕刻技法采用薄

图1-18　紫色石头台阶

肉雕、浮雕、线刻等工艺。[8]花饰图案以牡丹、菊花、荷花、梅花等传统名花为主，兼有其他花草纹样，借以显示高雅的气节和对大自然的赞颂。墀头上的砖雕题材广泛，如梅鹿同春、麒麟卧松、喜鹊登梅、玉棠富贵、八仙博古、福到眼前等。房屋正脊端头多做成蝎子尾的形态。照壁也多用砖雕，但比较简单（图1-19～图1-21）。

石雕主要用于墙腿石、门墩石、台基，以及地面铺装拼花。石材多取材于当地的石灰岩、矿物岩以及鹅卵石等。雕饰的形式多样，植物类有四君子、莲花、寿桃等；动物类有喜鹊、蝙蝠、鹿、鹤等；文字类有门庭清且吉、家道泰而昌等；吉祥纹饰类有暗八仙、文房四宝、琴棋书画等；几何纹饰类有鱼骨纹、海波纹、回纹等（图1-22、图1-23）。

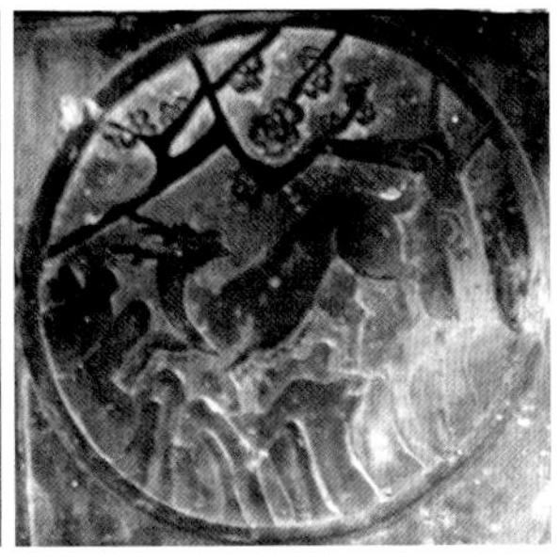

图1-19 墀头雕刻

图1-20 照壁雕刻

图1-21 正脊两端的“蝎子尾”

双店院

双店院，为清代店铺兼民居院落，位于村落过境道路的北侧。由于地势相对平坦，双店院平面形式较为规整宽敞，由一组并排的两进四合院组成。东路院落的前院倒座，其明间前后各开四扇大门，用作临街商业铺面，售卖杂货。由于大门可拆卸，所以“双店院”也称作“板搭门院”。中路院落的前院作为仓库，后院居住。西路院落为骡马店，前院用作马棚，后院用作客栈，它的门楼设置十分巧妙，人畜分设，便于使用。西路院落正房的后方是高达18.2米的护坡大墙，大墙防水挡土，保护坡下的建筑。院内建筑亦建于抬高的地面之上，防洪防潮（图1-24～图1-27）。

财主大院

财主大院，又称广亮院，位于全村中轴线上地势最高之处。该院由东、中、西三跨的两进合院构成组团，共45间房。财主院的门楼设在每跨院的东南角，面阔进深各一间，装饰极其精美，为广亮大门。

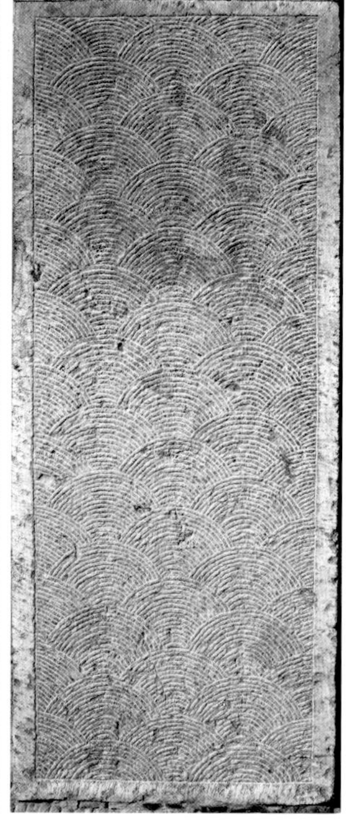

图1-22 墙基石雕刻

图1-23 门墩石雕刻

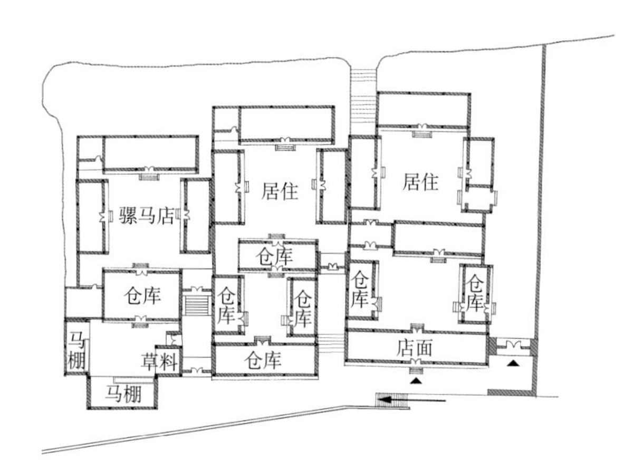

图1-24 双店院平面图

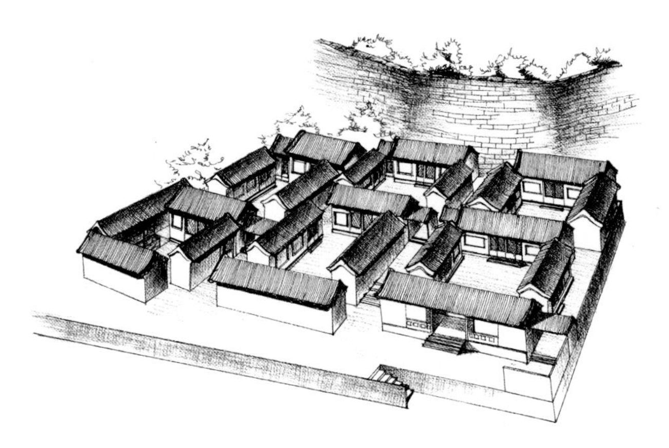

图1-25 双店院鸟瞰图

图1-26 双店院鸟瞰

图1-27 双店院倒座铺面

东路前院北房（现已坍毁）面阔三间，共有四级踏步。南房形制同北房。东西厢房各两间。西厢房与中路前院东厢房为勾连搭式，后墙向屋内缩进，形成一条室内夹道，通往中路前院。后院建有小姐绣楼，现已部分坍毁。

中路前院有北房三间，东西厢房各两间。西厢房双侧开门，北侧山墙与北房之间有室外夹道，通往西跨院。

西路前院形制同中院，西厢房北侧有通道通往上层后院。后院位居中、西路前院之后，因坡地原因，位于高台之上。有正房五间，面阔15米，进深5米，西侧有耳房一间。台明高1.3米，通过砌筑在明间东西两侧的条石踏步进出。该正房是爨底下村地势最高、体量最大的民居建筑（图1-28～图1-31）。

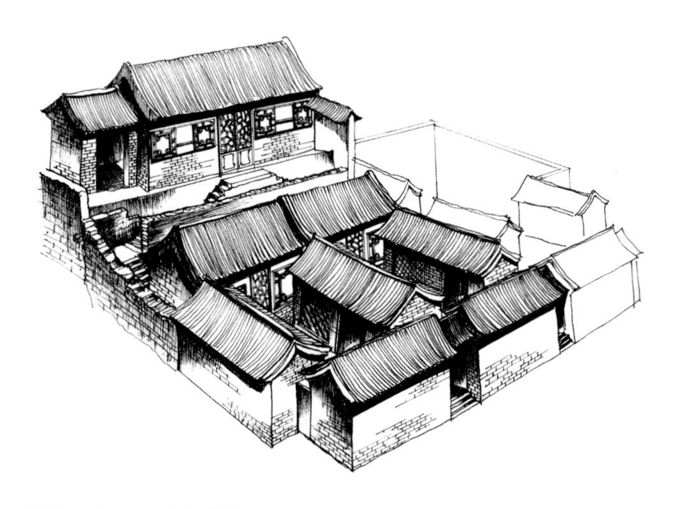

图1-30　财主院鸟瞰图

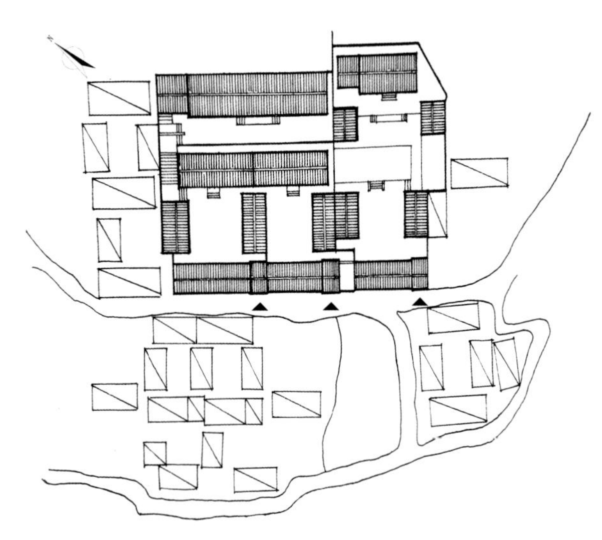

图1-28　财主院总平面图

图1-31　广亮大门

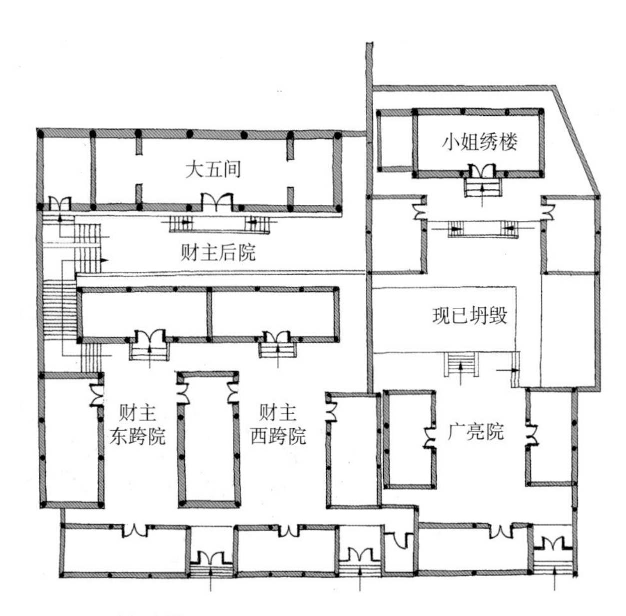

图1-29　财主院平面图

石甬居

石甬居，位于村子台地的东北部，是一组精巧别致的小院，因门前彩色山石铺砌的甬道而得名。这里曾是韩家子弟的私塾，所以也被称为“私塾院”。石甬居由三跨坐北朝南的三合院横向组合而成，布局严谨。每跨院落内，北房台明高大，东西两厢比较低矮，面阔两间，形成了强烈的反差。院落南面是人工砌筑的高墙，墙内外高差20余米。门楼位于西侧，现已毁（图1-32～图1-35）。

关帝庙

关帝庙，当地俗称大庙，位于村东山坡上。清康熙五十四年（1715年）由村民集资兴建。乾隆十一年（1746年）、道光七年（1827年）、同治六年（1867年）均曾修缮。[9]“文革”时期，正殿内的塑像被毁，厢房坍塌，围墙残破，只留下正殿和山门。2005年，大庙进行了整体维修。

庙院南北长20米，东西宽15米，总面积300平方米。正殿坐北朝南，面阔三间，明间塑关帝像。由于山顶面积有限，仅西侧设厢房。西厢房面阔三间，北侧有耳房一间，与厢房室内连通（图1-36~图1-38）。

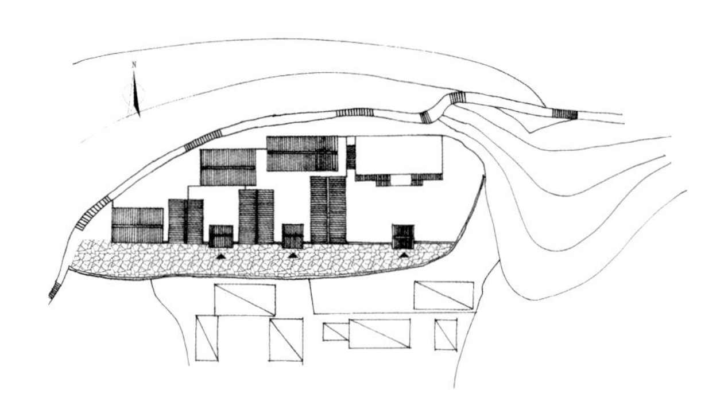

图1-32　石甬居总平面图

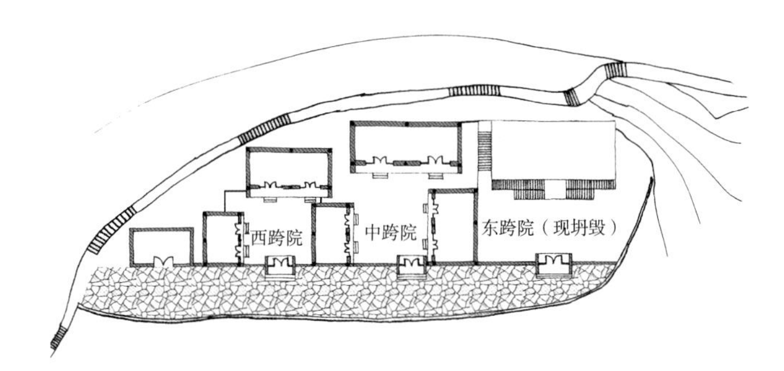

图1-33　石甬居平面图

图1-34　石甬居鸟瞰图

图1-35　石甬居门前小路

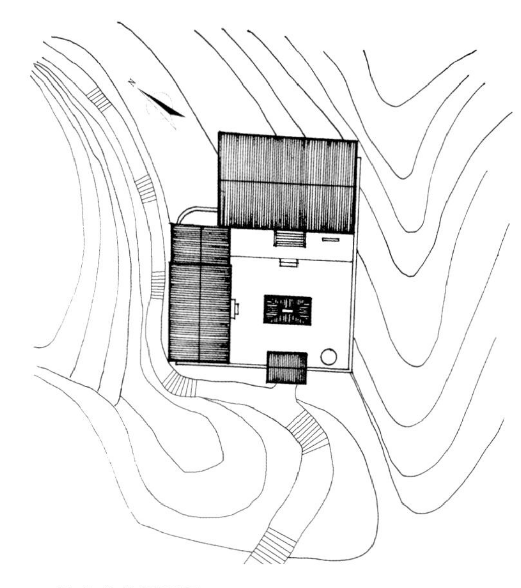

图1-36　关帝庙总平面图

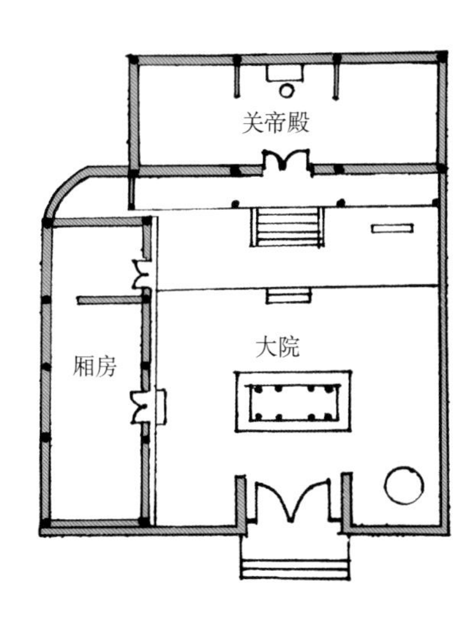

图1-37　关帝庙平面图

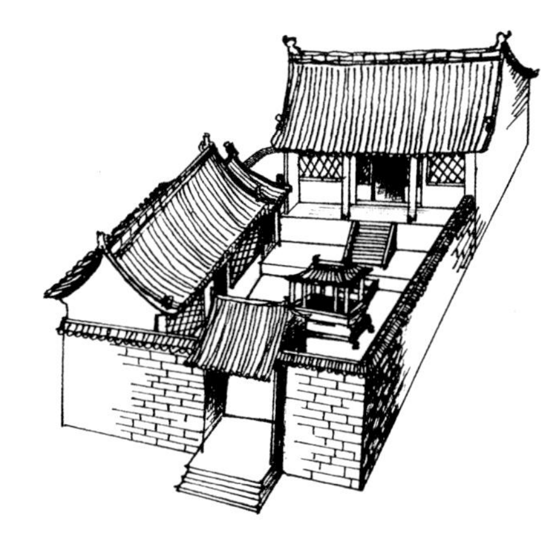

图1-38　关帝庙鸟瞰图

民间传说

村里有这样一种传说，爨底下守军韩姓一支繁衍生息，到了清代逐渐兴旺，但天有不测风云，某一年山洪暴发，全村彻底被毁，仅一对青年男女外出幸免。二人回家见此，大哭一场，发誓要结为夫妻重建家园。可同根同祖甚觉不妥，拿不定主意。正犹豫间，一白胡子老头出现，问清始末根由后说道，应当遵从天意，于是让二人每人背一扇石磨至山顶，让石磨同时往沟下滚，如果两扇石磨滚至沟底能合在一起，二人便可成亲，否则各奔东西。二人遵嘱试之。后至沟底一看，果然石磨相合，于是结茅为庐，你耕地来我织布，韩姓香火延续至今。

还有一个传说是，当年清康熙皇帝患了一场重病，久治不愈，便到庙中许愿，如让病好，将出家为僧，后经过医治调理果然无大恙，转危为安。但出家当和尚哪有当皇上自在？可君无戏言，何况欺骗神佛，一时把康熙难为住了。这时恰好爨底下有一个叫韩守德的学生进京赶考，说来也巧，他长相酷似康熙，于是就做了皇帝的替身僧。据说，爨底下人全都沾了光，不但得了很多封赏，而且做生意到京城的八大祥扎货，没哪家敢不赊。从此小山村接通京城皇宫，生意非常红火。

1 北京市门头沟区2017年统计年鉴。

2 沿河城龙门口北坡立有石碑，刻有《故百户韩侯仕宁墓表》，立于明代弘治七年（1494年）。碑文载："仕宁世居宛平清白口社三岔村"，后改名为沿河城村。韩仕宁的后裔如今分布在沿河城村、爨底下村、黄塔村以及昌平区的韩台村等处。

3 柏峪口为交通要塞，历史上金兵和元兵曾由该地攻入居庸关。柏峪村附近石崖上现存有一处摩崖刻字："时正德岁次己卯（1519年）孟夏日守口千户李宫修。"

4 整理重绘自：刘效祖. 四镇三关志・万历四年刻本・建制考・图画篇（另注：原著为乾河口，同乾涧口）.

5 引自《大清同治陆年勘青施行各尊村规》（1868年），系爨底下关帝庙正殿前檐柱上的墨书题记。

6 丰沙铁路起自北京丰台，至河北怀来县沙城，为京包铁路的附线。京拉公路，原名京兰公路，连接北京和兰州，后来延长到西藏的拉萨，遂改称京拉公路，现名109国道。

7 改绘自：业祖润. 北京古山村爨底下［M］. 北京：中国建筑工业出版社，1999. 16.

8 薄肉雕：是一种浅浮雕，形象凸出面不高。浮雕：在一块平面的材料上雕出各种形象，其各种形象凸出在背景前面，属于半立体的雕刻。线刻：用工具在石、木、金属、贝壳、陶瓷等硬质器物上以线条刻画图形的雕刻技艺。

9 刘望鸿. 川底下村志［M］. 北京：中共党史出版社，2009. 5-6

02

门头沟区·斋堂镇·灵水村

获得称号

第二批中国历史文化名村、第一批中国传统村落。

地理位置

北京市门头沟区斋堂镇，距市中心约57公里（图2-1、图2-2）。

社会经济

村中目前有居民153户，常住人口336人。[1]主要为刘、谭两大姓氏，此外还有王、林、田、白、杜、廖、寇等姓氏。因明清时期村内先后出了多名进士、举人、监生，故被称为“举人村”。新中国成立后以农为主、农林副多种经营道路。20世纪80年代依靠煤炭，大力兴办小煤窑，采煤业一度成为村域经济的主导产业。90年代，灵水村根据北京市产业结构调整的有关政策，煤窑业停产关闭。2000年，灵水村以遗存的丰厚文化遗产，发展旅游产业，以“京西灵水举人村”的名义，举办金榜秋粥节，开拓旅游产业。[2]据统计，村子总收入54.3万元，人均收入12676元。[3]

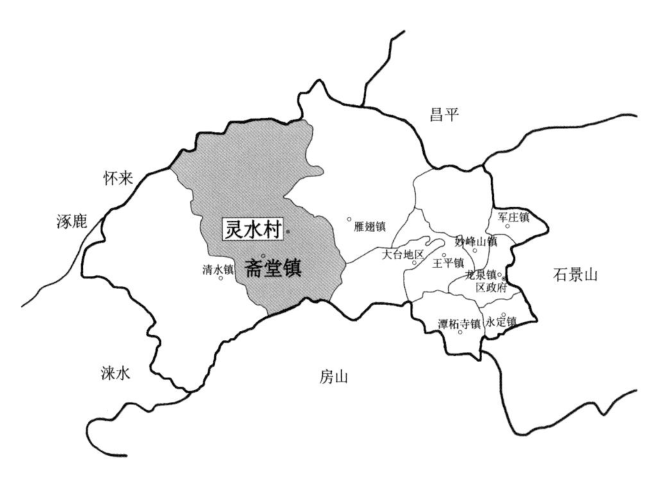

图2-1　灵水村在门头沟的区位图

图2-2　灵水村全景鸟瞰

京郊地区的举人村

灵水村历史悠久，建村时期不晚于辽金。明代沈榜所著《宛署杂记》[4]中记载："灵泉寺，在凌水村，起自汉时。"若此说属实，则灵泉寺距今至少已有1800年。斋堂有民谚：深山古寺炼仙丹（灵岳寺），无数和尚把饭餐（斋堂），一碗凉水治好病（灵水），老王死在平顶山（燕家台村）。[5]也可见灵水村历史源远流长。

灵水村因水得名。据传，灵水村原来有72眼水井，村民认为村子的水好，有灵性，俗语"灵水一碗水，洗目则明，饮之止痛"。明代，该村名为"凌水村"[6]，民间传说有时也称它为"冷水村"、"拎水村"。《宛署杂记》中也有记载，村内南海火龙王庙南侧有"八角龙池，石生八角，中虚若池，泉出其底，冽而甘，古产龙之所"[7]。因有神灵护佑，故名为"灵水"。

明清时期，村落规模不断扩大，曾达到300多户，人丁2000有余。一方面，灵水村文风昌盛，先后出了进士2名，举人24名，监生10名[8]，其中有名的举人刘懋恒，祖上即居住在灵水村，他的父亲刘应全在崇祯年间是明代镇边城的军服官吏，顺治初年捐献千金的资产来帮助贫困百姓，在朝中当大官。其他的文人取得成功后也纷纷回来建设宅院，促进了村落的发展。[9]另一方面，因村北可与古"西山大道"连通，旧时远途跋涉的商人可取道该村，客观上促进了村落在明清时期的发展。[10]村落商贸活动发达，曾有多达十几家商号，其中三元堂、大清号、荣德泰、全义兴、全义号、三义隆、德盛堂和济善堂等号称"八大堂"。[11]

民国以后，灵水村逐渐衰落。抗日战争时期，日本侵略者多次放火烧村，建筑有部分损毁；1923年以来，以京包铁路[12]为代表的近代交通的发展，使古商道日渐衰落，村子失去了支持其发展繁荣的外部环境，逐渐走向衰败。

近年来，211省道以及109国道的开通，大大加强了村子与外界的联系。灵水村因古迹众多、风景优美、传统村落保存完好而具有了独特的文化区位优势，成功转型为以旅游业为主的古村落，重新获得活力。

选址格局

灵水村西北靠莲花山，东望石人山，风光秀美，有东岭石人、北山翠柏、柏抱桑榆等"灵水八景"。[13]村落西北高东南低，东侧山势较缓，布置村落入口，便于迎迓朝阳，有"东进西收"之势，曰"紫气东来"（图2-3）。

图2-3 灵水村局部

灵水村规模较大，街巷纵横。主街包括东西、南北走向各一条。其中南北向主街宽4~6米，用砖块和石板铺就，中部跨河而过，桥南北两侧各有一段沿河布置；东西向主街仅中段局部沿河布置，宽4~6米，路面为石板铺砌。次街包括东西走向的中街、后街、村落西侧南北走向道路以及河道东侧垂直等高线分布的多条街道。次街宽2~3米不等，多为石板铺路，因大多垂直等高线分布，在地势较陡的部分常用石砌台阶联系上下。入户巷道数量众多，多垂直于次街，宽度约1.2~1.8米不等，路面铺装各异（图2-4）。

两条主街之间，形如巨龟卧于山脚下的高阜之地，是村中刘姓的明代宅院群分布地。宅院群西侧建有一道较高的围墙，东侧则由位于地势相对较高处的宅院外墙连成一道防御屏障，南面和北面分别临着村落的主要街巷中街、后街，沿街由围墙及房屋外墙形成连贯的界面，形成了明显带有防御功能的村落核心。两条主要街道外侧的部分，地形坡度较大，用地条件相对较差，各建筑院落多沿等高线展开，进深方向垂直等高线布置，面积相对较小，多属于村中小姓聚居地。

古树名木

灵水村有众多古树名木，其中最珍贵的要数北山翠柏、柏抱桑、柏抱榆三棵，树龄均在千年以上，均为国家一级古树（图2-5、图2-6）。作为重要的历史环境要素，它们是灵水村悠久历史的见证。北山翠柏位于村北“北山”的小山岗上，胸径将近2.5米，向东倾斜，但枝繁叶茂，树冠尽情舒展，远观像灵芝，被古树专家冠名为“京西灵芝”。“柏抱榆”和“柏抱桑”位于村西侧的南海火龙王庙内，西侧的“柏抱榆”胸径2.02米，里侧一枝上长出一棵榆树，胸径0.7米；东侧柏树胸径2.1米，分叉处生出一棵桑树，胸径0.25米。此外村内还有不少“文革”时期的标语（图2-7）。

图2-5 北山翠柏

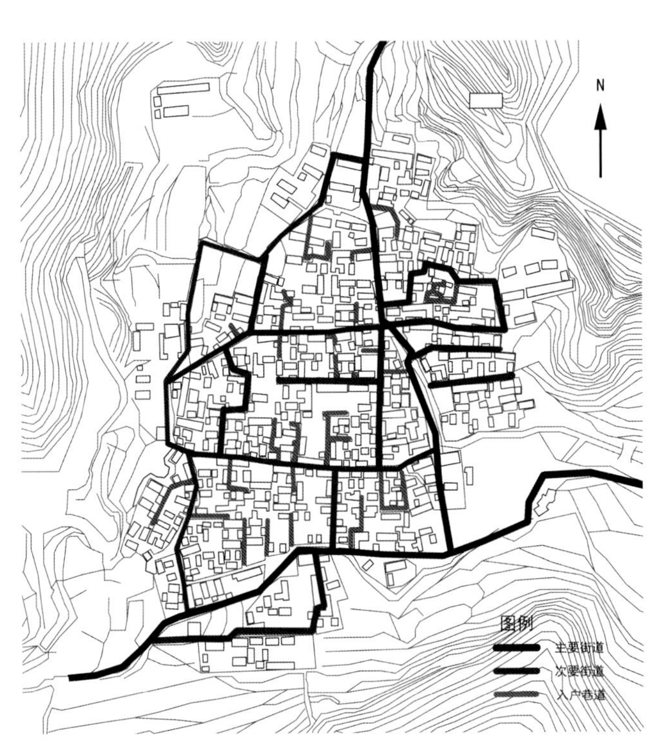

图2-4 街巷分布图

图2-6 村内古树

图2-7 “文革”时间的标语

传统民居

受地形条件的限制，灵水村民居形成了自身的鲜明特点：一是建筑规模相对较小，院落尺度、单体建筑的尺度均较小，如厢房多为面阔两间；二是建筑布局随山就势，较难获得理想的南北朝向；三是建筑装饰清秀淡雅，主要包括迎风石、影壁、屋脊装饰等处的石雕、砖雕，以及一些门窗上的木雕装饰。迎风石上雕刻内容多为浅浮雕的花草或动物纹饰及字碑等，寓意希望与吉祥，荷花座寓意为合家欢乐，梅兰竹菊寓意清新脱俗，牡丹寓意富贵；脊饰题材多为花草，浅浮雕，是吉祥美好的象征（图2-8～图2-15）。

不过，灵水村内官员和富商众多，仍不乏深宅大院以彰显其身份地位。如明末清初的知府刘懋恒宅院，原是南北向的五进大院，在院落格局的安排上，也尽力将主要生活空间扩大，厢房三间面阔，明显大于普通宅院（图2-16、图2-17）。

图2-8 灵水村三合院

图2-9 村内宅院正房

图2-10 村内传统民居

图2-11　村内宅院入口

图2-12　村内门窗

图2-13　迎风石石雕

图2-14　典型影壁

图2-15　脊饰砖雕

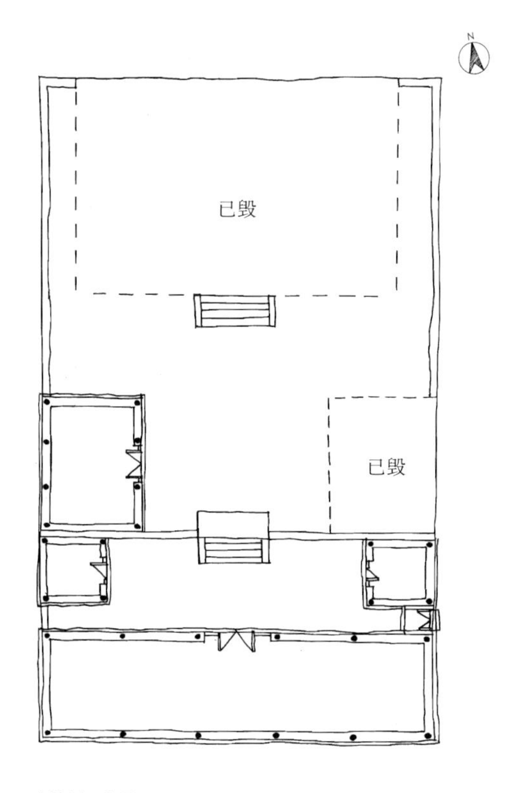

图2-16 刘懋恒院平面图

刘善才宅院，位于村中后街南侧，为坐北朝南的两进宅院（图2-18～图2-20）。经民国时期的改建，院落格局变化较大，第一进院的厅房不存，增建了一座正房及几座厢房，整个院子被分割成两个并列的小院。现存仅大门、二进院西厢房为明代建筑。大门门楼装饰精美且保存较完好，砖木结构，通体施仿木砖雕，雕刻工艺精湛，有很高的历史、艺术价值。二进院西厢房为保存完整的明代木构建筑，面阔两间，进深五架椽，前出廊，彻上明造，山墙中立泰山柱，梁、檩、椽等构件规格均匀，加工精细，驼墩等处施精细木雕雕刻（图2-21、图2-22）。

刘增广宅院，坐北朝南，为三进四合院，均为清代建筑。进入民国后，刘增广还乡闲居，宅院成为商户“德茂堂”。目前，除三进院正房已经被改建外，整体格局保存较为完整。一进院的倒座房、过厅面阔三间，东西厢房面阔两间；二进院东西厢房面阔两间；三进院东西厢房面阔三间。院中门窗图案丰富多样：盘长图案，是佛教八种吉祥物之一，象征着长生；“龟背锦”图案寓意健康长寿、无灾平安；亚字图案即亚形，此图案起源于远祖对太阳的崇拜，在古代亚形是作为极崇高的建筑形象，寓意着主人有尊贵的地位；套方图案有四方形、十字、八角等图案，寓意吉祥（图2-23～图2-27）。

图2-17 一进东厢房与入口内院

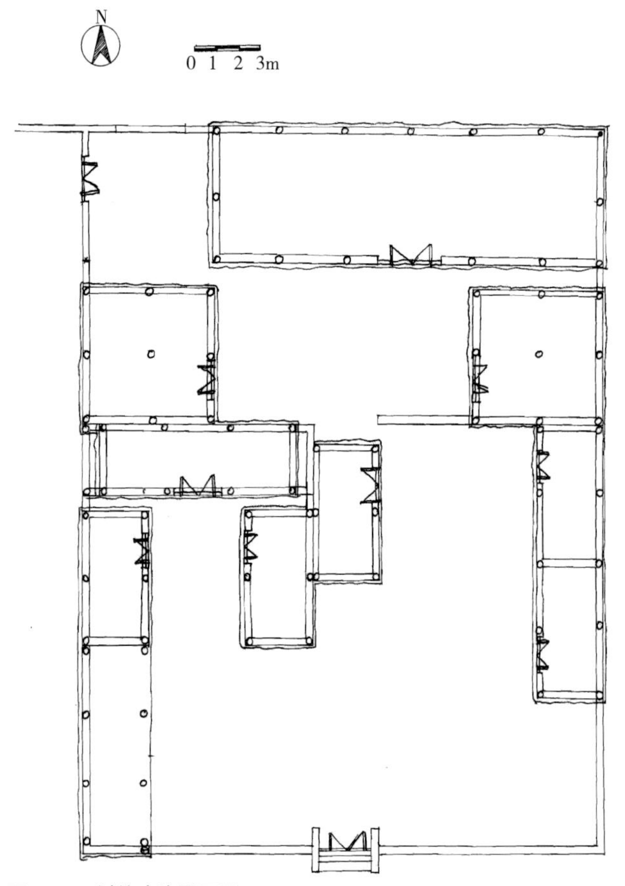

图2-18　刘善才院平面图

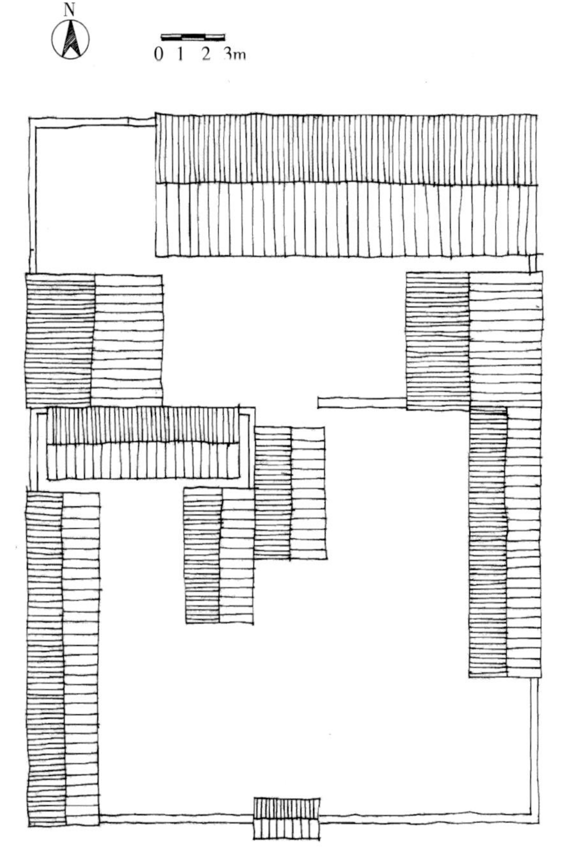

图2-19　刘善才院屋顶平面图

图2-20　刘善才院正门门楼

图2-21　二进西厢房泰山柱

图2-22　二进西厢房驼墩

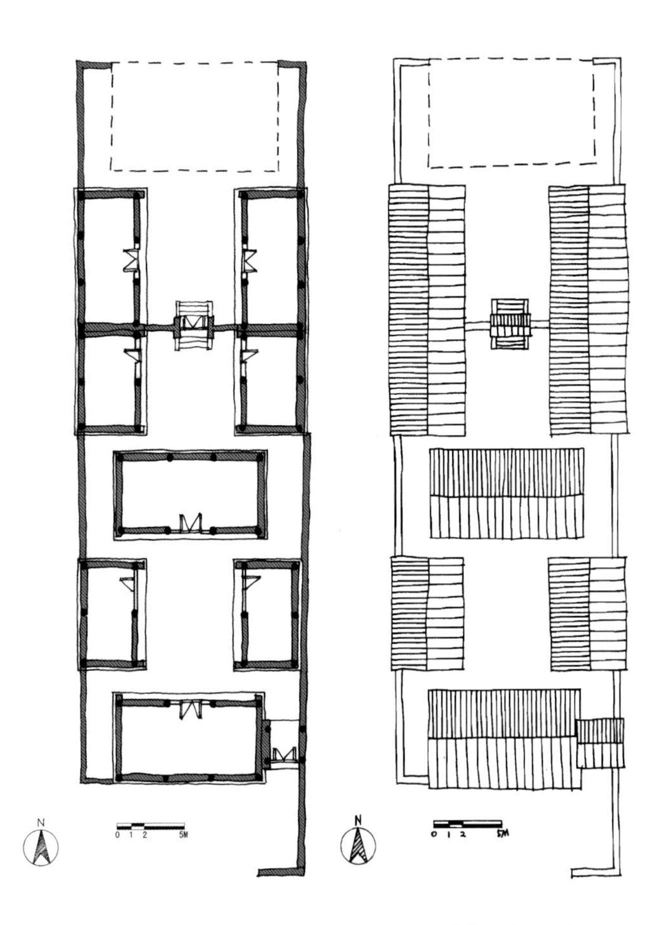

图2-23 刘增广院平面图

图2-24 刘增广院屋顶平面图

图2-26 刘增广院院内门楼

图2-25 刘增广院入口门楼

南海火龙王庙建筑群

南海火龙王庙建筑群，位于村落西侧莲花山脚下，包括南海火龙王庙、戏台和观音堂，大部分于2013年得到修缮。山门面阔约5米，进深约2.4米，歇山顶，匾额中刻庙名“南海火龙王庙”，并镌刻“大明嘉靖岁次丙申（1536年）重阳吉日造，曾林乡重修”。[14]戏台位于山门对面，面阔三间，硬山顶。院内西侧为观音堂，现存南北配房各三间（图2-28、图2-29）。

“共喝秋粥”

灵水村京西太平鼓被列入国家级非物质文化遗产项目，举人节、秋粥节、蹦蹦戏、“转灯节”等列入区级非物质文化遗产项目。其中最具代表性的为秋粥节。清康熙七年（1668年）斋堂川水灾，斋堂川的百姓大多断粮断炊。举人刘懋恒和父亲刘应全商议救助灾民，他们在村中支起几口大锅，熬粥让灾民果腹充饥。康熙二十一年（1682年），斋堂川又逢大旱，颗粒无收，刘家父子再次捐粮赈灾，帮助村民度荒。刘家父子前后共捐谷3700余石，挽救了近万人的生命。为了纪念他们的义举，灵水人遂将立秋改为“秋粥节”。届时村民置办大锅，你出一把米，我出一把豆，大伙共喝“举人粥”（图2-30、图2-31）。

图2-27　室内陈设

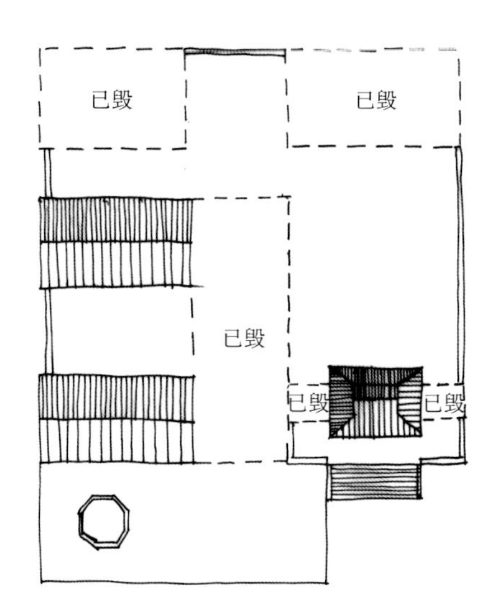

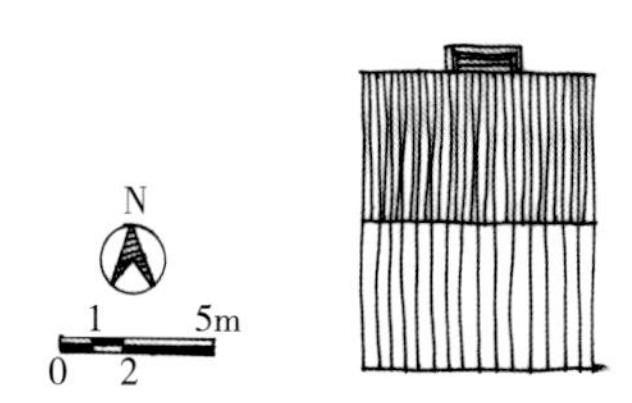

图2-28　南海火龙王庙建筑群平屋顶面图

图2-29　南海火龙王庙建筑群山门

图2-30 村民共喝“举人粥”[15]

图2-31 游客共喝“举人粥”

1 北京市门头沟区2017年统计年鉴.

2 http://www.bjmtg.gov.cn/xncfm/czgl/ztz/201512/t20151202_28345. html.

3 北京市门头沟区2017年统计年鉴.

4 《宛署杂记》二十卷，成于1593年，作者沈榜（明），湖广临湘（湖南省长沙市）人，万历十八年（1590年）任顺天府宛平县知县，在任期间留心时事，搜寻掌故，根据署中档案材料编著了《宛署杂记》，它记载了明代社会政治、经济、历史地理、风俗民情、人物遗文等资料，在北京史书匮乏的封建社会，它实际是宛平的县志，也是北京最早的史书之一。

5 参见：包世轩．灵水村的知府举人和国子监监生．北京纪事，2003（Z1）：26.

6 《宛署杂记》中记载：“灵泉寺，在凌水村。弘治年（1488~1505年）僧员海重修。”

7 八角龙池曾位于南海火龙王庙庙前，如今已经被毁，是村民获得生活用水的地方。

8 参见：陈志强主编．文脉兴旺千年的举人村——灵水．中国和平出版社，2010.

9 参见：包世轩．灵水村的知府举人和国子监监生．北京纪事，2003（Z1）：26.

10 参见：王斐然．原生态村落中祠庙场所与空间营造艺术研究．硕士学位论文，中央美术学院，2013．05：17—18

11 参见：孙克勤，宋官雅．京西千年古村落——灵水．文化月刊，2005（7）：64—68.

12 京包铁路（北京-包头），起点北京北站，终点包头东站。1905年开工，1923年竣工。旧称京绥铁路、平绥铁路。京包铁路从北京经河北省张家口、山西省大同、内蒙古自治区的乌兰察布（集宁）、呼和浩特，终到包头。

13 参见：孙克勤，宋官雅．京西千年古村落——灵水．文化月刊，2005（7）：64—68.

14 转引自：王利华．千年文脉灵水村．中国建设信息，2013（5）：42—43.

15 图片来源：http://www.sohu.com/a/163175551_162624

03

门头沟区·斋堂镇·黄岭西村

获得称号

第一批中国传统村落。

地理位置

北京市门头沟区斋堂镇，距市中心约64公里（图3-1、图3-2）。

社会经济

村中目前有居民141户，常住人口325口人[1]，主要姓氏为曹、王二姓。村落下辖上涧、下涧、西涧三个自然村。旧时以采煤为主业，2002年已停止开采。[2]因地处弱水区，村中多栽植耐旱树种，已有花椒基地200多亩，并注册了“黄岭西”牌花椒。据2016年统计数据显示，村子年收入46万元，人均收入12162元。[3]

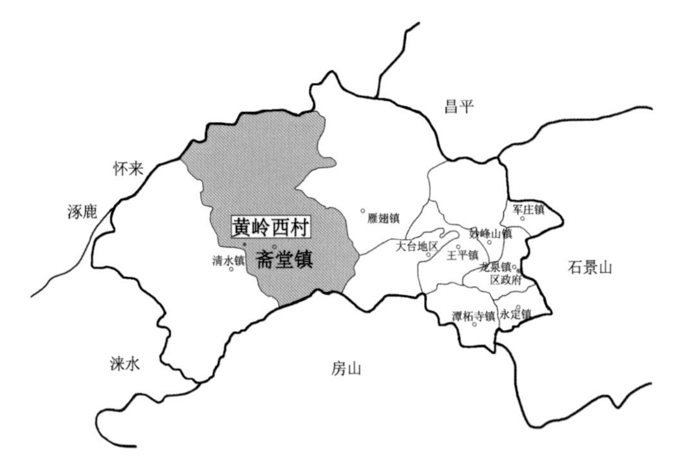

图3-1 黄岭西村在门头沟的区位

图3-2 黄岭西村鸟瞰图

为贾家守墓的坟户村

据村中老人口述，曹、王两姓始祖系姑表兄弟，曾共同寄斋堂贾氏篱下，因此自愿定居于此，世代为贾家守墓。[4]曹、王二姓始祖当在明代万历年间（1573～1620年）到黄岭西村，守墓之余，二人垦荒、挖煤，后成家立业，慢慢繁衍成村。[5]因村子位于贾家祖坟地黄岭之西，遂得名“黄岭西”[6]。因此，该村应在明末清初成村，属于坟户村[7]，距今至少已有500多年的历史。

清代，因临近交通便捷的京西古道，加之自身出产煤炭，这里一度成为商业繁荣的商品交易地之一。随着村落的稳定发展，建设规模不断扩大，灵泉庵、财主院等重要建筑均于这一时期兴建。

民国时期，1909年京张铁路开通后，外地与北京的交通往来不再依赖京西古道，古道商业逐渐没落。黄岭西村由于处于山地，土地资源贫乏，农作物产量较低，迅速走向衰落。1939年，日本侵略者由涿鹿进犯斋堂地区，其中一支入侵黄岭西村，杀害多位村民，烧毁、毁坏民居多处。

近年来，随着周边公路交通的改善，京西古村落旅游的持续发展，陆续有外迁的居民返回村中，翻新旧宅或修建新居，村中的主要道路也修葺一新，黄岭西村又迎来了转型发展的良机。

斋堂黄岭西，古村山后藏

因地处太行山余脉，村落周围群山环绕，有“斋堂黄岭西，古村山后藏”之说。具体而言，黄岭西村选址在三条山岭包围的沟谷地带，谷底有泄洪河道穿过（图3-2）。泄洪河道将三条山岭分隔开，使之相互独立，村落沿山岭地带展开，其中凤山是村子依靠的主要山体，周围还拱列着九个山头，当地俗称“九龙朝一凤”，并相信这是福佑村落发展的风水吉地（图3-3）。村落西侧与北侧还分别建有菩萨庙和灵泉庵，作为村内的两个制高点。

村内主干道沿着谷底的天然泄洪通道布置，共3条，分别为黄岭西北路、黄岭西东路和黄岭西西路，宽4~7米。主干道将村落分为三部分，每部分建筑群以台地形式依山就势、层层叠落。次干道多垂直等高线布置，宽1.2~2米，因需要联系不同标高的院落，故常为石砌台阶形式。入户巷道较窄，通常1.2米左右（图3-4～图3-6）。这些道路多为块石铺砌而成。

另外，村中原有4座石砌拱桥，现仅下涧桥较完好，桥宽2~3米，高约1.5米，桥上过人，桥洞则用于排洪。另一座尚留痕迹的为上涧桥，位于黄岭西北路上游，北

图3-3 周边石砌梯田

图3-4 道路等级划分图

图3-5 村内主要街道

图3-7 村落局部鸟瞰图

图3-6 村内胡同

距灵泉庵约50米。由于外侧主干道垫高加宽，该桥现只有约四分之一位于地上。

传统民居

黄岭西村的民居院落规模普遍不大，常见的为一进三合院或四合院（图3-7），大多数厢房只有两间，且单体建筑的开间、进深均偏小，体现了山地建筑的特色（图3-8）。因随山就势，院落朝向多数并不是正南北向，但仍以南北向、东南向为主，尽可能地争取背风向阳。

建筑单体多为木结构、硬山顶，墙体材料以毛石为主，少量采用土坯和青砖。为了增加采光，有的还在山墙上开有带瓦檐的小窗。在自然资源较为匮乏的山区条件下，装饰显得难能可贵。总体来说，黄岭西的建筑装饰较为朴素，主要集中在屋脊、檐口、门窗、墙壁以及影壁等关键部位，以砖雕、石雕为主，兼有少数木雕（图3-9 ~ 图3-13）。此外，百花墙是村中较

图3-8 黄岭西村居住院落

图3-9 门楼局部

图3-13 村内某民居屋脊装饰细部

图3-10 山墙小窗

有特色的墙体装饰手法，多用在民居外墙的墙头，由八块瓦拼成四瓣花朵形状，两花之间犹如铜钱，也有的拼成花蕾的形状。百花墙寓意着百花盛开、家庭和睦（图3-14）。

曹家院，位于黄岭西村的中心附近，为规整的一进四合院，现为民俗展览馆（图3-15～图3-19）。该院坐西朝东，门外设照壁，院内正房和倒座房均面阔三间，进深一间，硬山顶；左右厢房均为面阔两间、进深一间的硬山顶建筑。

金柱套院，位于村内三岔口处的凤山脚下，是少有的两进院落（图3-20～图3-26）。由于地处坡地，

图3-11 民宅的抱鼓石

图3-14 百花墙图案

图3-15 曹家院位置图

图3-12 两个屋脊的连接装饰

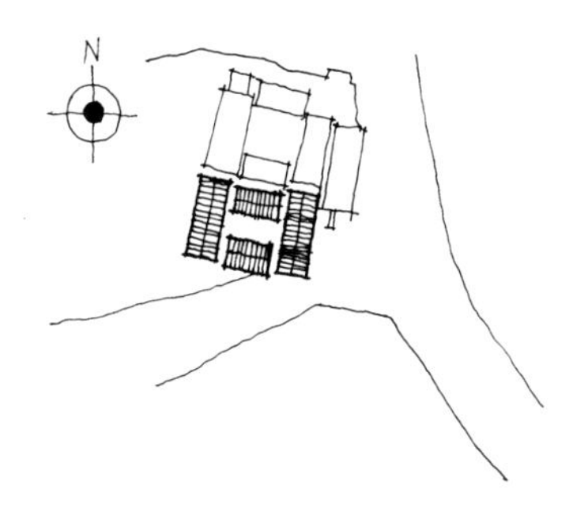

图3-16 曹家院屋顶平面图

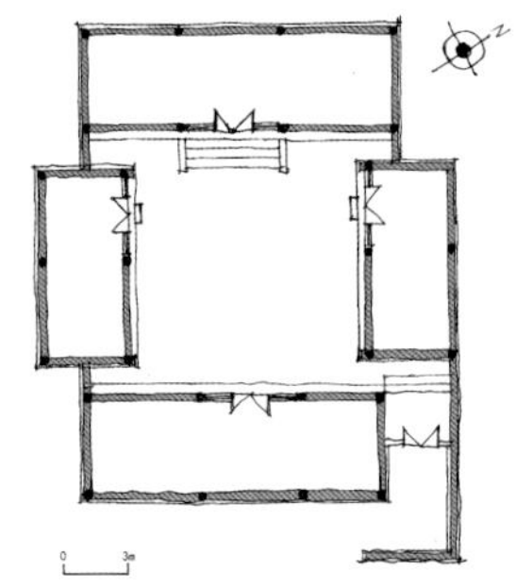

图3-17　曹家院一层平面图

图3-21　金柱套院屋顶平面图

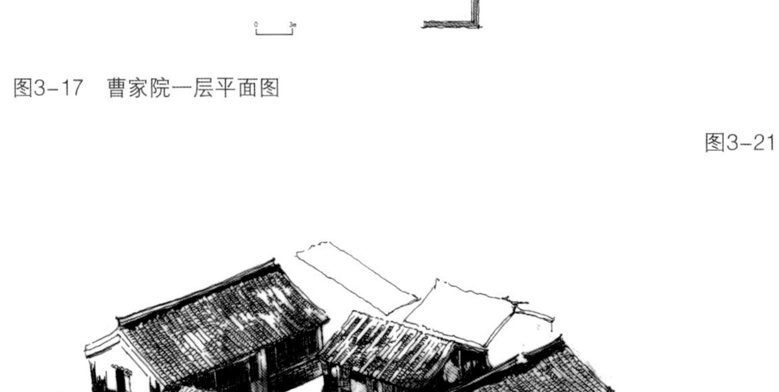

图3-18　曹家院鸟瞰图

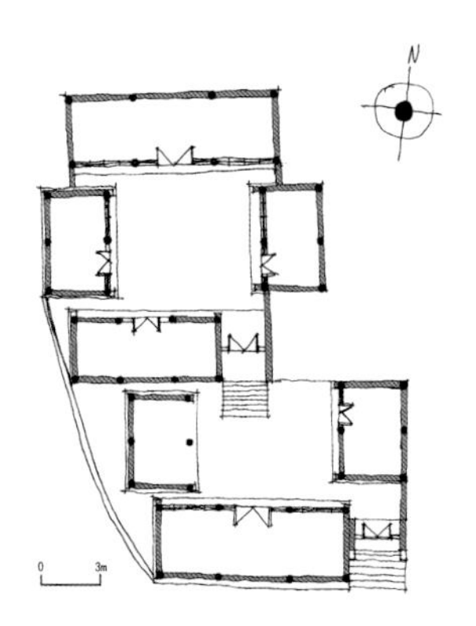

图3-22　金柱套院一层平面图

图3-19　曹家院厢房

图3-20　金柱套院位置图

图3-23　金柱套院鸟瞰

图3-24 金柱套院一进院落入口

图3-26 金柱套院二进院落入口

图3-25 一进院落倒座房

一进院和二进院之间有八级台阶的高差。同时，为顺应基地条件，前后两进院的轴线并不在同一条直线上。第一进院落由倒座房和东、西厢房围合而成；第二进院落由正房、倒座房及东西厢房围合而成，其中正房、倒座房面阔三间，东西厢房面阔两间，均为硬山清水脊建筑。

灵泉庵

村中原有灵泉庵、菩萨庙、清泰寺、山神庙、九龙庙、五道庙等庙庵共约7处，现只有灵泉庵保存较完整，菩萨庙、清泰寺仅存遗址。

灵泉庵，俗称北庵，位于黄岭西村东北隅，创建年代不详，清光绪年间重修。庙院为一进三合院。现存正殿三间，左、右耳房各两间，两侧配殿各两间，山门一间。正殿出前廊，硬山顶，正脊两端施吻兽。山门面阔 2.1米，进深1.6米，硬山顶，施筒瓦，清水脊（图3-27～图3-30）。灵泉庵建筑装饰精美，寓意吉祥。正殿墀头的砖雕最具代表性，刻有寓意吉祥的花草和动物图案，花纹细腻，制作精美；石雕有正殿雕刻花卉的迎风石及山门两侧雕刻天王像的迎风石（图3-31、图3-32）。

碾房

碾房位于村中心处，坐西朝东，面阔三间，进深一间，硬山顶，整体保存完好（图3-33、图3-34）。因旧

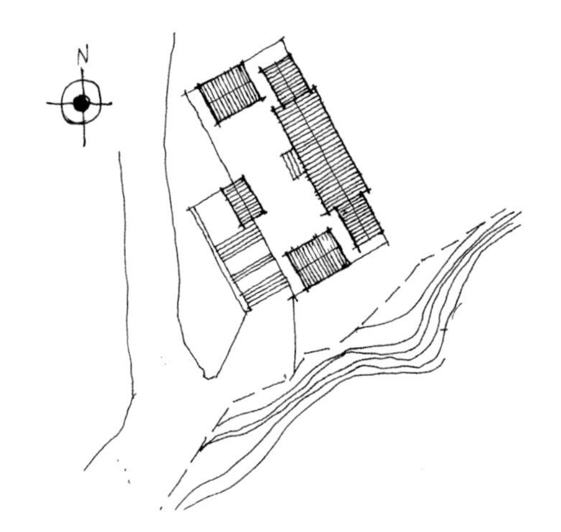

图3-27　灵泉庵屋顶平面图

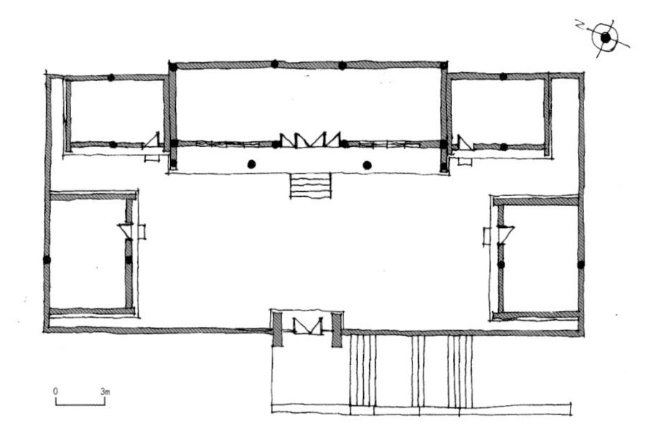

图3-28　灵泉庵组群平面图

图3-29　灵泉庵山门

图3-30　灵泉庵山门脊饰砖雕细部

图3-31　灵泉庵墀头装饰

图3-32　灵泉庵大殿迎风石

图3-33　碾房外景图

图3-34 碾坊内景图

图3-35 黄岭西村传统戏剧表演

时使用频率高，其临街一面不设门窗等围护结构，完全开敞；室内布置石碾和石磨。

驮队的故事

自元末明初，黄岭西村靠近军事要塞，又在古驿道旁，“鸡声茅店月，人迹板桥霜”，形成了古代运输文化。运输队所用的脚力，分为骡马队和毛驴队，而一些大型的驮队基本上是以骡子为主组成的。驮队牲口编制是以五六头为一板，领头的牲口脖子上挂着一只大扁铃铛或串铃；押尾的牲口脖子上挂着小铜铃铛，这样走起来领头的浑厚悠长，押尾的细碎响亮，只听声音就知道驮队当中落伍或丢失的情况。赶驮队单有一套自己的口令：起步喊“嘚”，叫停喊短促的“喻”，向右拐要连续地喊“吁”，向左拐喊连续的“喔”。赶牲口的叫掌鞭的，好的掌鞭都抽得一手好鞭子，抽时抡圆了，在头顶盘绕两圈，一仄身，那鞭花就在空中炸响，如二踢脚。白天赶着驮队，穿村过镇，掌鞭的都要露几手，为的是招来异性目光。到了夜晚那鞭梢会闪出一串火亮，其实那不是打牲口，而是为走夜道给自己壮胆，还能吓唬山里的野兽。

民俗文化

黄岭西村民风淳朴，现还保留着《山梆子》《蹦蹦戏》等戏种，目前村中有传人王希礼、曹殿平、刘志兰、宋良芹、大亮等人，剧目有传统的也有现代的（图3-35）。黄岭西村是抗战模范村，仅1940年一次就有36人参加子弟兵，“母亲叫儿子打东洋，妻子送郎上战场”，组成了青史留名的“黄岭西排”，充分体现了平西抗日革命文化（图3-36）。

图3-36 黄岭西村抗日革命文化

1 北京市门头沟区2017年统计年鉴。
2 http://www.bjmtg.gov.cn/xncfm/czgl/ztz/201512/t20151202_28341. html.
3 北京市门头沟区2017年统计年鉴。
4 据村中曹姓村民转述，采访日期：2014. 03. 28，记录人：刘文静。
5 村中王姓老人口述，采访日期：2014. 03. 28，记录人：刘文静。
6 郭其瑞. 走进美景众多的黄岭西村. 北京市门头沟新闻中心，2012（10）.
7 明清以来，京郊埋葬了许多王侯，因此出现了由看坟户繁衍发展成的村落，被称为坟户村。转引自：侯秀丽. 永定河流域的村落民俗文化. 永定河文化系列讲座之民俗篇，2012-04-06.

04

门头沟区·斋堂镇·马栏村

获得称号

第五批中国历史文化名村、第一批中国传统村落。

地理位置

北京市门头沟区斋堂镇，距市中心约60公里（图4-1、图4-2）。

社会经济

村中目前有居民360户，常住人口629人，均为汉族。[1]村子过去以种植业、养殖业和煤炭业为主，现在以种植业、养殖业和在外务工为主。[2]据统计，村子年收入为81.4万元，人均年收入13141元。[3]

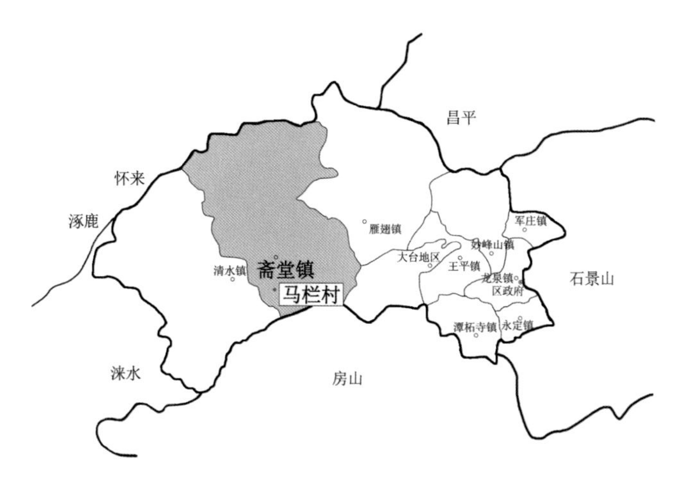

图4-1　马栏村在门头沟的区位图

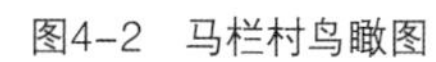

图4-2　马栏村鸟瞰图

挺进军司令部所在地

马栏村建村时间不详，但村中观音禅林大殿建于元代，因此可推断其建村时间应不晚于元代。明代时，马栏村属顺天府宛平县。《宛署杂记》载："盖而京兆首……又五里曰东斋堂村、曰西斋堂村，又八里曰马兰村。"万历年间，这里曾是圈放马匹之地，并且设有管理马匹的马官8名，故名马栏村。[4]

抗日战争爆发后，门头沟地区凭借其险峻的地势，成为抗日敌后战场的指挥中心，而马栏村就是当时挺进军司令部的所在地。1939年1月，在抗日战争最艰苦的日子里，萧克将军等奉中央和军委命令，宣布成立冀热察挺进军，萧克任司令员兼政委。[5]此后，挺进军在平西、平北、冀东等地浴血奋战，指挥军民共同粉碎了日寇多次大扫荡。经过艰苦斗争，抗日根据地的人口迅速壮大，正规兵团、游击队、民兵队伍数量大增，为实现"巩固平西，坚持冀东，开辟平北"的战略意图打下了坚实的基础，沉重地打击了日本侵略者。[6]凭挺进军而名声大振的马栏，从此也成了北京西部敌后抗日根据地坚强的堡垒，为敌后根据地的发展和战争的胜利作出了重大贡献。村中至今仍保留着许多抗战时期挺进军的遗址，如十团的团部、弹药库、枪械所、通信站、供给站、伙房、医院等。

空间格局

马栏村地处太行山区，这里峰峦叠嶂，沟谷纵横，除马栏村所在的马栏沟外，还有长榆沟、罗班沟、水浒沟、塔院谷、太槽矿、罗子峪等多条沟谷（图4-3）。马栏沟北近斋堂水库，西眺西达摩自然风景区，东与双龙峡自然风景区仅一梁之隔。

图4-3 马栏村区域景观图

村落最初选址于马栏沟谷北侧的缓坡上，北部背山形成天然屏障阻挡严寒，南部面山舒展开阔，迎纳阳光和温暖气流。据清光绪初年的《齐家司志略》记载："马兰村南涧，虽当溽暑伏庚，坚冰不改。土人以为万年冰。"

村落建设沿山体与河道呈带形展开，以龙王庙为中心，可分为南北两部分。南部村落顺水而筑，街道曲折多变，跨溪而建，空间元素丰富；北部村落依山就势，建筑基本沿等高线方向修筑，高低错落，空间层次更为丰富（图4-4、图4-5）。

传统民居

马栏村传统民居以四合院为主，且单进居多，抬梁式木构架结构（图4-6、图4-7）。建筑装饰包括砖雕、木雕和石雕，主要集中在屋脊、墀头、门窗、墙腿石、影壁等处，题材多为有象征寓意的花草和兽禽，细腻精致（图4-8～图4-10）。尤其是用于保护墙角的墙腿石，因其保护墙角免受雨水的冲刷和外力碰撞，又常年裸露在外，引人注目，故而雕刻一些饰样进行美化（图4-11）。如今，村中保留下来的装饰虽然历经沧桑、画面模糊，却依旧传递着宝贵的历史文化信息。

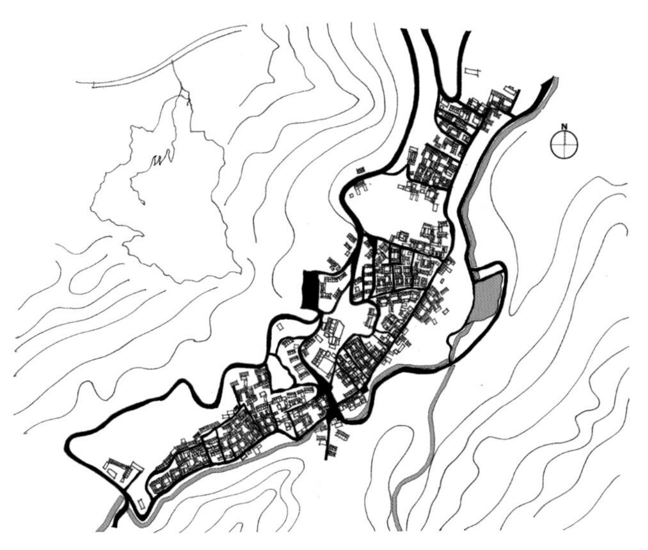

图4-4 马栏村总平面图

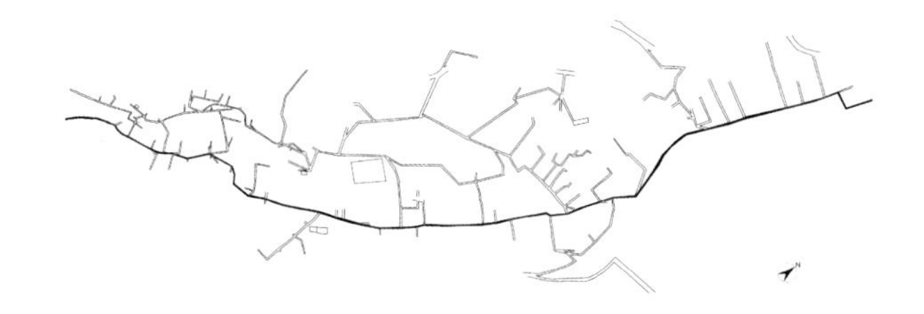

图4-5 马栏村街道平面图

图4-6　村内典型四合院

图4-7　建筑室内梁架

乡情村史陈列馆

乡情村史陈列馆，位于马栏村北部，由村中保存较好的传统四合院改设。院落接近正方形，坐北朝南，正房三开间，两侧带有耳房；东西厢房各三间；倒座三开间，大门位于倒座一侧，占据一开间，正对入口设有照壁（图4-12～图4-15）。

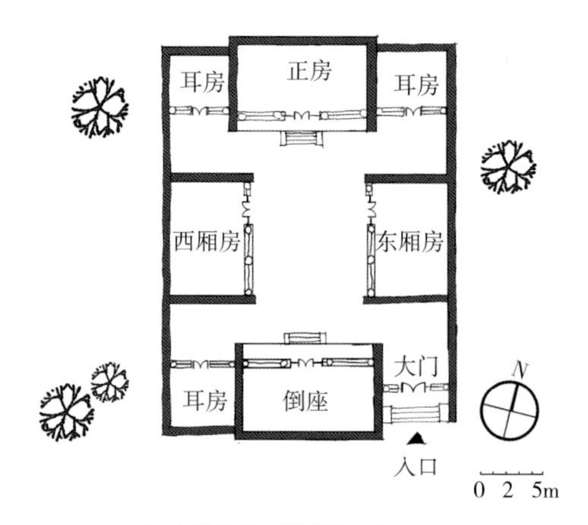

图4-12　乡情村史陈列馆平面图

图4-8　屋脊砖雕

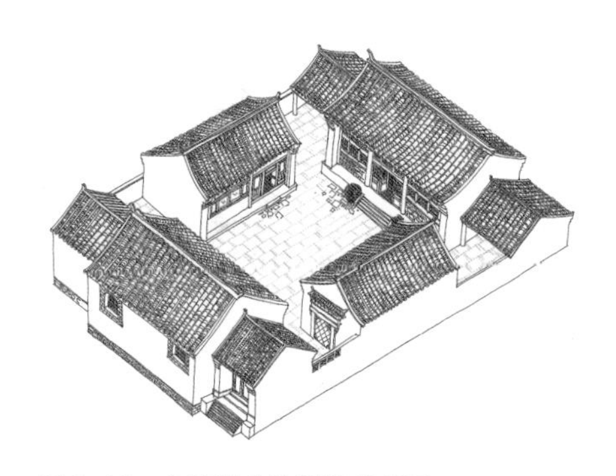

图4-13　乡情村史陈列馆轴侧图

图4-9　门楼木雕

图4-10　墀头砖雕

图4-11　墙腿石石雕

图4-14　照壁

图4-15 乡情村史展览馆正房

冀察热挺进军司令部旧址

冀察热挺进军司令部旧址位于马栏村中部，原为传统民居，前后三进院（图4-16～图4-18）。现第一进院落主要用于办公和接待，是旧址主入口；第二进院落为合院式，是由四个展室组成的主展区，系统展示了挺进军和马栏村的抗战史；第三进院落也为合院式，包括两间展室和一间辅助用房。

龙王观音禅林寺与戏台

龙王观音禅林寺，又名龙王庙或大庙，位于入村广场处，为门头沟区文物保护单位（图4-19、图4-20）。明《宛署杂记》载："龙王观音寺，先朝至正中建，旧名龙王庙，成化年村民于仲全等重修，嘉靖三年（1524年）改今名。"庙院坐北朝南，大殿位于北部数十级台阶之上，共三间，面阔约7.2米，进深约5.5米，悬山顶。两厢有配殿，山门位于南部。龙王庙既是村民进行各种祈祷活动的场所，也是他们进行社会交往的公共中心。

戏台，建于清代，与龙王观音禅林寺相对而立，是古时开展喜庆娱乐活动的主要场所。戏台坐南朝北，建于1.4米左右的石砌台基之上，四檐柱三开间，面阔约8.6米，进深约8米，分前后台。前台三面敞开，后台相对封闭，前后台之间设出将入相上下场门。屋顶为卷棚顶，覆有筒瓦板瓦。檐檩及坊间绘旋子彩绘（图4-21）。

沉浸式红色体验项目

1955年，毛泽东主席为救乡亲英勇就义的张兰珠老人亲笔签发光荣纪念证，1997年，89岁高龄的萧克将军亲自来到他们曾经战斗过的马栏村，为冀热察挺进军司令部旧址陈列馆剪彩。此后，人们从四面八方来到这里凭吊抗战遗迹，缅怀抗战英烈。马栏村成为京郊著名的红色文化基地。

"不忘初心　红色马栏"实景剧以整个马栏村为舞台，以村内保留的红色历史建筑为游览线路。主办方对全村的舞美设计进行了重新包装，专业和群众演员的实景演绎，通过红色引导员、战地宣传员的深入引导，通过道具、置景、音效的气氛营造，复原挺进军、警卫排、战地医务所、《挺进报》印刷厂、军人小卖部等，再现烽火岁月，使参观的党员群众深度体验，重温党史党魂（图4-22、图4-23）。

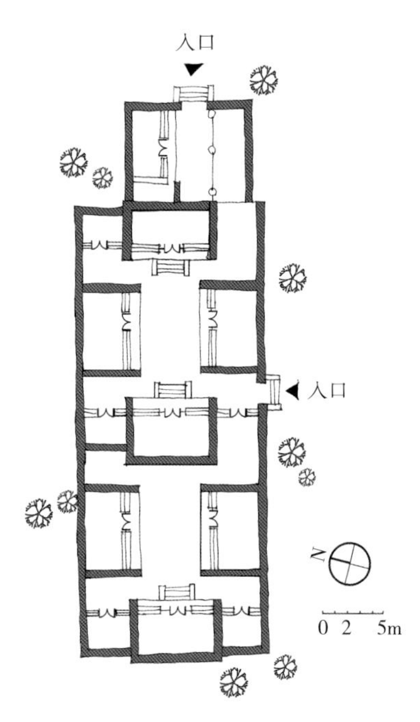

图4-16 司令部旧址平面图

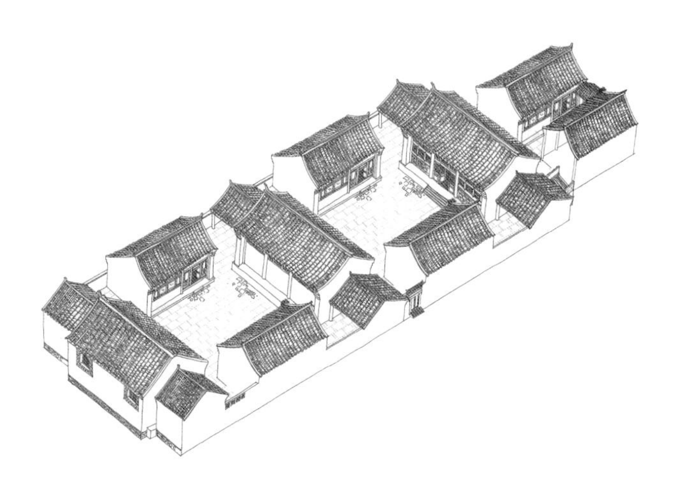

图4-17 冀察热挺进军司令部旧址陈列馆轴侧

图4-18 司令部旧址院落

图4-19 龙王观音禅林寺正面

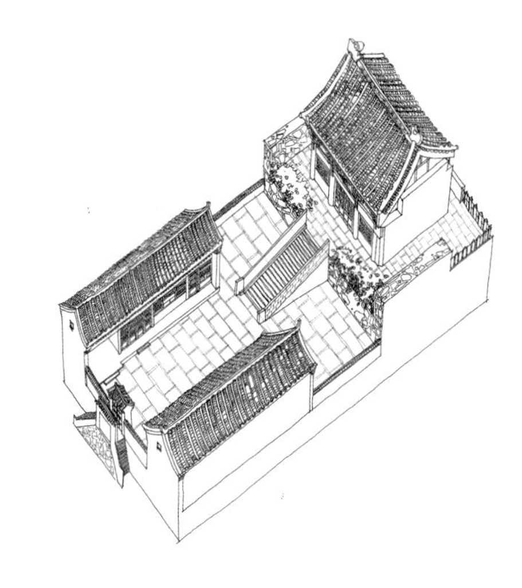

图4-20 龙王观音禅林寺轴测图

图4-21 马栏村戏台

图4-22 群众演员再现烽火岁月[7]

图4-23 群众演员再现烽火岁月[8]

1 北京市门头沟区2017年统计年鉴。
2 http://www.bjmtg.gov.cn/xncfm/czgl/ztz/201512/t20151202_28348. html.
3 北京市门头沟区2017年统计年鉴。
4 北京门头沟村落文化志编委会编. 北京门头沟村落文化志（二）. 北京燕山出版社，2008. 624.
5 萧克（1907 ~ 2008年），原名武毅，字子敬，抗战时期曾担任冀热察挺进军司令、晋察冀军区副司令。
6 萧克回忆史料：抗战中的冀热察挺进军。
7 图片来源：http://dy.163. com/v2/article/detail/DS7CDOFD0524URSR.html.
8 图片来源：http://dy.163. com/v2/article/detail/DS7CDOFD0524URSR.html.

05

门头沟区·斋堂镇·沿河城村

获得称号

第三批中国传统村落。

地理位置

北京市门头沟区斋堂镇，距市中心约60公里（图5-1、图5-2）。

社会经济

村中目前有居民333户，常住人口769人。[1]村子以种植业及外出务工为主，2016年全村总收入65.9万元，人均年收入10626元。[2]

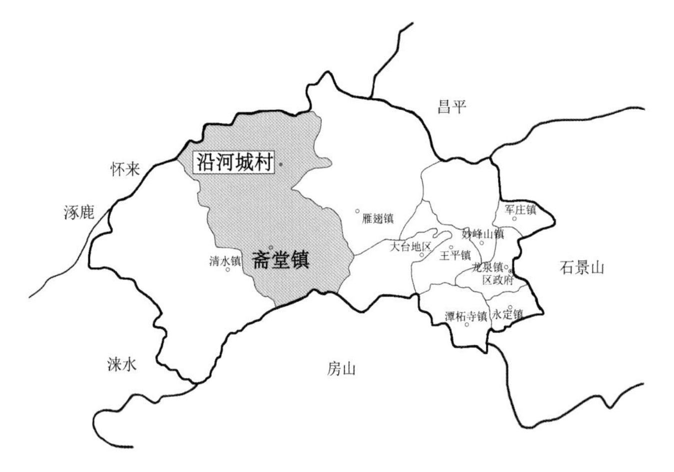

图5-1　沿河城村在门头沟区的区位图

图5-2　沿河城村全景图

京师咽喉之地

早在新石器时代，沿河城所在的区域便有人类活动的遗迹，到了金代已经成村。因地处几条沟谷交汇处，故旧称“三岔（汊）村”。明弘治七年（1494年）《故百户韩侯仕宁墓表》碑文载：“仕宁世居宛平清白口社三岔村”。《日下旧闻考·边障》载：“夫太行自天之西柱奔腾以北，云从星拥，几千万派，而宛平三岔口，析而为二，此堪舆家所谓大聚讲也。一自口东翔，为香山，结局平原，一望数百里，奠我皇都。一自口北走，百折而东，逆势南面，去作皇陵，而浑河玉泉等水纵横其间，为之界分而夹送之。”[3]

沟谷相交汇的节点处，往往具有重要的战略意义。明永乐大帝迁都北京后，为了抵御北方匈奴，充分利用北京西北侧的山涧谷地部署关口。[4]其中，沿河城村地处刘家峪沟和永定河交汇处，扼守几道山口水口，是塞外通往北京的要冲之一，因此明朝廷在此设立关口“沿河口”，由真保镇紫荆关管辖。明正德十一年（1516年），太子太保王琼的奏议《为北兵入境惊扰人民事》中提到：“本年七月十五日卯时分，忽有北兵数十余骑，不知从何关口入境到于宛平县地方……瞭见北兵骑数在于洪水口地面安营。本日又见北兵二百余骑从沿河口、三岔等村，抢去骡马、牛羊不知其数，见住地名黄鲁安营，系腹里偏僻地方。”可知这一带防御之重要（图5-3）。

明正统十四年（1449年）的“土木堡之变”和嘉靖二十九年（1550年）的“庚戌之变”两次重大入侵，使得大臣们纷纷上奏要求加强沿河口的防御措施。嘉靖三十三年（1554年），巡抚都御史艾希淳在《议处要害疏略》中奏请设沿河城守备：“臣等议得紫荆关沿河口地极孤悬，而马水、金水等接连保安、怀来、蔚州大川，尤为卫斥合无，于马水口添设参将一员，东起沿河口总，西抵金水口总一带边隘属之管辖。乌龙沟总起至白石口总止仍数紫荆关参将管辖。马水口即设参将，该口守备官移至沿河名日沿河口守备，把总官移至金水口名日金水口把总，俱听马水参将节制。”《四镇三关志·制疏考》中奏请增建城墙：“先年创筑墙垣大率低薄不堪，如紫荆关所属沿河口总下石港口沟山腰上安口，对敌占天津关口北二十里得胜城，梨园岭口北二十里滑车安口、支锅口，迤北大川过汾水岭傣车行大路了。”

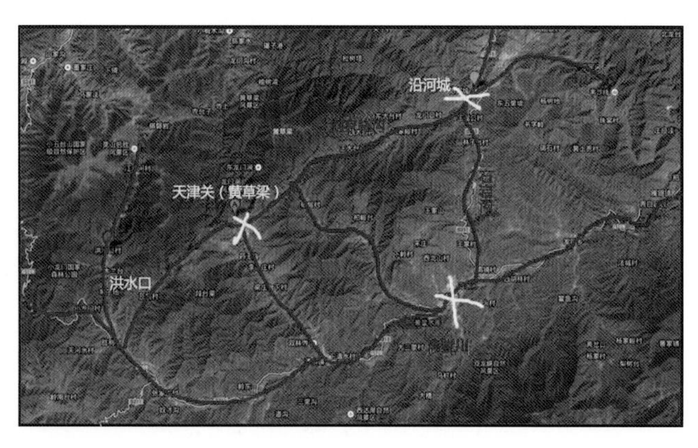

图5-3　沿河口地区可通行道路及关口分析图

到了明万历十九年（1591年），“沿河口”变为“沿河城”。碑文《沿河口修城记》中载：“国家以宣云为门户，以蓟为屏，而沿河口当两镇之交，东望都邑，西走塞上而通大漠，浑河荡荡，襟带其左，盖腹心要害处也……”[5]现城内遗存的清乾隆二十五年（1726年）《重修真武庙》碑文中载：“沿河以山为城，以河为池，乃京师咽喉之地。”

明朝中后期，政弊积重难返，影响到边防事务。到嘉靖二十一年（1542年），紫荆关等已发生粮草供给不足的情况。巡按直隶监察御史桂荣的奏折《为照例均给军士月粮以便防守边关事》中提道：“近奉钦以改拨戍守紫荆等关，比与分番操备官军例，给行粮四斗五升，及与在关常守官军例给月粮一石，事体相同，今止月支粮八斗，又系折银，见今边山米价高贵，况新到关赁房栖止，无以养赡妻小，十分艰窘难过。”嘉靖二十七年（1548年），遭到旱灾，粮草不能自养。巡按直隶监察御史萧祥曜的奏折《为荒旱重灾乞怜贫军增添月粮以救极苦事》中提到紫荆关遭到旱灾，粮饷匮乏的情况，士兵领军饷，“有大小月之分，上半年为大月，每月五钱二分，下半年为小月，每月只给银三钱六分。养赡一军，尚不足用，父母妻子，皆为饿殍。防守三关，应援宣、大，马瘦人罢，何能济事……至于马军领马一匹全无分毫草料支给，亦靠月粮喂马，以三斗之米且不足以自养，而复责之以养马，其为不堪又甚矣”[6]。其后又无军资调拨沿河城，情况极其艰难，难以自保和发展。

清代以后，沿河城军事地位下降，成为纯粹的农耕聚落。再加上远离市区，交通不便，故而发展缓慢。新中国成立以后，多数房屋、城墙、庙宇、城门未能有效保护，破坏严重。1984年，“沿河城与敌台”被公布为北京市文物保护单位。沿河城是北京乃至华北地区保存最完整的一座石头城，被誉为“华北第一城”。2006年沿河城与敌台晋升为国家文物保护单位，军事文化独树一帜。

城墙环绕，扶山带水

沿河城村南靠城子陀，北面永定河，村落地势较为平坦，山脉与河流为古村提供了天然的屏障（图5-4、图5-5）。但是，村落选址美中不足的是洪

图5-4 沿河城村附近风光

图5-5 流经村旁的永定河

水的防治，整个村落南高北低，南北城门为水门。由于历史上曾多次发生水灾，居民损失严重，因此位于南面山坡上的南门已经被堵塞，只留下北门一个水门。

作为一个军事要塞，沿河城建有城墙防御工事，东墙、西墙、北墙为直线，南城墙为弧形，整座城池扶山带水，呈南高北低的D字形。城墙以条石和巨型鹅卵石砌筑，外包紫红色火成岩，东西长约420米，南北长约300米，周长1182米（图5-6～图5-9）。东西城墙上设城门，南北设有券形水门，四角建有角台。东门面向西北入侵方向，名曰“万安门”，已经被拆除；西门朝向京城，名曰“永胜门”，保存较好。城门以花岗岩条石为基座，其上垒以青砖。城内主要街道为两条东西走向的前街和后街，与之相连有南北走向次巷道（图5-10、图5-11）。巷道或小巷铺地保存还较好，多由琐碎的菱形或不规则形状石板砌筑。

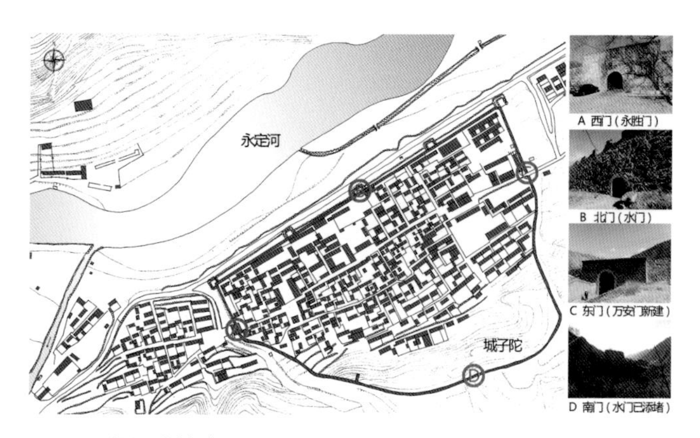

图5-6　沿河城村总平面图

图5-7　西侧城墙

传统民居

沿河城村的传统民居以三合院和四合院为主，大多为一进院或者两进院（图5-12、图5-13）。主街沿街两侧原来为高台阶的店铺门面，由于失去原有功能，沿街门

图5-8　南侧城墙

图5-9 北侧城墙

图5-10 沿河城村落肌理

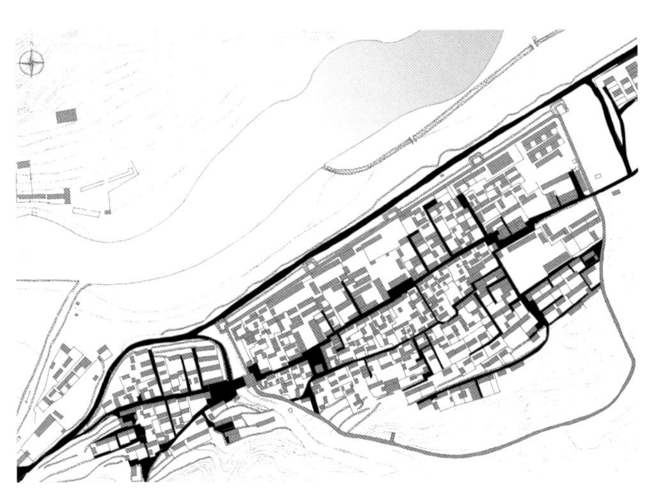

图5-11 街道等级示意图

图5-12 传统民居

图5-13 传统民居细部

面大多被添堵。正对入口门楼设有照壁，其顶部有筒瓦屋檐、蝎子尾，下面为束腰基座，中央有图案或者象征美好的文字，四角有喜鹊衔梅等。一般正房三间，高于厢房和倒座。东西配房二三间不等。建筑屋顶基本为硬山顶，青石板瓦石望板。建筑装饰主要位于屋脊、檐口、门窗、影壁、墀头、门枕石等处，装饰题材有松、竹、梅、兰等植物图案，也有喜鹊、仙鹤、蝙蝠、蜜蜂等动物图案。装饰手法以砖雕、石雕和彩绘为主（图5-14）。

图5-14　屋脊脊花

现存最完整的民居院落为145号院和152号院。145号院位于村中部，索记银楼的南面，原为地主的宅院，在土改期间一分为二，现住有两户人家。该院由主院、偏院和杂物院等组成（图5-15）。主院保存较为完整，门楼入口共三级踏步，两侧门枕石正面与侧面均雕刻有自然花卉。门楼山墙上有中国传统水墨画，重现了“言师采药去”“路上行人欲断魂”“只在此山中”“借问酒家何处有”“云深不知处”“牧童遥指杏花村”等诗句的意境，体现出主人的文化修养（图5-16～图5-18）。正对入口设有照壁，中央雕有“鸿喜”两字（图5-19）。正房面阔三间，厢房面阔两间，倒座面阔三间。主院东南侧为偏院，西南侧为杂物院。

152号院位于前街北侧，原为衙门，现住有两户人家。院落布局规整，建筑装饰精美（图5-20～图5-26）。门楼顶部施以仙鹤彩绘，两侧有门枕石。正对入口设有影壁，影壁四角雕有松梅瑞兽与几何纹饰，象征吉祥如意。北房面阔三间，厢房面阔两间，正房（现已翻新）面阔两间。正房西面四级踏步，可通往后院。后院现已作为菜园和杂物院使用。

图5-15　145号院正房院落

图5-16 145号院门楼彩绘壁画

图5-17　145号院门楼彩绘壁画局部

图5-18　145号院门楼彩绘壁画局部

图5-21　152号院门楼吊顶彩绘

图5-19　145号院影壁

图5-22　152号院影壁

图5-20　152号院门楼

图5-23　152号院门楼北侧墀头

图5-24　152号院柱础祥云图案

图5-25　152号院墙腿石石雕“中国结”“琴棋书画”“莲花牡丹”

图5-26　152号院门枕石石雕

面阔三间6.2米，进深两间7.4米，包括台面和后台两个部分，中间用木制门窗相隔。木梁架上施以旋子彩绘，悬山卷棚顶。顶部覆盖灰筒瓦、石望板，带勾头滴水。

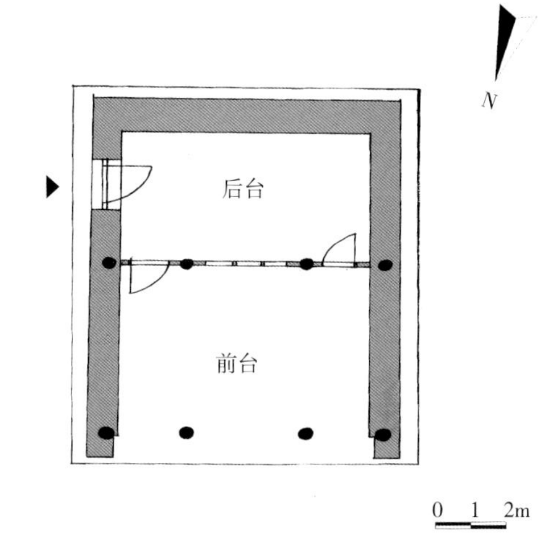

图5-27　戏台平面图

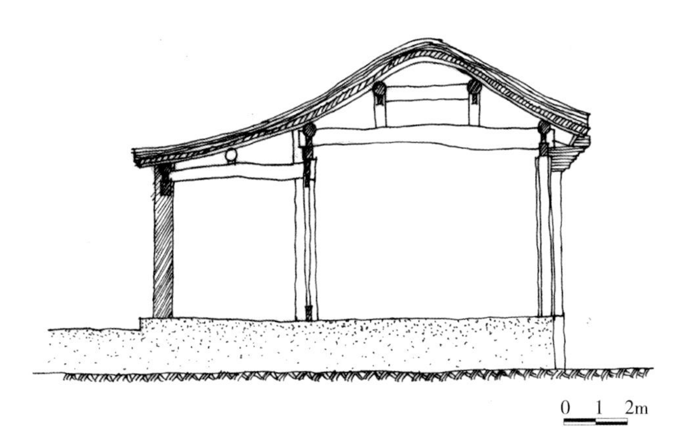

图5-28　戏台剖面图

瑞云寺戏台

村中原有众多庙宇和大小校场等，但大多已改为他用或损毁，现保存较为完整的是瑞云寺戏台（图5-27、图5-28）。瑞云寺，俗称老君堂，新中国成立以后土改分房，老君堂拆改为学校，仅保留正殿作为校长室，后学校迁往斋堂，便不再使用。戏台位于瑞云寺正对面，建于清代，2009年曾进行修缮，漆上白墙红柱，但内部结构未变。戏台坐南朝北，立于石台基之上，台基长7.3米，宽8.3米，高1.5米。主体建筑

1　北京市门头沟区2017年统计年鉴。
2　北京市门头沟区2017年统计年鉴。
3　于敏中等编纂. 日下旧闻考·卷152·边障. 清乾隆三十九年刻本.
4　永定河水流湍急，夏秋季节洪水暴发，不宜通行；山沟则多是季节性河流，有较平坦的河滩，还会偶遇干涸，相对来说，往来比较容易，因此多为交通要道。
5　碑文现存于沿河口办事处。
6　王士翘.《西关志》之《紫荆关·征徭》，北京古籍出版社1990年版。

06

门头沟区・斋堂镇・西胡林村

获得称号

第四批中国传统村落。

地理位置

北京市门头沟区斋堂镇，距市中心约56公里（图6-1、图6-2）。

社会经济

村中目前有居民210户，常住人口451人[1]，均为汉族，以谭、石、王三个姓氏为主。村域面积12.2平方公里，村庄面积4万平方米。[2]主要产业为种植业和养殖业，2016年全村总收入34万元，人均年收入12333元。[3]村子历史底蕴深厚，自然环境优美，农耕兴盛，商旅发达，有“上下清水小龙门，东西斋堂西胡林”之美称。村南有远近闻名的通州峪景区。

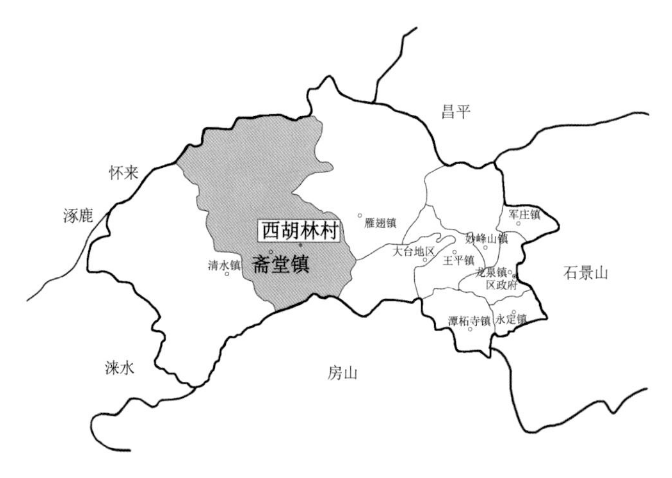

图6-1　西胡林村在门头沟区的区位

图6-2　西胡林村鸟瞰

京西古道沿途村庄

西胡林村历史悠久。据该区域近年出土的石制品及“东胡林人”的生活遗址来看，旧石器时代这里已有人类活动，新石器时代已有人在此聚居。[4]辽统和十年（992年）的清水院经幢，其幢身刻有众多官吏的提名，其中关于“都维那”（施舍的领善人）的记载中提及“胡家林村”。至明代，胡家林村被拆分为东西两村，《宛署杂记》在描述京西古道沿途村庄时提及“……又十里曰东胡家林，又三里曰西胡家林……”此后清同治四年（1864年）齐家司王老爷功德碑[5]中，又将西胡林村记为“西护驾林村”。

村子紧邻清水河，灌溉便利，再加上地势平坦，土地肥沃，当地农耕文化兴盛，人口繁衍迅速。另外，村落的发展还与京西古道息息相关。自战国初始，为加强西部地区的军事防御，各朝统治者大多修筑过西山军道，至辽时，京西古道基本成型。自公元938年起，北京先后作为辽陪都、金上都、元大都，京西古道变得愈发重要，从单纯的军道演变为北京与山西、内蒙古之间重要的商贸通道，这极大地促进了沿线村落的发展。明永乐帝迁都北京，庞大的城市建设使得物产丰富的西郊成为新都城重要的物资供应处，大量的建材、燃料、山货、食物等被源源不断地输送入京。京西古道由此逐步繁荣，车水马龙、人声鼎沸，商旅、食宿等需求的骤增导致沿线村庄出现空前大发展。位于京西古道主干道——西山大路中段[6]的西胡林村，便是其中之一。

全盛时期的西胡林村商铺相连，客似云来；每逢佳节，庙宇戏台门庭若市。其盛况可谓“生齿日繁，物货益满，坊市人迹，殆无所容”[7]。据考证，村中曾有铜匠、铁匠、打麻绳、烧砖瓦、荆编、剪纸、酿醋等多项手工产业，如石儒太、石明兴家的酿醋业，石福太、谭桂芳、谭桂香三家的手工弹棉花，石明兴、朱浩然、谭观奎三家的麻绳业，此外还有石庆云家的铁匠铺，谭桂昆、石建国家的织袜业，王文焕、谭官士家的织布业，石儒太、石子正、赵金鉴三家的中医中药业等。尤其是村中的谭、石两大户，购田建房，成立了如石德堂、万隆店在内的多达十余家商号，村内民居亦恢宏大气，不吝装饰。

抗日战争期间，日军为了切断村落与八路军的联系，实行强制并村，西胡林村坚决抵制，并坚持为游击队无偿提供军需物资。1938年9月，日军扫荡斋堂川并火烧西胡林村，烧毁的房屋达500余间，包括了谭家的大部分房屋。此后仅隔二十余年，“文革”爆发，村内文物遭到毁灭性破坏，谭普家的“节励竹筠”四字贞节匾被铲去，其黄绫子拓片也被毁。[8]十年“文革”结束后，西胡林村由于此前受到的重创逐渐衰败。

1978年以后，由于改革开放及包产到户等政策的推行，西胡林村逐渐摆脱颓势，充分利用优越的自然条件大力发展农业。1982年完成通州峪引水工程，改旱地为水浇地；1988年修建小型水库以调解区域的水资源利用。生产初具规模后，村委会成立农业合作组织，协调农林牧副多种经营，村子重新焕发出活力。

“长流水”的布局特征

西胡林选址呈“南山北水”之势，四周为群山所围，北侧山脚下清水河自西向东流过，河流与村落间有滩涂以防水患。整体来看，村落四周形成封闭空间，唯东西有通廊，形成“长流水”的布局特征，亦有紫气东来之吉祥寓意（图6-3）。

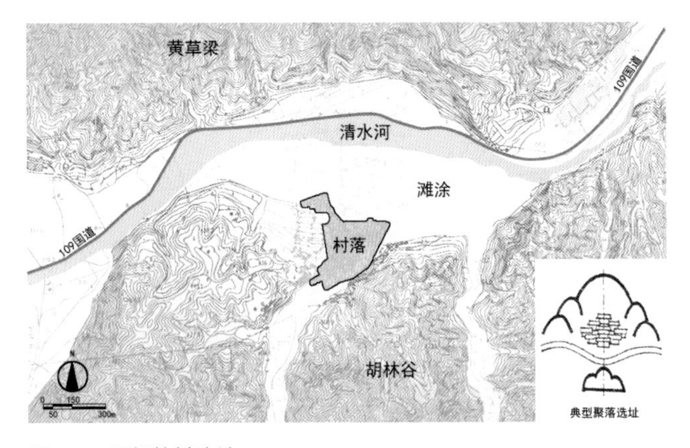

图6-3 西胡林村选址

村落以西南两侧山脉及京西古道为界，格局紧凑。由于聚落具有自发生长的特性，先建院后成街，因此断头路较多，街道呈不规则棋盘状。东西向道路为村内主干道，与河流、山势走向平行，是与外界沟通的主要通道，路面均铺砌石板；南北向道路多为较窄的街巷，路面铺装也多采用青石板。传统街巷现存8条，主要分布在村子西侧。其中以当铺巷保存最好，两侧分布较多历史院落，临街门楼非常精美。公共建筑如西头的九圣庙遗迹[9]、南头的仓院、东头的灯场等分布在村子边缘，进一步强化了边界。

传统民居

西胡林村现存民居建筑大多建于清代及1949~1979年期间，其中古旧四合院24处，登记不可移动文物5处。[10]民居多为合院，形制多样，多遵循坐北朝南及轴对称的原则，部分院落依山就势，采取灵活的空间布局。院落入口均采用墙垣式，有的直接开向道路，有的则利用院墙围合形成过渡空间。

建筑单体多采用硬山屋顶，屋顶常做仰合瓦屋面带正脊，清水脊多做装饰。墙体为砖叠或毛石夯土，后者为京西民居建筑的一大特色，这种做法会选用当

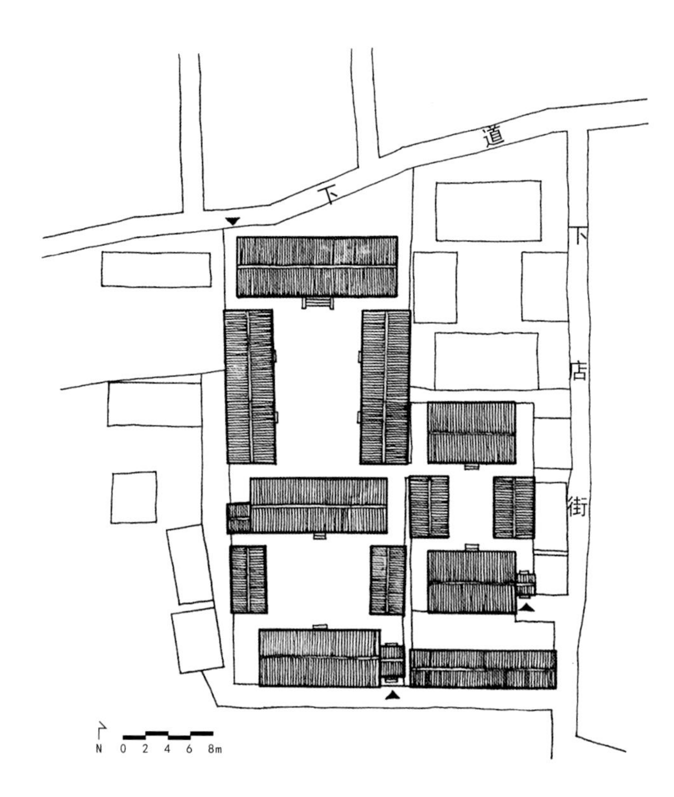

图6-4　石家大院总平面

地特有的紫色石头，与夯土一起筑墙，表面多采用泥浆抹面，少数直接裸露石墙，这使得沿街立面色彩鲜艳。院落内部地面铺装与街巷差异较大，大户人家常用毛石拼花或拼碎石板，精致整齐有韵律；普通民居则为夯土地面。

目前，西胡林村内的民居院落数石家大院最为完整。石家大院位于村子东侧，坐北朝南，原为东西并列、左右对称的三跨院落，各院内部连通，大门独立，均位于院落东南角。西跨院于抗日战争时期全部烧毁；主院建于民国九年（1920年），为前后两进院，地面铺装采用毛石拼花及夯土，入口处有影壁，但经历了多次翻修；如今仅剩东跨院被完整地保留。东跨院南侧为单独的马房及附属院落，北侧为一进合院（图6-4～图6-6）。

22号院位于村落西侧，建于20世纪50~70年代期间，随林场山势走向布局，向西北侧倾斜。据现任居住者石建涛讲述，该院原主人名为石文博，现存院落是连三院中的主院部分及东跨院北房，其余均已坍塌。主院和东跨院共用一个门楼。主院为单进四合院，由于正房与倒座均不位于中轴线上且相互错动，因此东西厢房开门位置也并不对称，以避免入口相互干扰（图6-7～图6-9）。

15号院位于村落西南角，建于清朝，坐西北朝东南，为单进四合院。其南北院墙与街巷不平行，形成两块三角地。院落与街巷有高差，门楼位于东南角。正房西侧有耳房，面阔一开间；倒座房面阔稍小于正房，其余基本相同。为了增加采光，正房东侧、西厢房南侧山墙均有开窗，窗沿有砖雕（图6-10～图6-12）。

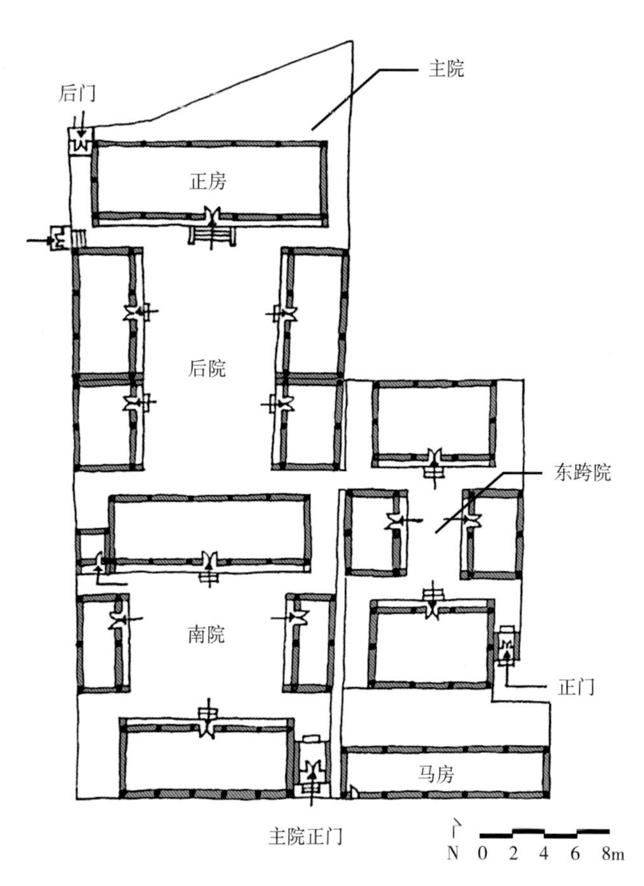

图6-5　石家大院平面图

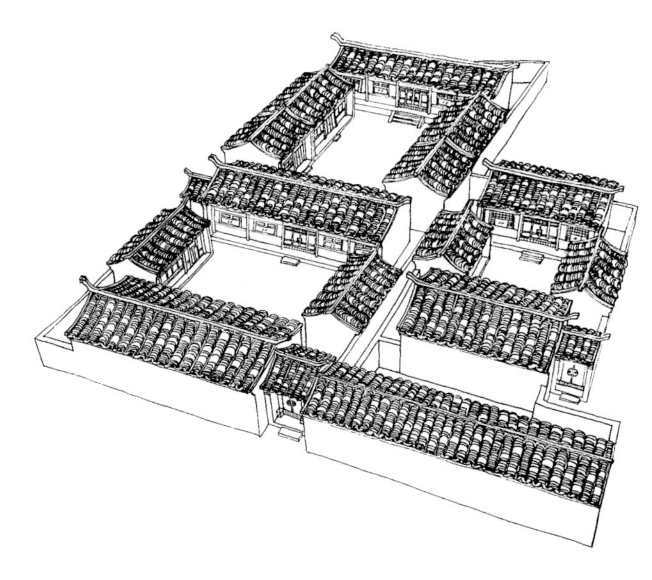
图6-6　石家大院鸟瞰图

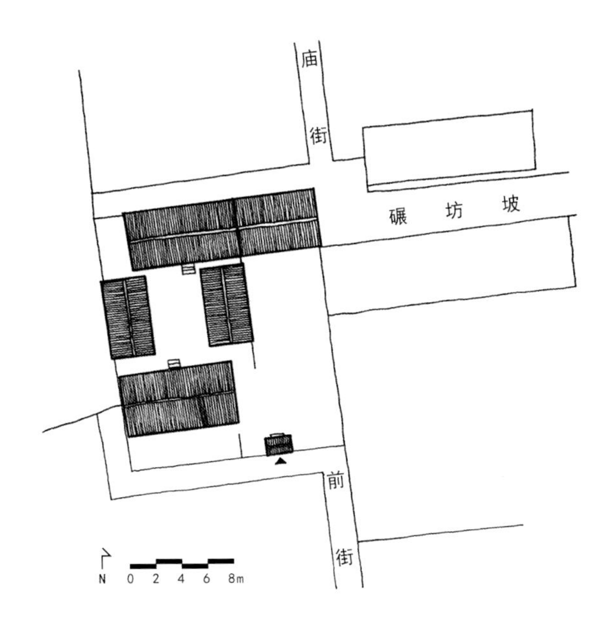

图6-7 22号院总平面

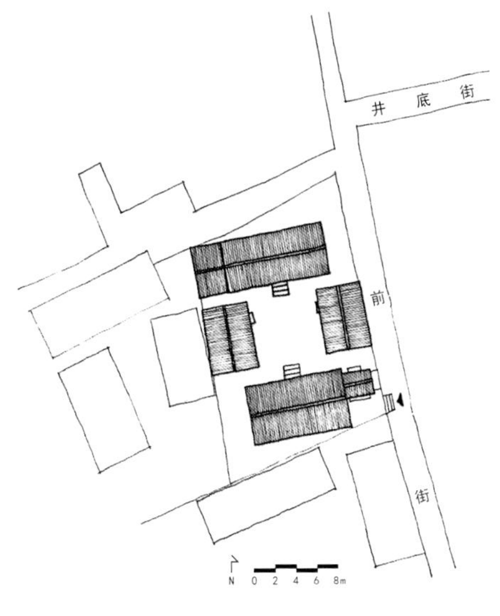

图6-10 15号院总平面

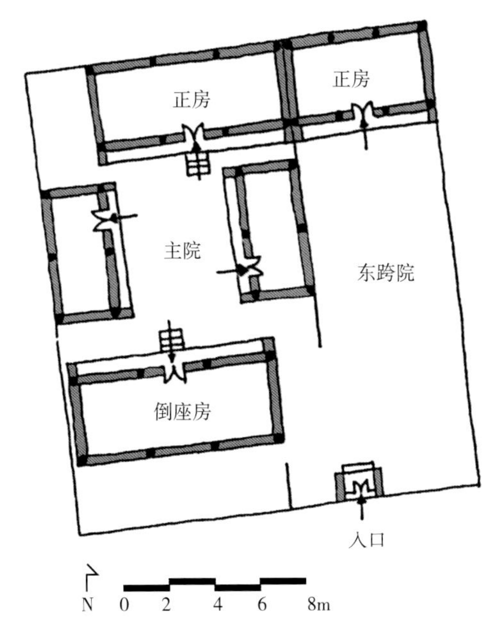

图6-8 22号院平面图

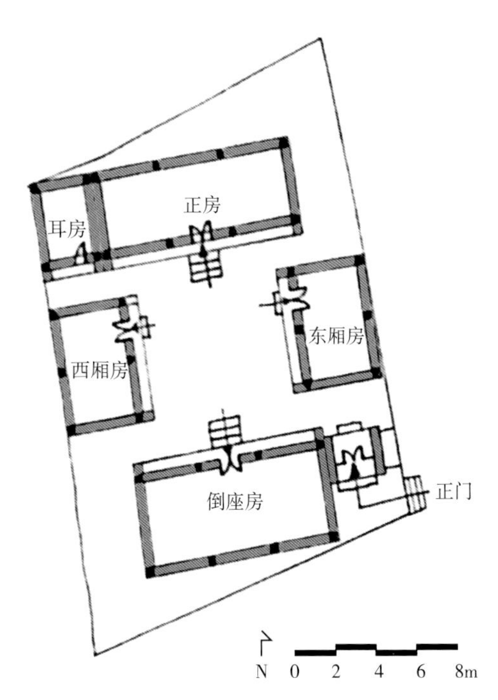

图6-11 15号院平面图

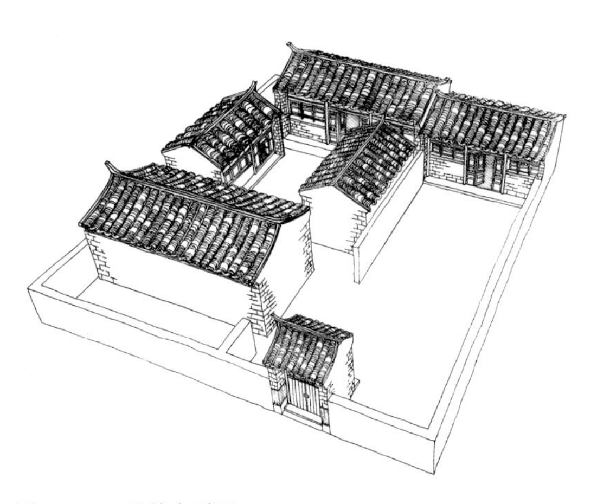

图6-9 22号院鸟瞰图

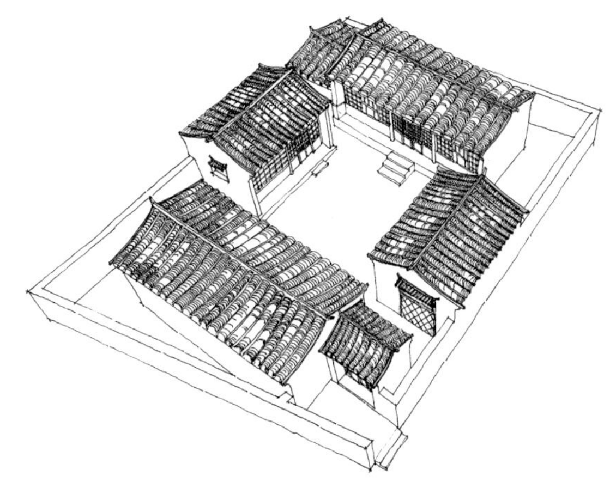

图6-12 15号院鸟瞰图

民居装饰艺术

西胡林村装饰艺术主要包括雕刻和彩绘两种，其中雕刻又分为砖雕、石雕、木雕三类。

砖雕常见于屋脊蝎子尾、影壁和门楼墀头处，技法以浮雕为主。其中屋脊尾部以两块草砖透雕，平压于蝎子尾下，图案多用花草，如牡丹、向日葵、梅花等，有的还覆雕花遮盖瓦（图6-13）。影壁是京西郊区民居建筑的主要特色之一，常被称为“压缩的建筑”，瓦顶采用筒瓦作法，壁心多为方砖硬心式，如王增君宅院门楼；也有刻“福”“寿”等字样的，造型庄正气派（图6-14）。墀头作为门楼的重要装饰构件，向来为工匠精心雕琢，图案多以花草鸟类及寓意美好的物件为主，如71号院门楼墀头，雕一花篮，内有莲花、向日葵，两侧刻竹笙和铜钱，组合图案寓意“富贵生财”（图6-15）。

石雕常见于墙腿石和门墩石处，技法以平雕为主。墙腿石以整块条石做浮雕图案，图案多为吉祥纹样、动植物等。门墩儿主要用于加固门楼，并有装饰作用，有门墩木和门墩石两种，西胡林村的门墩儿主要为箱形门墩石，少有抱鼓石，石雕图案常有花草、回纹、吉祥图案等，也有更为简洁的方形门墩石，刻“吉祥”字样（图6-16）。

图6-14　影壁砖雕

图6-15　墀头砖雕

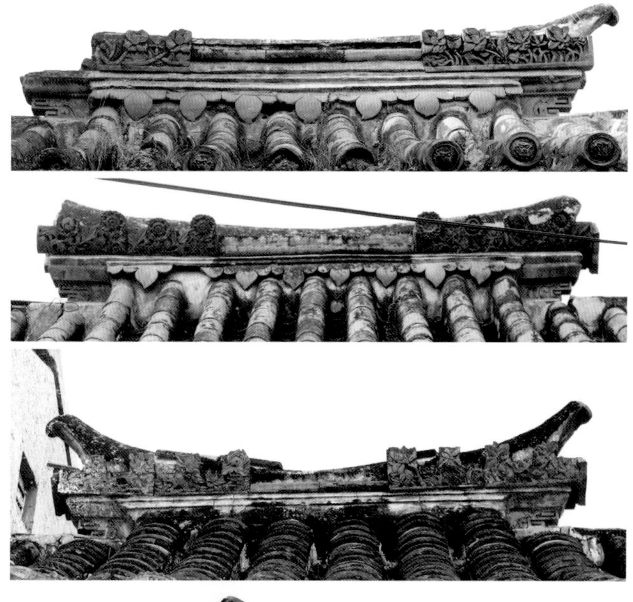

图6-13　清水脊砖雕

图6-16　石门墩

木雕应用的部位较多，包括门簪、门罩、窗户等处，技法以透雕为主。装饰精美的门楼常做木质雕花屏风，刻牡丹绕枝于上，点缀以彩绘，栩栩如生。门罩下方还有木雕门簪，以多瓣形为主，常为一对两个，刻牡丹、梅花、向日葵等花样或“福禄”字样（图6-17）。

彩绘艺术是西胡林村门楼的特色，多位于门楼吊顶处，以多色彩绘为主，题材广泛，常绘制生活性元素，如书、笔、钟、瓷瓶、荷花等，有丰富的民俗文化寓意。油饰彩绘不仅极具观赏性，还可以保护构件，防止木料腐蚀（图6-18）。

图6-17 门簪

图6-18 门楼彩绘

正月十五闹花灯

在西胡林村的东头有个“灯场”，是正月十五闹花灯的场所。正月十五叫元宵节，也叫“灯节”。这曲曲折折的彩灯飘动在灯场的四周，形成了一道疏密有致、高低错落的灯墙，再配上喧天的锣鼓，显得异常壮观。人们猜谜语，转花灯，相互说着吉利和祝福的话，比大年初一还热闹。有些人或年轻的媳妇们还会偷回一盏灯放在床头，据说这样可保自己今年大吉大利，也可保年轻妇女生个大胖小子。就连平日闹纠纷不说话的人，也会因转花灯而变得和睦。

1 北京市门头沟区2017年统计年鉴。

2 北京门头沟村落文化志编委会编．北京门头沟村落文化志（二）．北京燕山出版社，2008．781．

3 北京市门头沟区2017年统计年鉴。

4 北京市门头沟区文化文物局编．门头沟文物志．北京燕山出版社，2001：189．

5 清代齐家庄巡检司迁至斋堂城，为当地居民驱除贼匪忧患，各村为感谢明司王大老爷而立此功德碑。该碑原位于齐家司衙署，抗战胜利后，用此碑碑阴刻宛平县八年抗战烈士纪念碑，1998年4月迁移纪念碑时发现此碑文。

6 西山大路由东向西横贯门头沟区，分大北道、小北道、南道三条主要道路，西胡林村位于大北道中段（王平口至斋堂段）。

7 韩光辉著．北京历史地理人口．北京大学出版社．1996：105．

8 据《北京门头沟村落文化志（二）》记载，该匾长167厘米，宽90厘米，上款“大总统题褒”，下款竖写两行小字“谭王氏”、“中华民国八年三月”，推测该贞节匾为黎元洪的手笔。该匾“文革”后被找回，现藏于谭家。

9 《宛署杂记》（1593年）中记载村中有九圣庙“在西胡家林，离城一百八十里。先朝建”。现仅存部分残迹。

10 包括三处门楼：王增君宅院门楼、71号院门楼、谭秀全宅院门楼；一处古民居：129号古民居；一处古宅院：石建秀古宅院。

07

门头沟区·清水镇·张家庄村

获得称号

第一批北京市传统村落。

地理位置

北京市门头沟区清水镇，距市中心约75公里（图7-1、图7-2）。

社会经济

村中目前有居民119户，常住人口248人[1]，共有姓氏35个，其中王氏人口最多。村域面积6.6万平方米，其中耕地面积49.9亩，全部是旱地，林地面积38184亩。村中产业以林业为主，大部分村民种植杏树、核桃树。为了加快经济发展，村里还成立了“张家庄村养殖专业合作社”，建养殖肉鸡小区一座，分12棚，并建五角陶塞特羊场一座，建柴鸡养殖小区一座。[2]2016年村集体收入69.3万，人均年收入为14393元。[3]从古至今当地水资源都比较匮乏，改革开放之后，村子在各方支援下修建了数口机井，改善了村民生活状况，农业收成也因用水情况的改善而大幅提升。如今全村用水仍依靠四眼机井。[4]

图7-1　张家庄在门头沟的区位图

图7-2　张家庄村全貌鸟瞰

明朝移民村落

明沈榜所著的《宛署杂记》中载：“矿山稍西二十里至史家营，曰莲花庵、曰秋林铺、曰白虎头、曰刘站村、曰北山村，又十三里曰刁窝铺，又七里曰下清水、曰上清水、曰杜家庄、曰张家庄……”可见，在明正德年以前，张家庄就已经存在，至今已有400余年历史了。据村民口述，其祖先多为元代末期由山西迁来的移民，因建村时以张姓为主，故将村子命名为张家寨，后又不知何年改名为张家庄。村子原来位于现村东南大东台台地上，后因到上下井或奴才沟取水路远困难，就迁到了现在的村址。

清代，因紧邻京西古道，村内的商业日渐繁荣。村庄建设空前发展，现存戏台及很多规模较大的四合院均为这一时期修建，大兴土木者多为地主、养殖业主或是少部分的经商者。1908年，京张铁路北京到门头沟段修成后，京西古道的地位下降，村子的商业活力随之逐渐衰减。民国时期，村子的经济状况依然很颓废、低迷。中华人民共和国成立后，村内大安沟南侧的三座庵塔于1954年被拆毁，兴隆寺被用作学生读书的学堂，并于1966年“文化大革命”期间被毁。

近些年，为发展古村落旅游，村委会筹资将古戏台、古碾坊与古民居进行了修缮，保护了古村的历史风貌。

空间格局

张家庄村坐落在上庵沟口与白岗子沟口之间的一片开阔地上，周围群山连绵，唯有东南和正北方向各有一个山口（图7–3）。虽然清水河由北向南流过，但村中水资源较为匮乏，民间有“山顶风大，迎风坡雨大；家乡筛了锣，乐死黄安坨”的农谚，农作物生长只得顺应天时。这样的情况一直到中华人民共和国成立后，在区政府及人民公社的支持下，修建若干水利工程这一情况才有所缓解。

图7–3　张家庄村总平面图

村落地势西高东低，东西长约420米，南北长约920米，沿水一侧呈带状展开。村落街道格局保存完整，以南北走向的一条主街为轴，两侧延伸出许多支路。主街西侧地势陡峭、落差较大，明清时期修建的民居在此处呈阶梯状排布，村民称该区域为“老街”；东侧地势较为平缓，新建民居均位于此，村民称其为“新街”（图7–4、图7–5）。据村民讲述，老街民居分布密集，主要是为了取水方便，所以老村内的民居多分布在上、下水井周边约200米范围内（图7–6）。

20世纪60年代，村内曾有12台碾子，如今尚存大、小碾房两个，仍在使用。村中古街上立有一块影壁，位于戏台左侧，基础为砖砌的拱券，跨大安沟河道。影壁高1.5米，宽2米，对外有迎宾之意，对内有拦龙、挡水之意（图7–7、图7–8）。

传统民居

村中现存格局较为完好的古民居共计五处，均位于老街两侧，分别为48号、49号、52号、66号和张家庄仁和居，其中52号“福瑞阁”院是村民的祖宅，其祖上曾是村戏班的二班主（图7–9 ~ 图7–13）。

因山地地形的限制，民居院落朝向多以东西向为主，仅有面朝主街的4处民居为南北向。建筑风格较为朴素，石砌墙体、青石台基、正房五级踏步，厢房三级踏步，所有房屋两处山墙前侧有墙腿石双扇花棂门，内墙满抹白灰砂浆，刮腻子刷涂料，地面铺青方砖[5]。门楼通常是装饰重点部位，如屋脊蝎子尾的花草装饰、屋面瓦顶端的花饰、脊花、神龛、博风头等，雕刻技法采用薄肉雕、浮雕。装饰图案以花草花饰为主，图案有莲花、牡丹、梅花、菊花，借以显示对大自然的赞颂和高洁气节（图7–14）。大门两侧的门枕石有箱式门枕石和抱鼓石，石材多为当地的石灰石、鹅卵石，雕刻形式多样，内容题材十分广泛，主人凭志趣喜好选择，包括福禄寿喜、梅兰竹菊、文房四宝、博古八宝纹饰图案等（图7–15）。

兴隆寺和戏台

兴隆寺，创建于明正德四年（1590年），嘉靖年间重修。原庙位于村后大安沟口北侧，坐西朝东，正殿三间带廊，面阔10米，进深7.3米，五架梁，旋子彩绘，两侧绘有人物壁画。南北禅房各三间，据传谭老道（谭广利）曾住在南禅房看寺。正殿前有赑屃驮碑，汉白玉质，碑高2.2米，宽0.75米，厚0.18米，座高0.56米，宽0.85米，长1.49米。碑额阴阳面均为“二龙戏珠”图案，阳面正中刻“万古流芳”四字，阴面篆书“兴隆寺

图7-4　老街鸟瞰

图7-5　老街广场

图7-6　古井

图7-7　古碾

图7-9　52号院，49号院

图7-8　古影壁

龙”四字（图7-16～图7-18）。此碑与兴隆寺碑同时毁于“文革”时期，残碑被运到寺前大杨树下，用作井台边的铺地。由于长年践踏，碑文已模糊不清，现在只隐约可见“皇恩佛教书理新铭傅乎小攸东大明岁十二月初八立”等文字。

戏台位于兴隆寺对面，清代始建，坐东朝西，进深8.4米。戏台建于1.3米高的台基之上，台前对称立4根柱子，悬山卷棚顶。台壁有墨迹“光绪乙未值收年，唱戏酬神”字样。戏台主体结构保存完好，庙会、春节时村内的文艺演出都在此举行，也曾为不少电视剧的摄制提供外景（图7-19）。

图7-10　52号院内现状

图7-11　52号室内现状

图7-12　52号室内木隔扇

图7-13　52号门楼

图7-14　门楼

图7-15 抱鼓石

图7-16 兴隆寺石碑

图7-17 石碑上雕刻的“万古流芳”

图7-18 石碑上关于兴隆寺的记载

图7-19 清代戏台

1 北京市门头沟区2017年统计年鉴。
2 http://www.bjmtg.gov.cn/xncfm/czgl/qsz/201512/t20151202_28302. html.
3 北京市门头沟区2017年统计年鉴。
4 北京门头沟村落文化志编委会. 北京门头沟村落文化志. 北京：北京燕山出版社，2008. 74，75-76.
5 赵兴义. 张家庄志. 北京：北京同创佳艺图文设计制作有限公司，2015. 115-116.

08

门头沟区·清水镇·燕家台村

获得称号

第一批北京市传统村落。

地理位置

北京市门头沟区清水镇，距市中心约71公里（图8-1、图8-2）。

社会经济

村中目前有居民202户，常住人口618人，均为汉族。[1]《京西广角——燕家台》记载村中姓氏共32个，以赵、李两姓为主。村域面积8万平方米，主要产业为种植业。村集体年收入51.9万元，人均1.2万元。[2]村落西靠东灵山，北临自然保护区黄草梁，东接柏峪、爨底下、斋堂古道，南通清水古镇区域中心，东北是著名游览区东龙门涧。龙门涧内幽深陡峭，景色壮观，有“燕京小三峡”之称（图8-3）。

1977年，燕家台开辟了第一条通村路线。1980年，中共门头沟委派工作组进驻燕家台，将其作为“致富”试点村。1980年后，燕家台修建学校，解决全村下水管道问题，重修了一些文物建筑。除此之外，村子响应国家政策，大力发展经济，全村规模种植大扁杏，建渔场，并弘扬民俗文化。1998年，该村荣获“门头沟文明村”“门头沟小康村”称号。2003年，被区列为农业观光园区。2006年又被评为“北京市新农村建设试点村”，遵循保护发展并重的原则，整治村落环境，硬化街道等公共设施。

图8-1 燕家台村在门头沟区的区位图

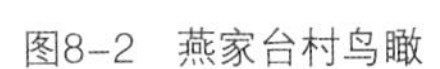

图8-2 燕家台村鸟瞰

为避皇陵选址，曾改名“晏驾台”

燕家台村历史悠久，据该区域近年出土的商代贝币来看，3000年以前这里已有人类活动[3]。

关于村名的由来，村民口口相传至今。据传，因东西两股溪水犹如两条长龙汇于村口，故村名原为“二龙台”。后因燕姓人家来这里定居并繁衍壮大，村名改称“燕家台”。至明初，村民听闻当地将被作为皇陵选址，安土重迁的当地百姓不想离开家园，遂巧取谐音改称“晏驾台”，（皇帝驾崩又称“晏驾”）。选址的人觉得此名颇不吉利，便没有将皇陵选在此。随后，村民们又将村名重新改回“燕家台”并沿用至今。[4]

另外，燕家台的军事防御地位也非常重要。其所处的清水镇为京西内长城线上沿河口辖下的十七个隘口之一，历代统治者都十分重视这里的军情。抗日战争期间，日军曾占领燕家台并在此安下据点，村中的百姓自行建立了游击区以抵抗侵略者。1940年9月初，日军开始进攻燕家台，烧毁大部分房屋。1958年，“通仙观”被拆除，并在原址上建起了制糖厂。此后不到十年，“文革”爆发，村中除张仙港外的所有庙宇都被拆毁，文物古迹遭到毁灭性破坏。1976年7月，河北省唐山大地震波及门头沟地区，燕家台受损比较严重，大部分房屋倒塌，传统风貌进一步受到破坏。

村落选址莲花托

燕家台四周群山环绕，是一块名副其实的风水宝地，西有洒篓坨、笔架峰，北有老东尖，东北有摩云山，东有灰坨梁，南有南坨。六座山像六个花瓣，均匀坐落在村子的四周。村址所在的台地就像是中间凸起的莲花托。龙门涧分为东西两部分，分别位于村子的东面和西面。由于地势相对平坦，聚落台地高差不大，建筑多为一层或两层。三条主街贯穿东西，分别为前街、中街、官上。两条胡同为南北走向，与前街、中街、官上相互连通形成环路。

村口设拱形门楼，内墙上有装饰性的壁画，内容包括长征诗、花卉植物等，壁画中同时还配有具有艺术风格的文字书法（图8-3～图8-6）。

通仙观乃汉唐二代之古迹也

村中曾有老爷庙、观音庙、龙王庙、西寺娘娘洼、

图8-3　燕家台村入口处拱顶

图8-4 长征诗壁画

图8-5 残损壁画

图8-6 含文字壁画

圣泉庵、通仙观等多处寺庙。其中最著名的是元代重修的通仙观，可惜庙已无存，现仅剩元、明二碑砌于券门上，通称《重修通仙观碑铭并序》，被列为区级文物保护单位。明《重修通仙观碑铭并序》中载："本观乃汉唐二代之古迹也。"南宋时期，道教全真教掌门为修通仙观来此进行考察，元代时期道家也在此舆地建观。村北的娘娘洼以及村中的老爷庙尚存遗址。原来戏台对面的五道庙已被礼堂所替代，戏班逢年过节都会在这里演出。

送军帖的"关上"军域老宅

燕家台村北有一处老宅，名叫"关上"，据说是自明代开始就存在的军邮站——从沿河城向易县紫荆关一站一站送军帖的设施，又称为"军域"。明清两代沿河城、紫荆关都保留着驻军，两地相距90公里，其中沿河城清代为四品都司带兵驻守。"关上"军域老宅，为一独立院落，仅有三间正房，中间一间推进半间为廊，廊下正面、两侧三面辟门，为吞廊式屋宇，有很高的台阶，房屋为板瓦覆顶，皮条脊，方格窗。可惜此宅在1985年左右被住户拆除[5]。

质朴精巧的民居院落

燕家台村民居院落多为一进四合院，主要建于明清时期。院落坐北朝南，入口内皆有影壁，墙角处多立"泰山石敢当"镇宅，以祈求平安、吉祥（图8-7、图8-8）。建筑以一层为主，采用砖、木、瓦、石等材料，屋顶则是常见的硬山顶。目前保存较好的如蔡家院落、陈家老宅等（图8-9～图8-11）。许多经济条件较好的人家还有大量装饰，如砖雕多运用于屋脊和屋檐部分，石雕主要存在于柱础、屋顶，雕刻风格繁复精致，图案饱满，寓意深邃，以花卉、植物、祥禽瑞兽动物类为主要题材（图8-12～图8-28）。木雕相对简洁，施以彩绘，多见于门楼处（图8-29）。

山西梆子戏最著名的村落之一

燕家台戏曲发展经历了传统梆子、山西梆子、蹦蹦儿戏、京剧、河北梆子等历程，其山西梆子戏是门头沟区最著名的村落之一，具有200多年的历史。燕家台的戏班中主要还是传统梆子戏，同时兼具山西梆子的韵味、河北梆子的曲调以及当地戏种的味道，表演时，每类戏种均有专人伴奏板胡。每年春节期间，热闹的大戏吸引了北京地区众多游客前往（图8-30）。

图8–7　燕家台村影壁

图8-8 剪纸状影壁

图8-9 陈家老宅门楼

图8-10　陈家老宅院内

图8-11　陈家老宅正房

图8-12 结状屋顶石雕

图8-16 鱼状屋檐石雕

图8-13 花状屋顶石雕

图8-17 屋顶石雕

图8-14 花状屋顶石雕装饰

图8-18 屋檐砖雕

图8-15 花状屋檐石雕

图8-19 屋顶石雕装饰

图8-20　屋顶砖雕

图8-21　屋顶砖石装饰

图8-22　鹅石雕

图8-23　鹿石雕

图8-24　牛石雕

图8-25　“宏”石雕

图8-26　石雕装饰

图8-27　“禄”石雕

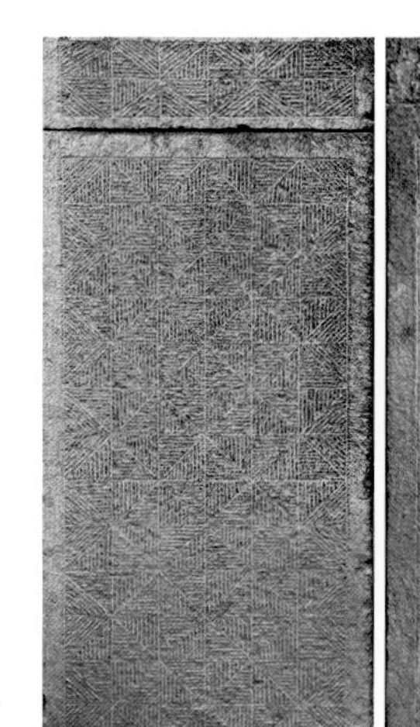

图8-28　墙基石

图8-29　门前木雕

图8-30 燕家台村山西梆子戏活动照片[6]

1 北京市门头沟区2017年统计年鉴.
2 北京市门头沟区2017年统计年鉴.
3 骑车游中国编辑委员会. 骑游门头沟. 北京：中国轻工业出版社，2014. 3.
4 孙克勤. 京西古村燕家台. 北京：中国画报出版社，2007. 8.
5 孙克勤. 京西古村燕家台. 北京：中国画报出版社，2007. 8.
6 图片来源：http://wemedia.ifeng.com/87722155/wemedia.shtml.

09

门头沟区·雁翅镇·碣石村

获得称号

第三批中国传统村落。

地理位置

北京市门头沟区雁翅镇，距市中心约56公里（图9-1、图9-2）。

社会经济

村中目前有居民41户，常住人口68人。[1]以林业为主，主要特产有核桃和大杏扁，未来旅游业将与林业并重，将作为主导产业发展。[2]2016年村集体总的年收入为44万元，人均年收入为14651元。[3]

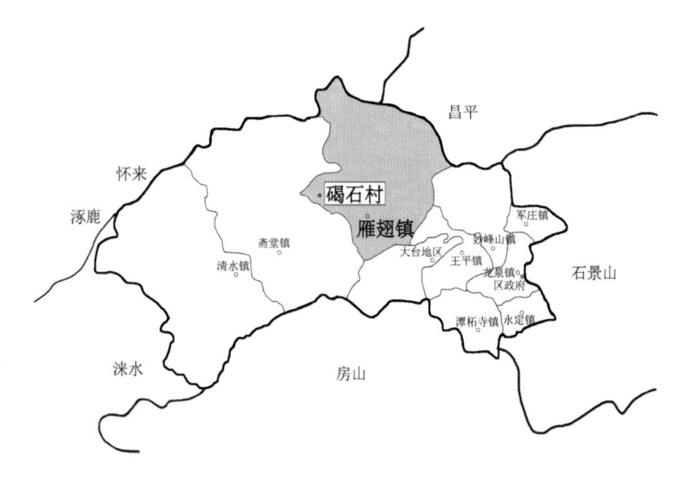

图9-1　碣石村区位图

图9-2　碣石村全景图

立石为碑，卧石为碣

据村民口述，碣石村建村不晚于金代（1115～1234年），原名“三岔村”，又称“三叉村”。当时有三位朝廷命官看中了这里的风水，他们家眷人员众多，骡马牛羊成群，扎营安家在三叉村后，开始挖井取水居住了下来。[4]后来，这里发生了历史变动，三岔村遭到毁灭。人们根据村前很多躺倒的大石头，以“立石为碑，卧石为碣”的说法，重新定名为“碣石村”。[5]现在村中主要姓氏有李、韩、刘，还有贾、谭、吕三姓，主要来自灵岳寺、爨底下、龙门口等地。[6]

明朝时期，碣石村同与其相距约3公里的珠窝村为一村，叫“珠窝碣石堙”[7]，村子以炼银出名，坊间传言：“碣石的土，珠窝的沙，一两炼出一钱八！”明弘治至万历年间，碣石村由于炼银，村民富了，财大气粗，有一年因为没上成头炷香，与张家庄、杜家庄的村民发生争斗，被奏了一本。皇上听说碣石村内开矿放炮和打钢钎，以为碣石村造兵器要谋反，便派人血洗了珠窝碣石村。[8]

抗日战争时期，全村有11间民房被日本鬼子烧毁，其余的460间被完好地保存了下来。1942年，日本鬼子将全村人关在一户院落中，让汉奸指认村干部和进步人士，当场抓了10多个人。当鬼子正要点火烧房对村民下毒手时，传来八路军拿下了附近一座鬼子炮楼的消息。敌人回撤，村民和房屋才免遭涂炭，碣石村得以基本保全。

碣石村文化气息很浓，街墙或影壁、后墙上随处可见到不同时期的字画。有字体硕大的“秀水奇峰”“和风瑞气”等，还有洋洋洒洒的题诗《什锦赋》；也有1958年“大跃进”时期画的《跃上千里马》和鼓励夺高产的画、“文革”时期的壁画以及标语等。

如今，碣石村格局基本完整，大多数建筑保存良好，街道院内青砖墁地，院落以三合院、四合院为主。原来山村有100多户人家，改革开放后随着小学校的取消，很多村民搬迁到外地生活、上学、打工，现在村中仅有几十户人家。

不达村口不能见村

碣石村位于谷底，北面的横岭山势险峻，为背靠主龙脉生气的主山，黄草梁与百花山分别为左青龙右白虎，西南方为永定河[9]。据村民口述，由于所处地理位置角度奇特，此村属于不达村口不能见村的上好风水。山上的溪水汇集到碣石村所在的小盆地，穿村而过，散落众多紫色巨石（图9-3）。山涧河道中也经溪水常年冲刷，形成历史上的碣石八景：观龟取玉、水

图9-3 碣石村风水分析

湖深潭、小船激浪、飞来巨石、窟窿穿山、古槐逢春、观音洞天、古井风韵。遗憾的是，目前多数溪流已干涸。

空间格局

村庄沿燕山山谷由东南向西北带状延伸，并结合山地地形层层叠落。居住建筑大都建设在山谷底部的平缓地带，以及坡上相对平缓的台地上。村中的两座庙宇——关帝庙和龙王庙，则位于村落东南入口处。[10]村中原来还有一座圣泉寺，位于大峪沟，非常有名（图9-4）。明沈榜《宛署杂记》载：“圣泉寺在珠窝村（当时碣石村为珠窝村辖村），宣德四年（1429年）僧妙德建。正德十三年（1518年）僧道真等修，了空撰。”

圣泉寺现已成平地，存遗址，只留下原来大门口前的一块重修圣泉寺碑，碑汉白玉石质，碑螭首龟趺座，碑阳额书“圣泉寺碑记”，碑阴额书“檀越芳名”，明正

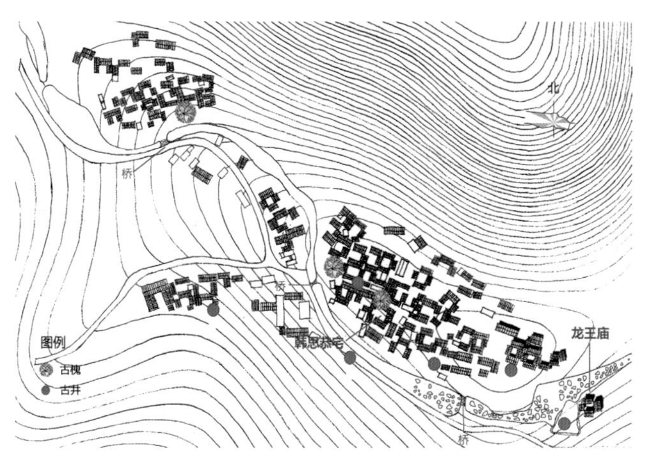

图9-4 碣石村总平面图

图9-5　碣石村街巷

图9-6 碣石村街巷空间

德十三年（1518年）立。[11]碑文记载："顺天府宛平县之西，地名青白口社，有胜境焉，曰圣泉寺。衲子相传以为其地有龙湫，故以名寺或者以为对剑峰者，误也。其始盖创于金，修于元，然图籍不可考信，后有老衲因凿地灌洼，偶得铁柱尺余，磨洗之，焉然有文，以岁久为图所蚀模糊至不可读，中惟有明昌二年（1191年）盖造、中统三年（1262年），重修字略真，然后人益信此寺为古刹。"由此可见，该寺创建于金明昌二年（1191年），重修于元世祖中统三年（1262年），至今已有九百多年的历史。

村中道路竖向空间富含变化，分主街和巷道两种。主街呈东西走向，长约200米，在西北部分遇一山脉犄角，分为两支，各向西北、西南而去，这三岔路口便成为村落的公共中心，碣石村原名三岔村也是因此而得。巷道共六条，均为南北走向，多由石板铺设而成（图9-5、图9-6）。

另外，村内还有三棵千年古槐（图9-7），属北京市挂牌保护的一级和二级古树。古树之下也成了街坊邻里平时闲聊、休息、社交的公共空间。

图9-7 村内古槐

古井风韵

碣石村原有72眼井，现存56眼，由于地下水位较浅，水源充沛，井深大多在3米左右。据传，明代时碣石村就已有几十眼井，到清末，井的数量增加至70眼之多。中华人民共和国成立后，随着合作化和人民公社的发展，集体对原有的井进行维护和扩建。至今许多古井还保存完好，并为人们所利用。碣石72眼井分布很广，山上山下，田间地头，村里村外到处都有，但基本上分为三大类，即生活用水、田间用水和寺庙用水（图9-8）。

图9-8　村内的韩家井

传统民居

碣石村历经数百年沧桑变迁，仍保留着较为完整的古民居群落。民居建筑普遍为五架梁，硬山清水脊，板瓦覆顶，亦有少部分厢房使用石板顶。建筑材料就地取材，为砖瓦灰及石料木材等（图9-9～图9-12）。

如韩思恭宅，为坐北朝南的一进山地四合院（图9-13～图9-15）。大门北侧为座山影壁，中间书“鸿禧”。院内正房面阔三间，进深5.4米；东西厢房面阔三间，进深3.2米，均为硬山清水脊，带勾头滴水（图9-16）。

大部分民居建筑整体较为朴素，但局部有精美的装饰，如屋脊、墀头、门窗及神龛等处。屋脊的盘子砖上通常雕刻着精美的荷花、牡丹花等图案。荷花寓意着圣洁美好，也表达了人们多子多福的希望；牡丹象征着富贵吉祥，表达了对美好生活的希冀（图9-17、图9-18）。墀头往往也是装饰的重点，以韩思恭宅为例，墀头和戗檐上的牡丹，花团锦簇，牡丹象征着富贵吉祥，表达了对未来的美好祝愿，寓意和和美美，呈现一派富贵祥和，也显示出主人较为充裕的财力（图9-19）。门神龛是碣石村内为了供奉门神而在门楼上设置的，有的门神龛上面是牡丹花，象征着富贵吉

图9-9　村内典型的四合院民居

图9-10　村内民居

图9-11 村内民居入口

图9-12 村内居民

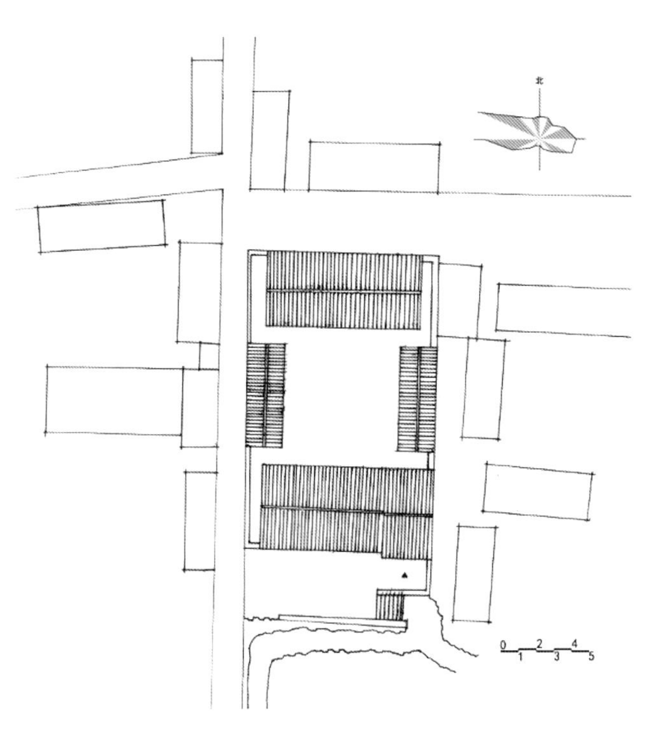

图9-13 韩思恭宅总平面图

祥，下面是桃子图案，象征着富贵长寿，边梃饰以桃花，象征着美好；有的门神龛边梃饰以变形的云纹，即中国人经常说“祥云”，下边雕刻着象征着高洁长久的菊花；还有的门神龛则装饰以楹联（图9-20）。

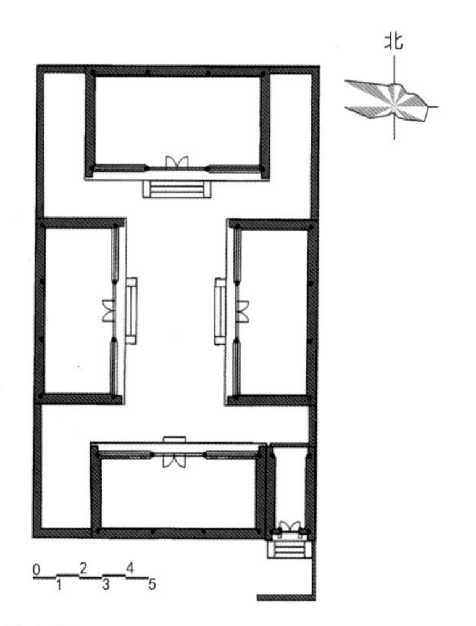

图9-14　韩思恭宅平面图

图9-16　韩思恭宅门楼

图9-15　韩思恭宅院内

图9-17 13号院的屋脊装饰

图9-18 民居屋脊装饰

图9-19 韩思恭宅墀头装饰

图9-20 门神龛及其装饰

1 北京市门头沟区2017年统计年鉴。

2 http://www.bjmtg.gov.cn/xncfm/czgl/ycz/201512/t20151202_28373. html.

3 北京市门头沟区2017年统计年鉴。

4 十三陵有一碑文记载：碣石有高、何、于三姓，高、何两家分别有人做了知府、知县，于家出了3名翰林。但令人奇怪的是现在村中却没有这3个姓氏，3家的祖坟虽很气派，但却看不到一人前来扫墓。他们的后代都到哪里去了，为何一去不复返？无人知道，至今仍是个谜。1964年，村民在高家坟地中发现了一个砖砌的墓穴，墓穴的壁画完好，人们还从墓中取出定窑花碗、碟、十二生肖铜镜等随葬品，这些随葬品现保存在门头沟区博物馆。高家坟地非常讲究，它位于西沟，占三堰地，约3.5亩，最上边有座实心八角亭状鼓楼，高两米多，楼顶有出檐、角楼和盖顶，覆盖绿色琉璃筒瓦。垄沟是经过打磨的青砖铺成。楼身为八面体，直径1米多，每一面都装有青砖雕成的格扇门，上面雕有门铺手和菱形格扇心；门下部为精美图案，楼身下部为尺把高的砖砌墓座，鼓楼旁有两棵直径二尺粗的大木兰子树。于家坟又叫翰林坟，这里早已建起了民房，在建房时曾经挖出好多人骨。记载这里古老历史的古槐还在，现在这里已和全村连成一片。何家坟也很气派,1910年村民发现停灵宫，被打开后，桌上的蜡扦和部分供物还在。

5 也有传说远古时大禹治水留下几块大石得名，刻上字的玉石叫碣石或指石碑，山村中的大石头我们看到了但没见有刻字。另外全山村俯看形如巨蝎伏在丛林之间，或者蝎、碣音相近之故。

6 陈志强主编．北京门头沟村落文化志．北京：北京燕山出版社．2008．935.

7 该故事为口头流传下来的。

8 陈志强主编．北京门头沟村落文化志．北京：北京燕山出版社．2008．935.

9 永定河，北京市第一大河永定河，纵贯门头沟全区，蜿蜒百余里，流域面积1390余平方公里。历史上曾留下多条故道，其中一条三国至辽代故道，自卢沟桥一带，经看丹村、南苑到马驹桥。史载这一故道历时900余年，一直到清康熙三十七年（1698），进一步疏浚河道，加固岸堤，才将史称无定河改名为永定河。

10 两座庙并非古建，而是近年在旧庙遗址上新建。

11 碑身高144厘米，宽72厘米，厚13．5厘米。碑座宽98厘米，厚35厘米，露地面高为14厘米，额雕刻有5个窝形纹，碑阳朝下，碑阴朝上，圆首。

10

门头沟区·雁翅镇·苇子水村

获得称号

第一批中国传统村落。

地理位置

北京市门头沟区雁翅镇，距市中心约46公里（图10-1、图10-2）。

社会经济

村中目前有居民108户，常住人口168人。[1]林业是当地的支柱产业，主要物产有香椿、柿子、核桃、山杏等，尤以香椿和核桃比较出名。[2]据2016年的统计数据显示，村子年收入总计76.5万元，人均年收入12824元。[3]现在，苇子水村利用保存完整的民俗文化和南北合璧的人文景观，积极打造民俗旅游。

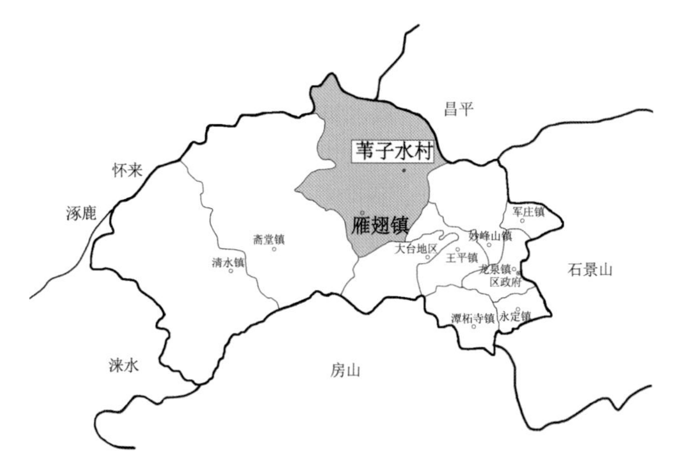

图10-1 苇子水村区位图

图10-2 苇子水村鸟瞰图

明朝移民村落

据传，苇子水村的祖先来自明代山西的高姓移民，最初落户在雁翅镇。后来，高自笔、高自墨二兄弟从雁翅迁居至苇子水村。起初兄弟二人住在村东可躲风避雨的天然石洞，收贩苇子，经营大麻，并修建房屋，最后走出石屋，繁衍后代。[4]目前村中除外来的媳妇，几乎全部姓高。

上述内容的具体细节，已经很难考据，但该村源于明代山西移民是可信的。明朝初年，经过长期战乱，整个国家经济萧条，土地荒芜，人烟稀少。洪武元年（1368年），大将徐达率师取河北州县，“时兵革连年，道路皆榛塞，人烟断绝”[5]，部分地方“积骸成丘，居民鲜少”[6]。明初战乱以及后来的“靖难之役”，给北京地区造成人口大量流失，地旷人稀。永乐皇帝曾言：“北京兵燹以来，人民流亡，田地荒芜。”[7]自明初开始，朝廷组织大量移民填充北京，其中山西移民又是主体。洪武三十五年九月，“命户部遣官核实出山西太原、平阳二府，泽、潞、辽、沁、汾五洲丁多田少及无田之家，分其丁口，以实北平各府县。”[8]永乐二年九月，“徙山西太原、平阳、泽、潞、辽、沁、汾民一万户实北京。”[9]永乐三年九月，又“徙山西太原、平阳、泽、潞、辽、沁、汾民一万户实北京。”[10]

“苇子水”之名，至迟于明万历年间已有。明万历二十年（1592年）编著的《顺天府志》记载：“走立马鞍到田庄再到苇子水村。”万历二十一年（1593年）成书的《宛署杂记》中记载：“县之正西有二道：一出阜成门，一出西直门……曰长峪村、曰房良村、曰栗树台、曰芹峪村、曰苇子水、曰田家庄”。清康熙《宛平县志》中也称为“苇子水”。据说苇子水之名，谐音自“苇滋水”，因为苇子水村芦苇茂盛，根下浸水，因而取芦苇受水滋养之意，得名“苇滋水”。

九龙戏金盆

古村地处田庄沟中段的沟底，山水环绕，负阴抱阳，山上积水下流成河，贯穿村落东西。村东侧有一山峰突起，其形态酷似神龟昂头眺望，村民称其景为“神龟望日”。而背靠之山峰，分为九脊，因远观酷似九龙，村民称其为“九龙”。“九龙”之头深入低谷，灵泉河之水流酷似金盆，恰似饮灵泉之水，故有“九龙戏金盆”之说（图10-3）。

同大多数传统聚落一样，苇子水村整体格局并非依照严谨的棋盘状网格，而是以西山古道、灵泉河道为骨架向两侧放射发展的鱼骨放射状布局。其中，主街为沿灵泉河分布的石梯路，南起村口广场，沿水路一直延伸至村落西北角。次街西段为石块铺地，东段延伸至山体则为土路。小巷弯曲有致，多垂直等高线分布（图10-4）。

沿河架桥十二座

由于村落分布于河沟左右，而只有枯水期可以穿过的河沟大大阻碍了两岸沟通。因此，架桥修堤成了必然

图10-3 苇子水村选址图

的选择。据统计，主街上沿河有桥十二座，形态各异。其中，村落入口处的拱桥距村头古槐树很近，是村民乘凉消暑的好去处，拱桥一带也逐渐成为村中重要的公共活动空间（图10-5、图10-6）。另外，村中原来有十余盘磨盘和碾子，也是村内重要的标识空间（图10-7、图10-8）。

图10-4　苇子水村总平面图

图10-5　桥头空间

图10-6　桥旁古树

图10-7 石磨广场速写

图10-8 村中石磨

传统民居

苇子水村的传统民居以合院为主，由于受到山地地形的制约，院落规模不大，多依山而建（图10-9～图10-16）。院落布局在风水上讲究前窄后宽，且入口处多设置影壁，前部收分最多不过半尺，这与人们“里大外小，进财不跑”的心理有关（图10-17～图10-19）。由于这一带石材丰富，所以院落地面多用石板铺砌（图

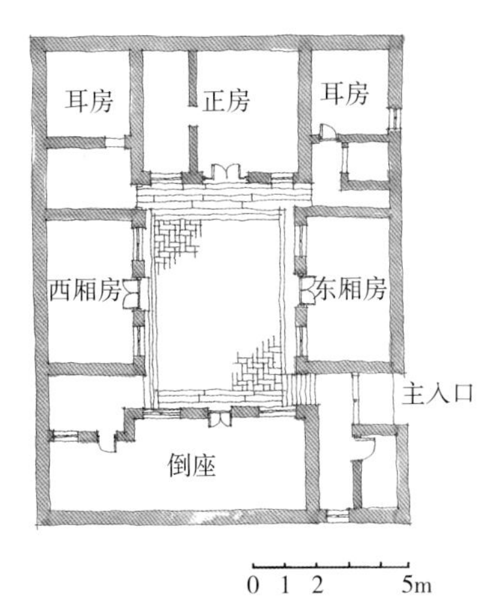

图10-9 四合院平面图（1号院）

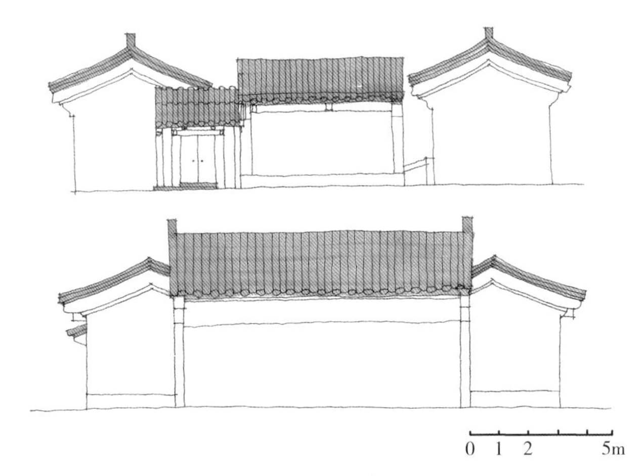

图10-10 四合院外立面示意图（1号院）

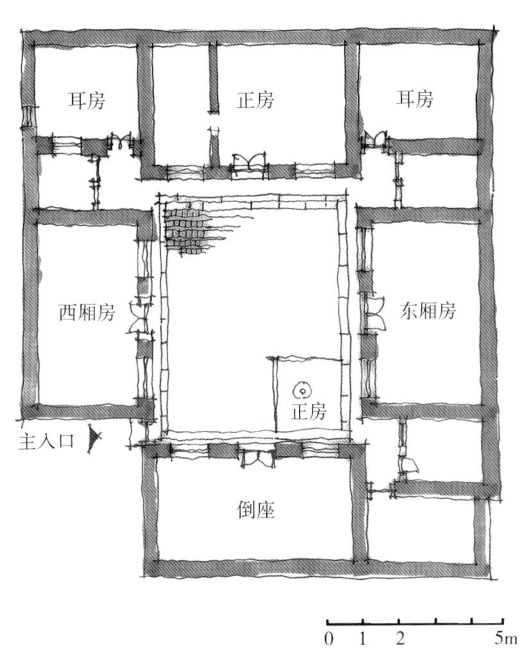

图10-11 四合院平面图（2号院）

图10-12 四合院内景（2号院）

图10–13　三合院实景图

图10–14　二合院实景图

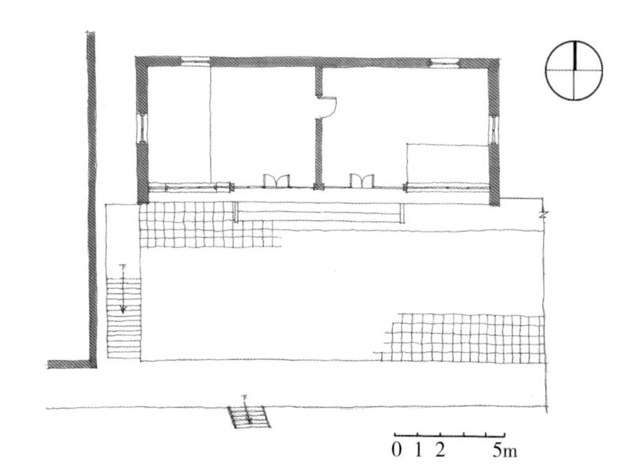

图10–15　一合院平面图（3号院）

10–20），甚至有些生活用品也石头雕凿而成（图10–21）。建筑单体就地取材，木梁架结构，屋顶覆瓦，取白草掺入泥灰就防止漏雨（图10–22 ~ 图10–23）。不少民居的墙上还留存“文革”时期的一些标语（图10–24、图10–25）。

装饰艺术

总体而言，苇子水村的建筑装饰朴素大气，运用简单的手法，体现了当地村民的生活情趣。照壁几乎家家都有，以书法最有特色。大街小巷随处可见题于影壁上的“福”“寿”等字，非常醒目（图10–26）。不同的笔体，不同的内容，反映出不同时期人们的生活变化。据村民王春德口述，高奉年家照壁上的“福”字很特别（图10–27）。它的左侧偏旁好似一位头顶梳有头饰的清代贵妇人，身着华贵服饰背对我们，右侧则代表房子、田地。有了女人、房子、田地，便组成了一个完整的家庭，也就追求到了幸福。照壁的四角还有蝙蝠纹饰，“蝙”与“遍”谐音,“福”与“蝠”同音，蝙蝠是福气、祥的象征，故取“福到四方”之意。

主街南侧也有一块精美的影壁，其壁心由四块方砖雕拼合而成，每块方砖都刻有小型的向日葵花和繁茂的枝叶，中心为稍大的一朵向阳花，边缘以曲线作为画框

图10-16 一合院实景图（3号院）

图10-17 苇子水村民居入口空间

图10-18　苇子水村民居入口空间速写

图10-19 1号院民居入口空间速写

图10-20　石板铺砌的院子

图10-21　洗衣服用的石槽

图10-22　民居梁架结构

图10-23　民居屋顶局部

图10-24　民居及其标语

图10-25　民居内“文革”时期的标语

将其连结成完整的画面。

石雕较少见，主要用于建筑墙腿石（图10-29）。牡丹与花瓶在同一幅图案中寓意富贵平安，牡丹象征富贵，“瓶”与“平”同音，是平安的象征。图10-29采用对称浮雕的形式，图形上部刻有牡丹花的三个叶片，共同生长在一枝枝茎上，正中叶面与画面平行，左右两侧叶面对称，且同时朝向中央。图形中部盛开的牡丹花在粗壮的茎上恣意生长，大片的花瓣层层包裹着最中心的花蕊，最外一层花瓣自然下垂，内侧花瓣包裹着含苞欲放的花蕊。粗壮的茎从盛满泥土的花瓶中生长，两侧分出枝桠。图形下部的花瓶瓶口以透视角度表达，提升立体感。木雕以门簪为主。门簪形式多为对称的几何状，有的为外旋的多瓣形，有的为内旋的六角形（图10-30、图10-31）。

图10-26 村内随处可见的“寿”字

图10-29 牡丹墙腿石

图10-30 多瓣形门簪

图10-31 六角形门簪

图10-27 高奉年家“福”字影壁

图10-28 雕花影壁

古老的秧歌戏

苇子水秧歌戏是门头沟区较为古老的民间戏曲剧种，它是由秧歌这种民间舞蹈与其他歌舞、戏曲等艺术形式融合而成的，起源于明代嘉靖年间前后，迄今至少有四百余年历史，如今已被列为市级非物质文化遗产（图10-32）。

苇子水秧歌戏分文场和武场两种，唱戏伴奏只有武场，没有文场。武场有板鼓、锣、堂鼓、钹、铙、镲、挂板、铜钟、云锣等，打法多样，名称较多。演出时打一阵“家伙”，唱一段戏文。伴奏铿锵有力、节拍鲜明，唱腔苍劲豪放、高亢激昂。另外，唱戏过程中的习俗禁忌以及画脸儿（化妆）的技艺、脸谱等，极具浓郁的地方特色，对于研究京西民间戏曲有一定价值。

图10-32　苇子水秧歌戏

1　北京市门头沟区2017年统计年鉴.
2　http://www.bjmtg.gov.cn/xncfm/czgl/ycz/201512/t20151202_28380. html.
3　北京市门头沟区2017年统计年鉴.
4　分成6个支系，但排辈顺序相同，现已传12辈人，字序为：继，世，成，明，福，福字后面一辈是两个字的，永，奉，连，增，瑞，瑞后面一辈有两个字的。高氏后人有的迁居山神庙，有的迁居田庄，总人口在3000人左右。
5　明实录・太祖洪武实录・卷二十九.
6　明实录・太祖洪武实录・卷一百七十六
7　明太宗实录・卷一五
8　明实录・食货志一
9　明史・成祖纪二
10　明史・成祖纪二

11

门头沟区·王平镇·东石古岩村

获得称号

第四批中国传统村落。

地理位置

北京市门头沟区王平镇，距市中心约33公里（图11-1、图11-2）。

社会经济

村中目前有居民55户，常住人口131人，均为汉族，以张姓为主。村子东至“对过岩”岭脊，南至马庄沟南小湾，西至翻江沟山梁，北至丰沙铁路北坡根，村域总面积54.2公顷（合813亩）。主要产业为种植业，旅游业。据2017年统计显示，人均年收入21691元，村集体总收入26.8万。[1]

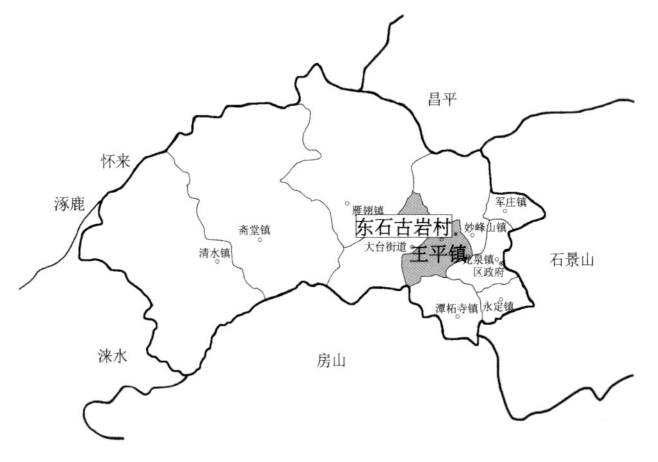

图11-1　东石古岩村在王平镇的区位图

图11-2　东石古岩村鸟瞰

“石骨崖”谐音“石古岩”

东石古岩村，史称石骨崖、石窟崖。明《宛署杂记》载：“县之正西……又五里曰马哥庄……又五里曰石骨崖，又八里曰王平村”；“石窟山，在县西九十里。山临浑河，壁立千仞，一径上通，仅可容总俯视河水，最为险阻。有一石窟，名般若堂。”由此可见，至晚在明代已有石骨崖村，后谐音改为石古岩。

2009年，河北省发大水，有一部分沧县、低洼地带的人迁居附近，民间俗称小石古岩村，本村为大石古岩村。建制时按地理方位，以石佛岭（石窟山）为界，将小石古岩定名为“西石古岩”村，将本村定名为“东石古岩”村。

张氏兄弟定居建村

据村民口述，东石古岩村坐落在燕山脚下，最早来这里定居的是张华、张荣兄弟二人，繁衍至今已十几代人。其中一人每天垦荒垒墙，把居住地周围的山坡、山沟都开垦出来修成梯田，栽种白梨、柿子、核桃等果树。另一人则利用穿村而过的西山古道，为通行的骆驼、骡马、客商提供食宿服务。村中有一处地名叫“下店”，村民至今谈论起来，仍讲道：“店里老人每天把槐树下这块地方扫得干干净净的，是古道上有名的‘张家店’。”

选址格局

西石古岩、色树坟、河北、王平村等分布在一个盆地里；向东南看，高大秀美的九龙山与对过岩之间，亦是一个“盆地”，马各庄、落坡、韭园等村掩映其间。所以，石佛岭及东石古岩就像“宝葫芦”的腰部，先人们早已看到这里的险要，除建造烽火台，驻扎军队外，还曾设有关口。关口往北，除西山古道外，依次还有门板铁路，下安公路、永定河河道、丰沙铁路，堪称古今道路交通的“博物馆”。

其中，西山古道是古代从京城去往河北、山西、内蒙古的主要通道。西边来的马队、骆驼，大多来自河北、山西、内蒙古等地，从怀来沙城到斋堂，翻山走千军台、大华、王平口，路过东石古岩往东去。从京城来的客商，出阜成门，过田村到三家店，过永定河，翻丑儿岭、牛角岭，经韭园来到东石古岩，再继续往西去。这样东去西来，寒来暑往，客商马队络绎不绝，为经商提供了机会。因此，西山古道穿过该村的一段，形成商业古街。街道为东西向，西高东低，南侧临排洪沟，把村庄分为南北两大部分，至今人们仍沿袭旧称曰“南院”“北院”（图11-3、图11-4）。

传统民居

村中保留较为完整的传统建筑群主要分布在古道两侧，多建于明清时期。民居建筑为典型的北方合院，以一进的三合院为主，四合院较少。建筑材料皆取自当地，墙体多用石材，屋顶为典型的硬山顶，上敷石板与青瓦，极具地方特色（图11-5、图11-6）。

古迹遗址

村中现有古遗址2处（烟墩基址、黄酒铺），古桥遗址2处（南院古桥、桥子沟古桥），古树名木2棵，古摩崖石刻1处（石佛岭古道摩崖石刻）。其中，石佛岭古道摩崖石刻为区级文保单位，石佛岭古道为区级普查登记文物。

汉代遗址内曾出土数量较多的夹砂红陶及绳纹灰离残片。据2001年出版的《门头沟文物志》记载：“遗址位于东石古岩村，面积约3000平方米，地表土厚1.0~1.5米，文化层断面清晰可见，堆积层厚0.8~1.0米。”1988年出土汉代箭镞3枚，铜虢铁铤，锈蚀非常严重，残长0.05~0.1米，铜镞为三棱锥体。另出土一柄完整的铁质长剑，剑通长09米，剑身宽0.03米，其中剑柄长0.13米，铜质剑格，中脊呈直线状隆起。此遗址未经发掘，文化内涵尚无考，但从出土的陶器残片及铁剑分析，是汉代遗物。门头沟出土汉代兵器尚属首次，铁剑的出土为研究汉代兵器提供了宝贵的实物资料。

桥子沟石拱桥，因西山古道经过村西山沟，为防止山洪冲毁路面，特修此桥，与古道同时完工。桥高10米，桥下供洪水通过的隧洞高2米。清朝同治十一年，此桥管被洪水冲毁，又重新修复，填土达200多方，至今坚固完好。据村中老人传说，桥子沟原名“断龙沟”，曾有一名在皇宫犯案的大飞贼叫金龙，潜逃至此时被张姓祖先抓获。在向上级报告时，因犯了皇帝的禁忌，所以改称“桥子沟”。

民风民俗

节令如腊月三十除夕全家团聚放炮竹“守岁”；二月初二，嫁出去的女儿回娘家，俗话说，“二月二，接宝贝儿，宝贝不来掉眼泪儿。”

祭祀如求雨，即每逢大旱年景，村民到石佛岭佛像前拜佛求雨；送集衣，即十月初一，为祖先送寒衣；上坟，即农历清明节前一天，到祖坟前祭祀祖先（没有闰月的年份，添土）。

民间手工艺如宣纸烙画、麦秸画及剪纸等，是村内

图11-3 东石古岩村鸟瞰

民间手工技艺的特色，村内尚有传承人，且有村级手工艺合作社组织村民参与手工艺品的制作及展销（图11-7、图11-8）。

“义儿，干殿下”的传说

刚迁到石古岩村时，祖先们为了把日子过得好一些，便请来一位风水先生相察坟地。作为回报，风水先生将会受到与家中老人同等的生活待遇。于是，风水先生便留下来重修了坟地，并按照方位挖了一个瓮形窑，待家中老人去世后，就葬在里面。渐渐地，风水先生的眼睛慢慢地看不见东西了，然而随着家中生活逐渐困难，后人们对风水先生的待遇和照顾也比以前就差多了。这位风水先生的徒弟问师傅，是否还有什么补救的方法。师傅说可以把墓穴里面的罐子拿出来。徒弟悄悄拿出来以后，发现罐里面有水，水中有一条鱼。风水先生用水洗眼睛，慢慢地又能看见东西了。后来师徒两人就离开了。

不知前后相隔了多长时间。村中老人带着孩子进城，正好赶上皇太后出行，仪仗和宫人跟着特别威风。小孩没见过这个阵势，被吓到了，不小心摔了一跤，正巧倒在轿子前面，还顺嘴说了一句话：“哎呀！我的妈呀！”当时皇太后在轿子里面说：“不许吓唬小孩，这是我的义儿来了。”就这样，这个小孩就成了皇太后的“义儿”，还允许他到皇宫去探望。

直到现在，村民有人到大台走亲戚，仍然会碰到大台村的老人开玩笑：“你们石古岩的人，惹不起！义儿，干殿下。”

图11-4　东石古岩村村中小路

图11-5 东石古岩村建筑特色

图11-6 东石古岩村民居院落

图11-7　剪纸

图11-8　宣纸

1　北京市门头沟区2017年统计年鉴。

12

门头沟区·大台街道·千军台村

获得称号

第二批中国传统村落。

地理位置

北京市门头沟区大台街道，距市中心约46公里（图12-1、图12-2）。

社会经济

村中目前有居民508户，户籍人口988人，常住人口360人。

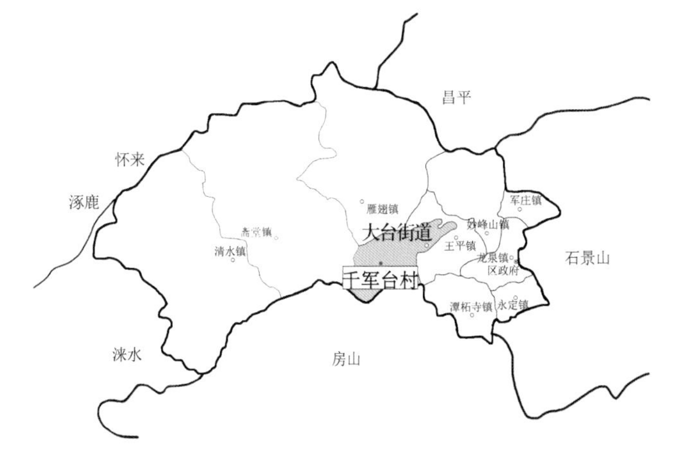

图12-1　千军台村在门头沟区的区位图

图12-2　村落局部鸟瞰

千人军队驻扎地

千军台由山西移民屯垦戍边而来，位于京西古道之上。明代时，京西古道是一条重要的军事通道，相传有一支千人的军队在此驻扎，所以得名“千人台”。如果该传说属实，那么千军台应该是当时的军屯，后演化成村落。明沈榜《宛署杂记》载：“又五里曰窄石台，又五里曰板桥村、曰禅房、曰庄窝台，又五里曰千人台，又十里曰大汉岭。”可见，明代时已经有千军台村了。

清代时，这条古道成为斋堂地区连接怀来盆地的商旅通道。由于地处河谷地带，村中煤炭资源比较丰富，煤炭产业兴盛。清乾隆二十七年（1762年），工部大学士史贻直巡查京西煤业后，在给皇帝的奏折中写道：“宛平县属门头沟、天浮桥、峰口庵、王平口、千军台等处，旧有煤窑四百五十余座，现开一百一十七座。由大岭以东门头等村仅有二十九座，其余八十余座俱在岭头峰口庵西北一带。”[1]清中叶开始，村内人口有较大的增长。

民国十五年（1926年），晋奉军队在大寒岭、斋堂一带激战半月有余，奉系部分军队驻千军台一带。民国二十六年（1937年），抗日战争期间，在村北发生了增援南口的髽鬏山战役，日军曾多次炮击村里。后来，又遭日寇三次焚烧，一次“还乡团”焚烧，以致村内建筑毁坏殆尽，只剩下莫炳孝家的一间南房的梁架。[2]民国三十六年（1947年）2月8日，“还乡团”偷袭板桥、千军台村等村，烧毁房屋200余间。[3]现有的住房大多是中华人民共和国成立后所建，就地取材，采用传统营造技艺，保持了传统风貌。

选址格局

千军台村四周群山环绕，南侧轿顶山（又称南大尖），北侧清水尖、抓髻山，东侧东大尖，西侧大寒岭（又称摘星岭和大汉岭）。受山地地势所限，村落呈集簇状分布于髽鬏山西南面、山腰偏下处的一处台地上，坐北朝南，背后靠山，左“青龙”右“白虎”环抱。村落南部有永定河的支流清水河流过。清水河，又称清水涧，是永定河官厅山峡最大支流。明《宛署杂记》载：“清水河，在县西一百一十里大台村，入浑河（即永定河）”；清光绪《顺天府志》载：“清水涧……水出千军台南丛山中，在京城西九十里，黑龙潭北十里。东北流六里经千军台北……又三里注永定河。”

村内建筑较为密集，顺应山体，由南向北逐渐抬高，分布在三个不同高度的平台上（图12–3）。中间高度处为村落主街，沿等高线东西贯穿，南端以缓坡连接京西古道，东端为村口影壁，中段有一大槐树，茶余饭后，总有人聚集在大槐树下的空地闲谈（图12–4）。下层高度位于主街南侧，与主街由一条沿等高线方向的长台阶连接，台阶以外的上下高差用堡坎砌筑。上层台地建筑与村北郁郁葱葱的“人造林”融合，这里曾是村民们耕作的地方。据村民李炳爱口述，李姓宅院位于村内核心地段；刘姓宅院位于村落外围；莫姓宅院位于村子南端；杨姓宅院位于村外一里的河沟南面。

这里的山体岩石易于加工成片，为村庄建造提供了丰富的石材，如石板石铺砌的小路、石砌岸坝等（图12–5、图12–6）。

传统民居

千军台村的民居以三合院为主，也有少量四合院，均依山就势而建。四合院分为大四合院和小四合院，所谓大四合院，就是正房和倒座均为五间，厢房为三间；所谓小四合院，正房和倒座均为三间，厢房为二间。另外，有些院落形制自由随意，为不规则的套院，呈L形。村内街北院落以北房为正房，街南以南房为正房。正房均高于厢房。入口处多设有影壁，用于阻隔视线，抵挡山风（图12–7、图12–8）。

建筑材料以石材为主。砌墙的石材硬度很大，防潮防火好。墙厚一般为一尺二或一尺四，石墙外面用白灰、黄土抹面，称“挂袍”。但垒石造墙的手艺现已逐渐失传。由于这一带砖块主要由外地转运而来，所以价钱较高，导致砖墙或砖墙脚成为富有人家的做法，标示主人的身份和地位。20世纪80年代后，随着运输条件改善，部分民居开始用砖墙代替石墙。砖材虽然在强度和耐久性方面逊色一些，但便于加工平整。

不同于石墙所用的大块石料，屋顶的石片由当地特有石材加工而成。屋面由内外两层石片组成，充当望板和面层，两层石板间用泥土与干草拌合而成的苫背作为

图12–3 千军台村总平面图

图12-4　大槐树

图12-5　石板石铺砌的小路

胶粘剂填充，同时作为保温层。通常在石片屋面上还铺设数垄板瓦，可以防止片状屋面板被山风掀起。瓦片构建方式很有特点，用胶粘剂粘在石片层上，更为简陋的房子，则用泥坨代替瓦片。瓦垄长短交错，沿垂脊方向布置（图12-9）。

1号民居为典型的L形院落，受地形限制，两家合用出入口。该院落建于1958年，采用当地特有的石片石材建造。由于村中用地比较紧张，因而两家合用一个院落，通过一道门将整个院落分为两家，正房所在的主要院落为一家，南侧西院为另一家。正房院落人家经济条件比较好，材料做法相对讲究（图12-10～图12-13）。

2号院位于村中主街南侧，与大槐树斜向对望。由于大槐树下为村民聚集地，靠近主街的西院现转化为商品售卖功能。东院南北两侧各为一进院落。西院东厢房的山墙为影壁，其入口与东院两家合用。东院门楼即为村中现存最古老的门楼，分隔南北两家（图12-14～图12-17）。

3号院位于村落东西主街北侧，风貌古朴。因为用地紧张，院落较小。院门门簪为村中常见形式，线脚较为简单。村中民居门簪多为无装饰的圆形短柱，取双数，长一尺左右（图12-18～图12-22）。

图12-6　石砌岸坝

图12-7　村落局部鸟瞰

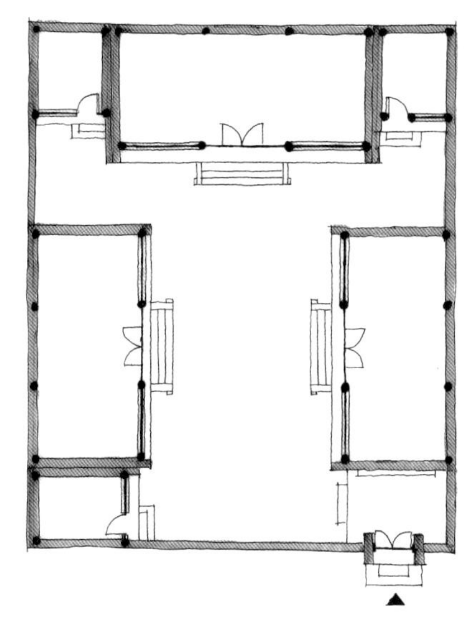

图12-8　三合院形制

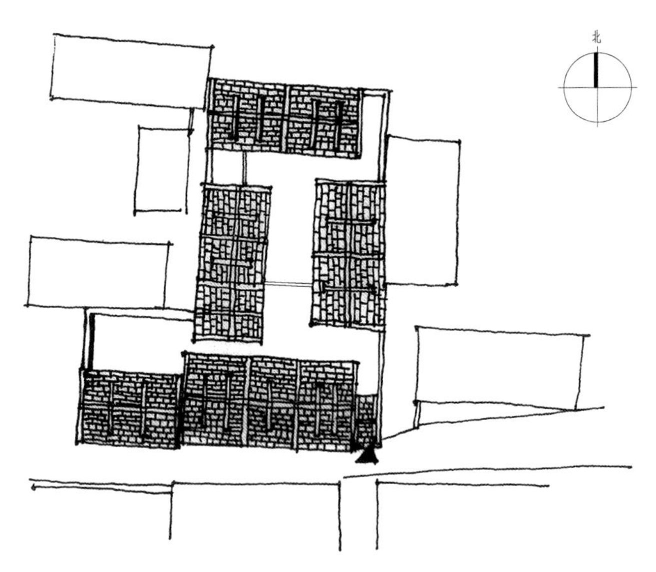

图12-10　1号院总平面图

图12-9　石板屋顶

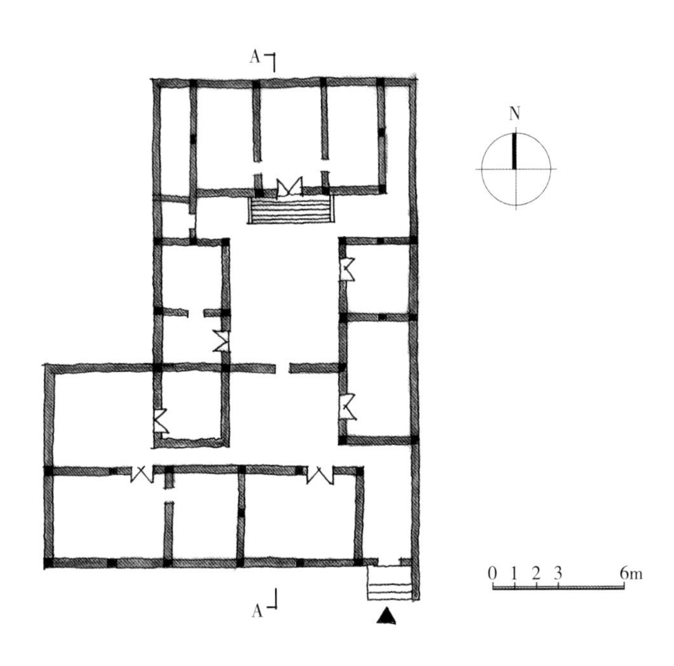

图12-11　1号院平面图

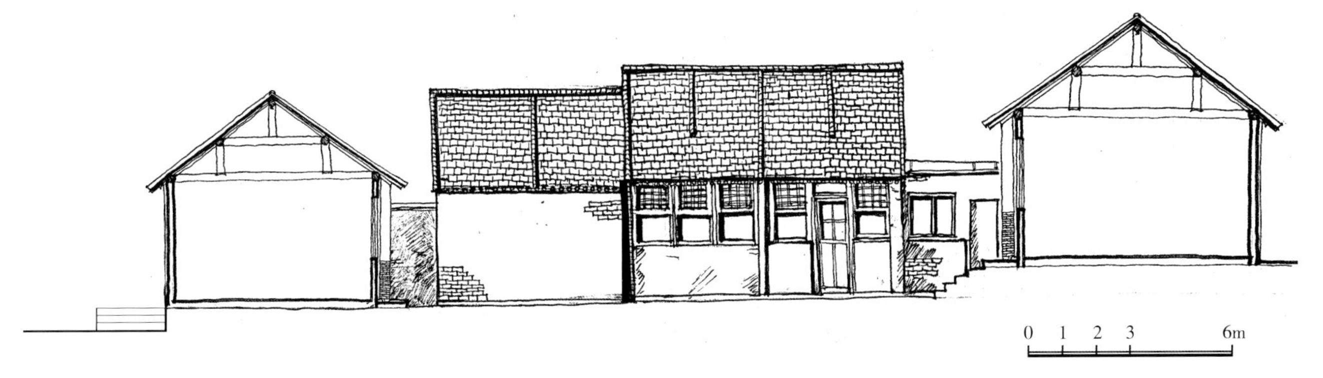

图12-12　1号院A-A剖面图

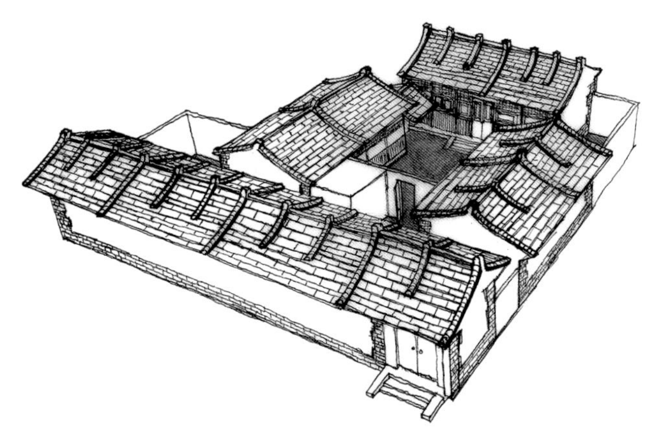

图12-13　1号院鸟瞰图

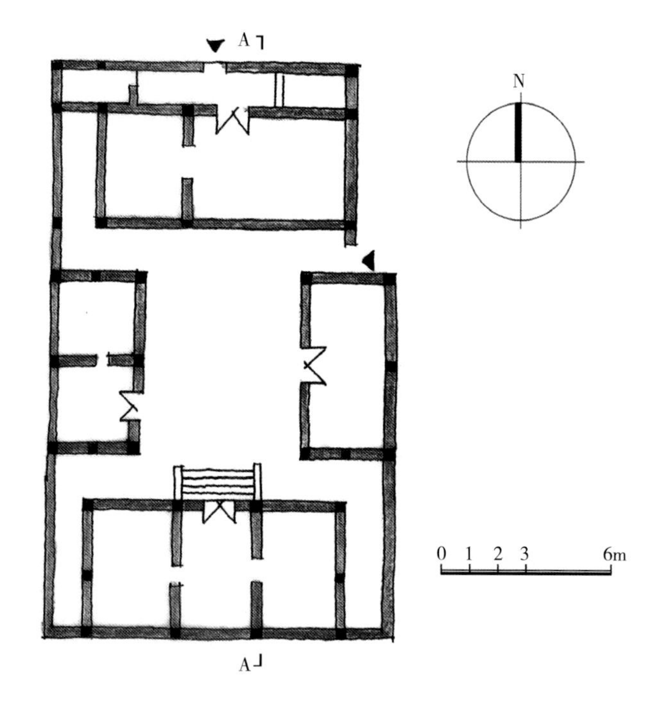

图12-15　2号院民居西院首层平面图

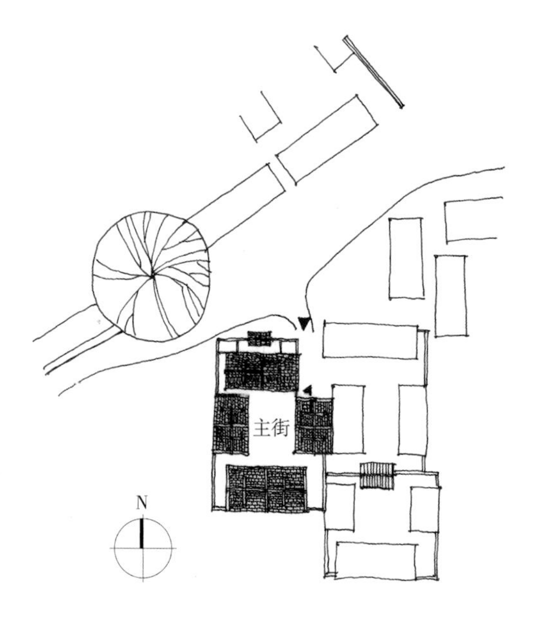

图12-14　2号院民居总平面图

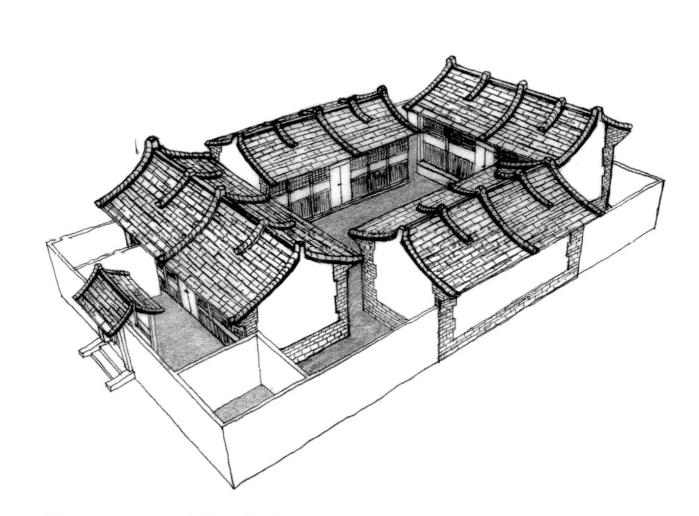

图12-16　2号院民居鸟瞰图

图12-17　2号院民居A-A剖立面图

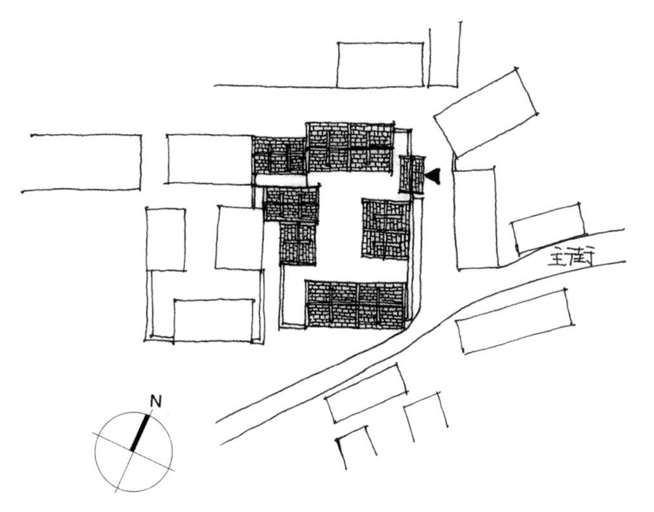

图12-18 3号院总平面图

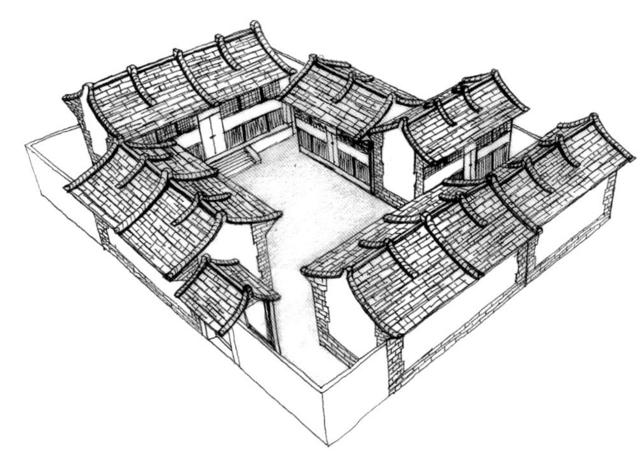

图12-20 3号院民居鸟瞰图

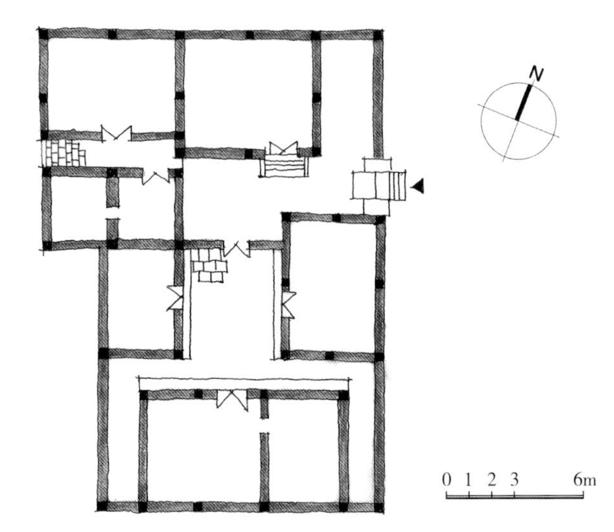

图12-19 3号院民居平面图

图12-21 3号院门簪

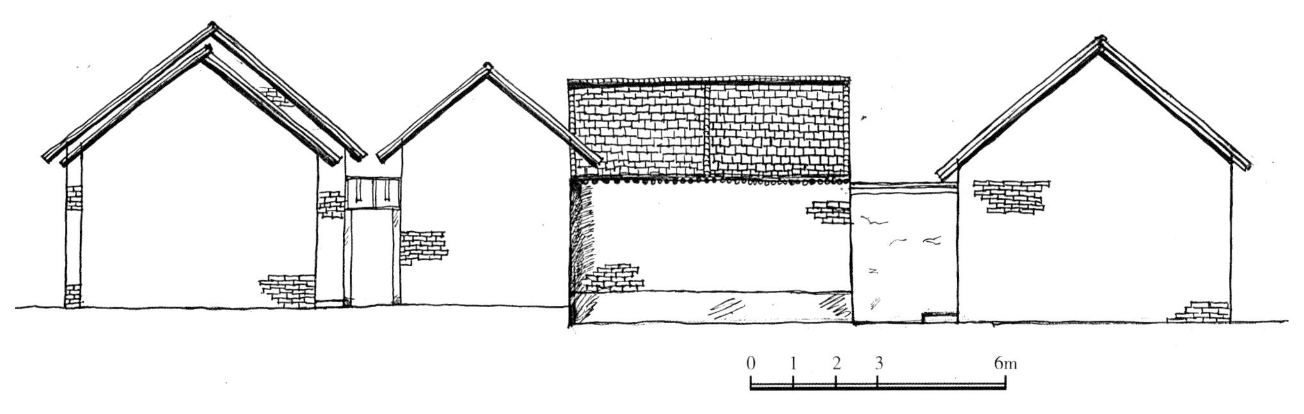

图12-22 3号院民居西立面图

京西香道会

千军台村、庄户村的幡会，又称香道会，是门头沟西部山区古庙会的产物，是以请神、送神、祭神为主要内容的民间村社祭祀活动，始于明朝，兴于清朝，流传至今已有四百余年的历史，于2014年被列入第四批国家级非物质文化遗产目录。据传，千军台、庄户幡会曾参加过斋堂和军饷的娘娘庙庙会，百花山的庙会，妙峰山的庙会，道光年间被邀往参加涿州的药王庙庙会。除此之外，幡会最重要的是在元宵节期间在两村"走会"，正月十五日在千军台村，正月十六日在庄户村（图12-23、图12-24）。

幡会上祭祀佛道儒时演奏的祭祀音乐称为京西幡乐，其演奏形式分为吹奏乐和打击乐两种。吹奏乐器由笙、管、笛、唢呐、云锣、大鼓、小钹组成。打击乐器由大铙数个、大钹数个、小镲两个、铛子一个、大鼓一面组成。吹奏乐曲有《焚火赞》《柳公宴》《走学》《一只雁》《金字经》等。打击乐曲有《合气钹》《秦王挂玉带》《颜回三省》《三重身》等。

图12-23　千军台村庄户幡会[4]

图12-24　千军台村香道会

1 《古今大台》编委会．古今大台．中国博雅出版社，2009．10．

2 李景亮著．漫话京西千军台村．未公开出版，2008．23．

3 《古今大台》编委会．古今大台．中国博雅出版社，2009．22．

4 http://pp.163．com/lvix/pp/11877125．html．

13

门头沟区·龙泉镇·琉璃渠村

获得称号

第三批中国历史文化名村、第一批中国传统村落。

地理位置

北京市门头沟区龙泉镇，距市中心约27公里（图13-1、图13-2）。

社会经济

村中目前有居民1003户，常住人口1892人。[1]当地盛产烧制琉璃的最佳原料坩子土[2]，千百年来，享有“琉璃之乡”“中国皇家琉璃之乡”的美誉，村内也以此为主要产业，2016年集体收入309.4万元，人均年收入17201元。[3]村东有石担路和京门铁路通过，村南有丰沙铁路和大秦铁路通过。

图13-1　琉璃渠村在北京的位置

图13-2　村落鸟瞰图

皇家所设琉璃局

据推测，琉璃渠在隋唐时期可能已经形成，因为在隋朝时，与琉璃渠村隔河相望的三家店已经成为永定河畔一处重要的水运码头[4]。这时的村名无据可查，只有来自民间的传说，"刘家的山，李家的川，老杨家来了占半边"这是不少琉璃渠村老人们熟悉的俗语。刘、李二姓可能是这里最早的住民，据说村名最初便为"刘李居"。

顾名思义，琉璃渠因琉璃而发展。公元1153年，金朝迁都，改燕京为中都，为北京建都之始。宫廷建筑必以琉璃装饰，南宋范成大《揽辔录》[5]载："两廊屋脊，皆覆以青琉璃瓦。宫阙门户，即纯用之"，说明金中都宫殿均使用琉璃瓦装饰，而这些琉璃制品很有可能产自京西一带。赵光林先生在《北京琉璃窑考》[6]中论述道："因为这里（琉璃渠）不但产坩子土，而且水源充足，交通方便，距京城亦近，是建窑烧造琉璃最理想的地方。"

元朝时，忽必烈定大都于北京，"修建宫殿及大都造作等事"[7]，需要大量的琉璃瓦和琉璃构件装饰宫殿庙宇。根据史料记载可知，元代为烧制琉璃设立了专管窑务的官员，隶属于少府监："大都四窑场，秩从六品，提领、大使、副使各一员，领匠夫三百余户，营造素白琉璃砖瓦，隶少府监。至元十三年置。其属三：南窑场，大使、副使各一员。中统四年置。西窑场，大使、副使各一员。至元四年置。琉璃局，大使、副使各一员。中统四年置。"[8]另外，《琉璃厂小志》中也有记载："元代建都北京，名大都城，设窑四座，琉璃厂窑为其中之一。分场在三家店，派工到西山采取制琉璃瓦器之原料，由水路运至海王村之琉璃窑[9]，以备烧制。"[10]由于历史上三家店村并没有烧制琉璃的传统，这里的"三家店"就应该是泛指三家店周边的琉璃渠一带。所以从上述史料记载可以推测，至晚在元中统四年（1267年），已有皇家在这一带设局烧制琉璃，还负责向其他窑厂提供原料。

明永乐四年（1406年），明成祖朱棣诏建北京城和紫禁城，耗时14年，使用了大量的琉璃构件。据《宛署杂记》载："西有浑河，三家店过浑河板桥正西约二里许曰琉璃局"，"对子槐山，在县西五十里。山产甘子土，堪烧琉璃。本朝设有琉璃厂，内官一员主之。"[11]"浑河"就是现在的永定河，"对子槐山"是烧制琉璃瓦件所需原料坩子土的产地，明代属于宛平县境内，"在县西五十里"和现在琉璃渠村的地理位置吻合，据此可以推断，这里所描述的"琉璃局"就是明代的琉璃渠村，这是迄今为止发现的最早记载有村名的史料。所以明代继续在此设立琉璃厂，并由皇家派出官员主持琉璃烧制之事，用于都城的各项建设。

清康熙年间，北京城内正阳门外琉璃厂（俗称内厂）迁至琉璃局（俗称外厂）[12]，"厥后以业务发达原料拾取便利乃迁出城外"[13]，至此琉璃渠村扩大生产规模，窑厂作坊数量增加，最多时达到40余座[14]，成为皇宫建设专用琉璃制品的生产基地。康熙二十四年（1685年），《宛平县志》将琉璃局村归属"捕衙南乡"管辖。乾隆二十一年（1755年）的《琉璃渠文昌东阁记》碑记载"神京西五十里许，有琉璃局者，以烧琉璃著名也"，落款"乾隆二十一年季秋吉日立"，可知当时琉璃局村的琉璃制造业非常繁荣，远近闻名。

清光绪六年（1880年），永定河泛滥，朝廷委派官员治理永定河河道，在琉璃局修建了一条大灌渠，因为"局"、"渠"谐音，琉璃局逐渐也被称作"琉璃渠"。但历史上"琉璃局"和"琉璃渠"这两个名字共用了很长时间，在民国初年出版的《北京自来水分配计划图》上该村被标为"琉璃局"，在民国17年出版的《北平特别市区域略图》上又以"琉璃渠"标记出来。直到1949年新中国成立以后，该村才正式定名为"琉璃渠村"[15]。

直至今天，琉璃制造仍然是村里集体经济的主体。故宫的武英殿大修，太和殿大修，用的都是琉璃渠村的琉璃。天安门大修的余件，北海九龙壁的复制品都摆放在村子里，见证着古村辉煌传统的延续。

西山古道与妙峰山香道

琉璃渠村位于西山古道的入山口，村东有水码头及大木桥联系两岸，隔永定河与京西门户三家店村遥遥相望，是西山古道上重要的交通节点。清代的西山古道[16]，出模式口（旧称磨石口），从三家店跨永定河，后经琉璃渠，向西延伸，是北京通往怀来盆地，远上山陕地区和内蒙古高原的一条重要交通线。据《日下旧闻考》[17]记载，门头沟附近村民"皆市石炭为生"，拉煤运货的骡马成群结队，将山中的煤炭送往京城，同时山里居民需要的食盐、布匹以及各种日用百货，也通过古道运进山里。因而这条古道自古商贾云集，驼马络绎。

清代乾隆年间，琉璃局窑商赵氏为了让香客经过琉璃窑厂，给村里带来人气，促进村落的繁荣发展，修整了村北至野溪渡口道路，开通妙峰山进香新南道[18]。妙峰山在北京城西北，门头沟与昌平交界处，每年农历四月初一至十五开庙，朝山进香者络绎不绝，香火极盛。新南道相对于旧南道虽需渡河，但平原及浅山缓坡路段比较多，适合于车马行走，清代中期以后，朝中权贵、京城富豪及许多城南香客、游人多选择新南道。此外，有传说村中的后街旧时通往千年古刹椒园寺，这条后街和进香的新南道以及西山古道就基本上框定了村落的基本道路格局（图13-3、图13-4）。

图13-3 村内现存的通往妙峰山的指路牌

图13-4 琉璃渠选址示意图

选址格局

琉璃渠村地处京西九龙山北麓的洪积阶段，既是永定河冲积扇的顶点，也是山区与平原的交接部分，其山势平缓绵延，坡度小、土层厚、土质肥沃，适于农耕，便于灌溉。从风水上而言，北侧的北天岭、西北的落坡岭、西侧的丑儿岭共同形成“察砂”之势[19]，起到了收气挡风的目的。村东有被誉为北京第一大河的永定河蜿蜒穿过，形成宜居的“观水”之势[20]。

村落地势西北高东南低，虽三面临山，但村中建筑大部分位于平地，只有北部和南部有少量宅院依山而建，沿山势向海拔高处错落地分布。村落整体格局清晰，主要遗存的历史街巷有两条，分别为南侧的前街和北侧的后街，是村民交往、交通、商业活动的主要聚集地。其中，“前街”自过街楼至关帝庙全长约700米，与湾子胡同、南巷胡同、北巷胡同等相交。“后街”自铁路涵洞至振兴厂东南角全长380米，与北厂路、北砖瓦窑胡同、北巷胡同等相交，构成村落局部“鱼骨状”的道路骨架（图13-5~图13-7）。

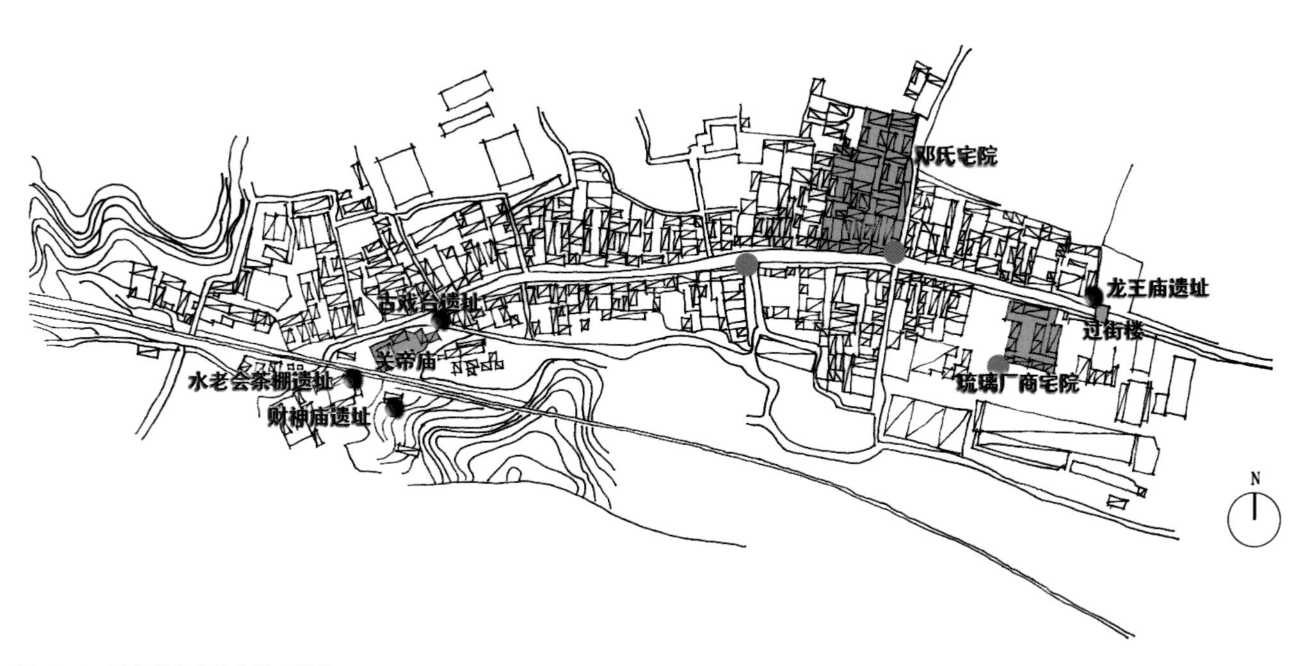

图13-5 沿前街分布的典型古建筑

图13-6 琉璃渠村总平面图

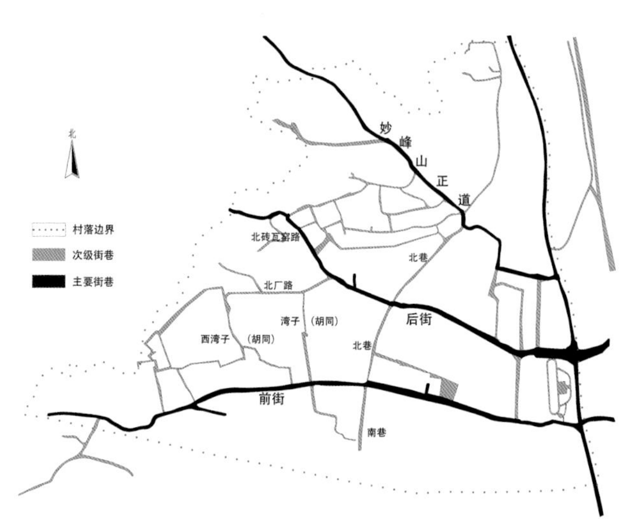

图13-7 重点街巷分布

传统民居

规模较大的民居建筑群，如邓家大院、李家大院等，建造相对讲究，门楼充满雕饰，砖构墙体多用护墙木保护（图13-8、图13-9）。也有一些为普通民居，粗犷质朴，屋顶多用青布瓦与石板结合的形式，装饰主要集中于檐口、墀头、抱鼓石等处（图13-10～图13-18）。

琉璃厂商宅院

琉璃厂商宅院，位于过街楼以西约100米街南（图13-19）。这里是清工部设在琉璃渠窑的督烧机构、办公场所。1985年，琉璃厂商宅院被列为门头沟区文物保护单位。

该院为坐北朝南的两进四合院（图13-20、图13-21）。宅院大门开在东南角，为如意式，方形门枕石和

图13-8 后街50号院门楼

图13-9 后街50号院二门门楼

图13-10 后街50号院二门门楼雕刻

图13-11 后街50号院护墙木

图13-12 墀头装饰

图13-13 民居及其“文革”时的标语

图13-14 石片和瓦屋顶1

图13-15 石片和瓦屋顶2

图13-16 檐口圆形收分图案

图13-17 后街153号院抱鼓石

图13-18 抱鼓石

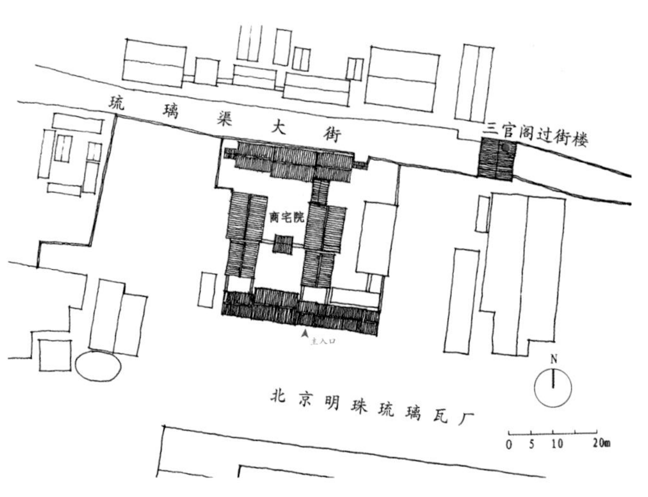

图13-19 商宅院和过街楼总平面现状图

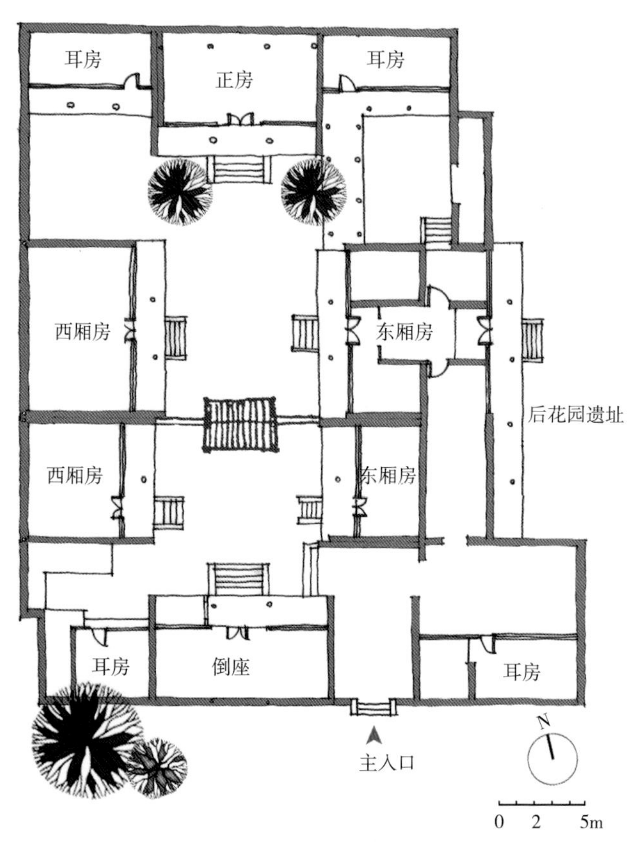

图13-20 琉璃厂商宅院平面复原图

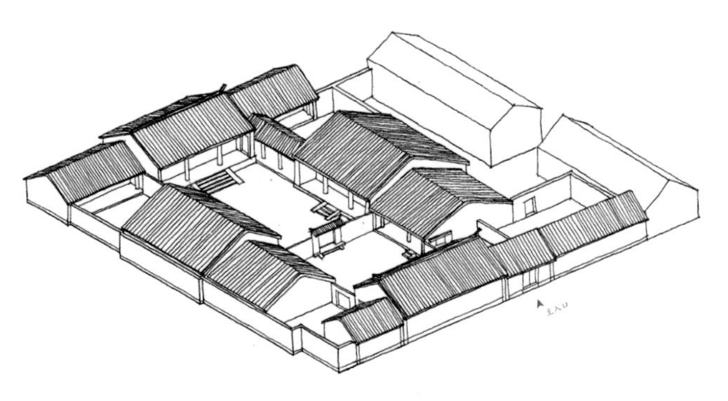
图13-21 琉璃厂商宅院鸟瞰图

木门已毁。第一进院有倒座三间，耳房一间，东西厢房各二间。第二进院正房三间，面阔10.5米，进深7.6米，两侧耳房各二间；东西厢房各三间，前后均有回廊，东厢房的后檐廊旧与200平方米的内花园融为一体，现内花园仅留下遗址，尚可辨认。两进院之间的垂花门在1958年时拆毁，现已重建，与院落整体风格和谐。各单体建筑均采用典型的抬梁式结构，硬山顶，覆仰合瓦。

三官阁过街楼

三官阁过街楼位于村东口[21]，横跨于西山古道上，为前街的起始点（图13-22～图13-26）。清乾隆二十一年（1756年）创建，光绪年间（1875～1908年）重修[22]。过街楼下部为城台状，由砖石砌成，东匾“带河”，西匾“砺山”，皆由琉璃烧制。其语出自汉司马迁《史记·高祖功臣侯者年表》，“封爵之誓言：黄河如带，泰山若砺，国以永宁，爰及苗裔”，意为要到黄河如衣带，泰山如砺石（磨刀石）时才免除皇恩封侯，表示历时长久，江山永固，永远不会改变。因此，此处的“砺山”“带河”乃千秋万代永受皇恩之意。城台高5米，进深10米，中开券洞门，拱顶高3.5米。

城台上有殿堂一间，其内供奉文昌和三官，因而被称为“三官阁”，每逢正月，城台之上要张灯结彩，故又称“灯阁”。殿堂面宽7.8米，进深7.0米，硬山顶。屋面施明黄琉璃，顶上矗立黄绿相间的宝象，身驮宝瓶，神态安详平静，称“事事如意”，寓意天下太平。正脊由黄绿琉璃构件组成，两端有卷龙吻。檐下悬琉璃匾额，西为“三官阁”，东为“文星高照”。

过街楼上的琉璃饰件皆为本地烧制[23]，其建筑材料及烧制工艺为北京地区琉璃烧造业历史悠久的实物见证，具有较高的历史、艺术和研究价值。

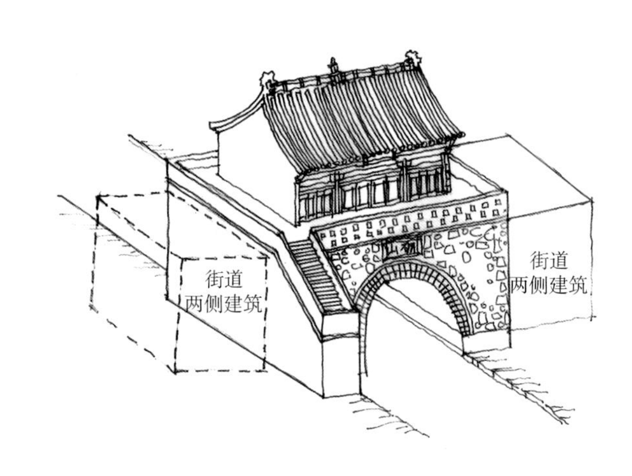

图13-23　过街楼轴测图

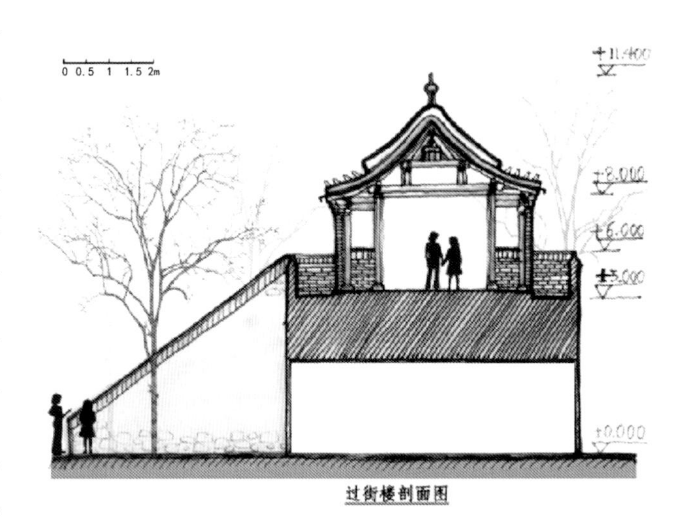

图13-24　过街楼横剖面图

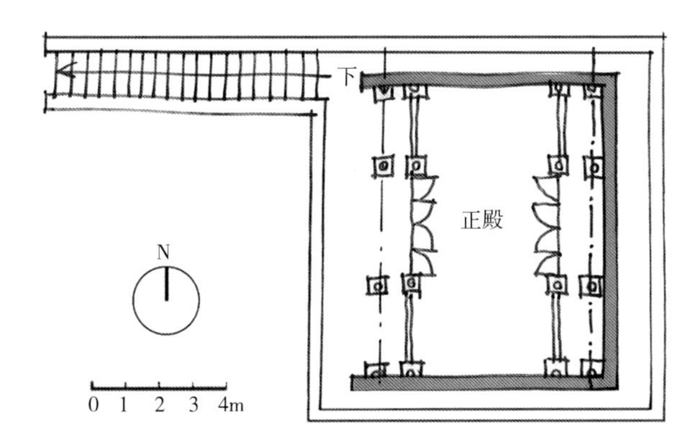

图13-22　过街楼平面图

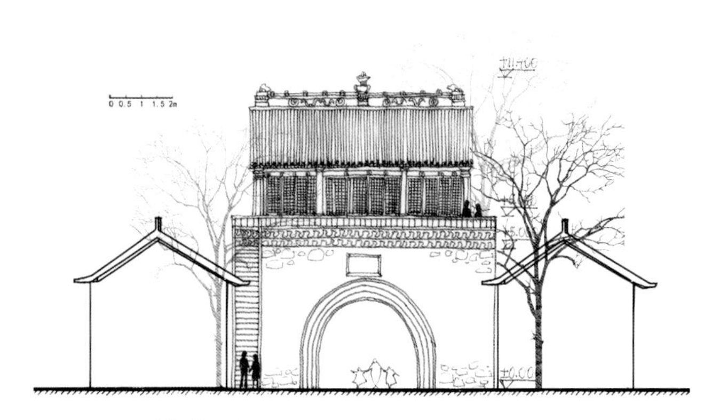

图13-25　过街楼西立面图

图13-26 过街楼现状

万缘同善茶棚

万缘同善茶棚位于村北的北涧沟，背靠青山，面向妙峰山新南道，始建于清乾隆二年（1737年）。主持琉璃烧造业的五品官赵春宜修建妙峰山进香新南道时，将家庙观音院改成了茶棚，并添设了车马大院，香客和游人从城里到妙峰山进香，将车马存放此处，然后换乘轿子朝顶（图13-27）。这是妙峰山进香南道上保存至今规模最大、最完善，艺术价值最高的茶棚[24]，是研究妙峰山庙会民俗不可缺少的重要组成部分。

茶棚坐东北朝西南，正房三间，面阔10.65米，进深10.4米，为勾连搭式硬山建筑，上覆绿琉璃瓦，前为卷棚顶，后为硬山大脊顶，室内条石方砖铺地，梁架沥粉苏式彩画，外檐椽绘旋子彩画，沥粉绘龙。墙体磨砖对缝，黄琉璃戗檐砖。两厢各五间，面阔16.7米，进深5.2米，硬山卷棚顶。正殿与厢房均建在石台明之上。院门为柏木乌头门，木栅栏，门外两侧墙面上嵌琉璃大字“万古长春”（图13-28～图13-33）。原正殿内有观世音琉璃菩萨像一座，现已毁。

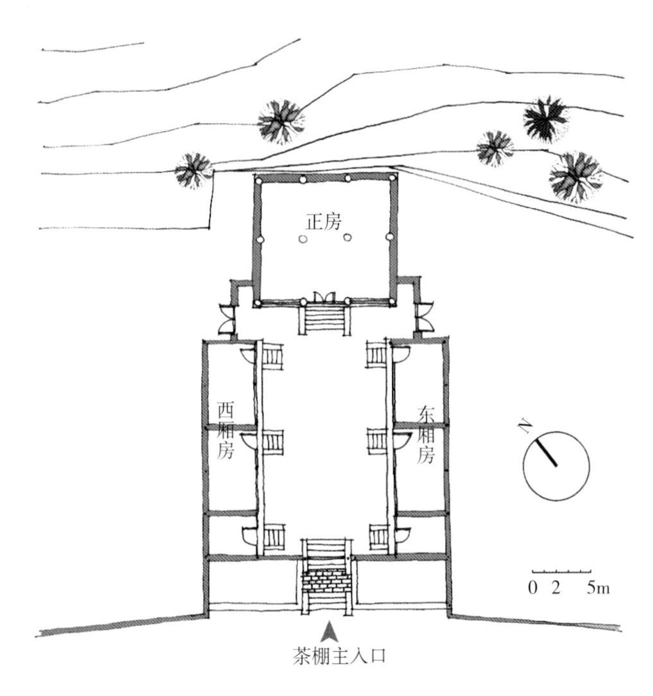

图13-28　茶棚平面图[25]

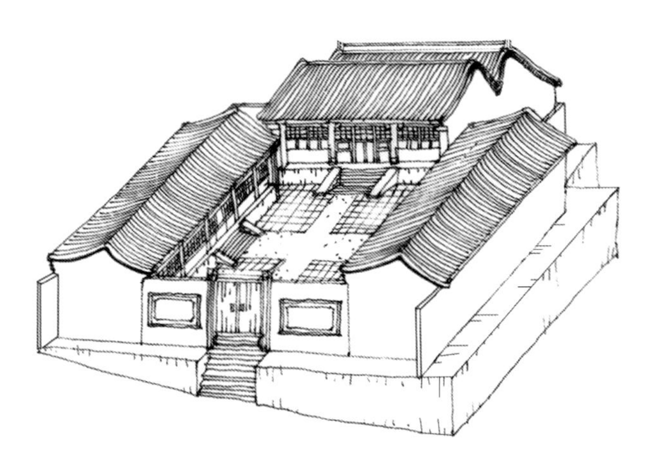

图13-29　茶棚鸟瞰

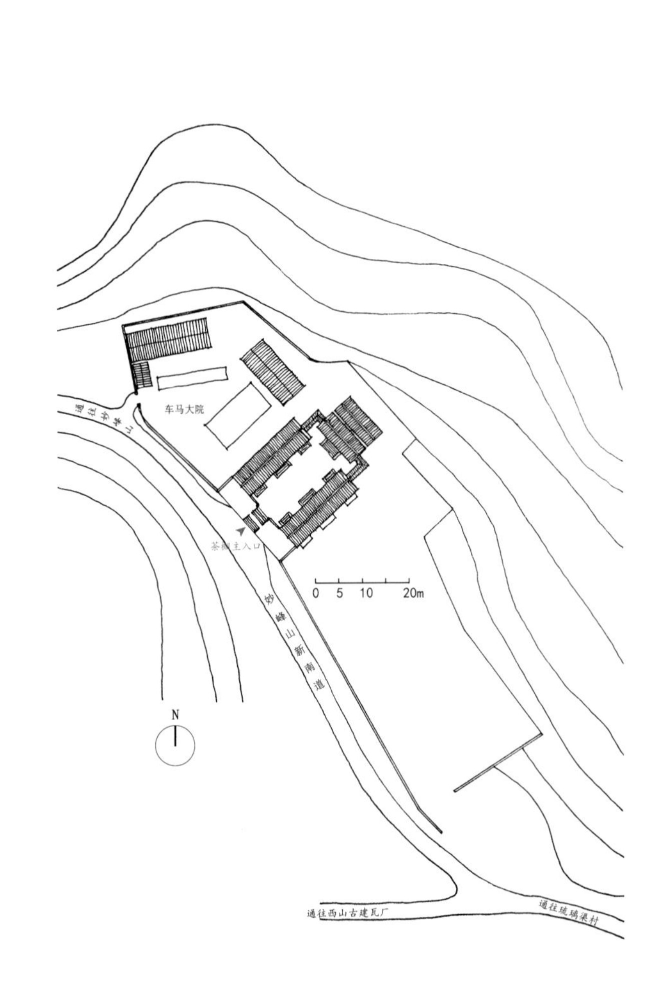

图13-27　茶棚总平面现状图

图13-30　茶棚院落内景

图13-31　茶棚正房立面

图13-32　重修茶棚的碑刻

图13-33　茶棚门外的琉璃大字

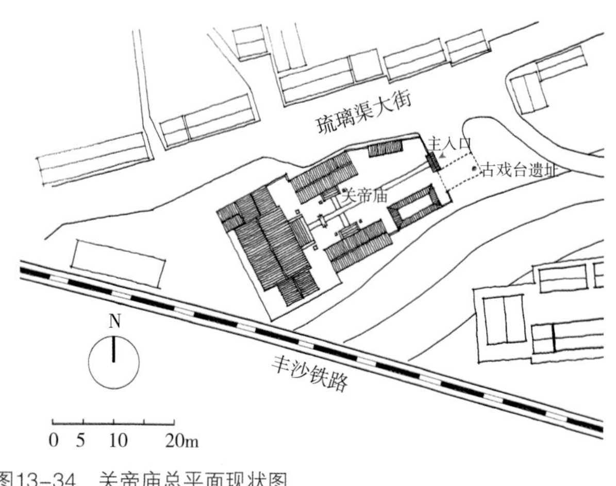

图13-34　关帝庙总平面现状图

关帝庙

关帝庙位于前街西端，丰沙铁路上行北侧（图13-34）。该庙建筑年代不详，清嘉庆年间大修，20世纪90年代再次大修。关帝庙坐西朝东，东侧原有一座古戏台，可惜已毁。现存正殿、厢房、耳房等，建筑面积299平方米。入口山门已毁，进院可见十字形甬路，方砖铺地，尺度宜人。正殿三间，面阔11米，进深6.3米，硬山顶；两侧各有耳房一间，面阔3.9米，进深5米，硬山元宝顶。两厢各三间，面阔10.25米，进深3.9米[26]，卷棚顶（图13-35～图13-37）。各个单体建筑采用抬梁式结构，各殿内的梁檩上均有彩绘。1985年，关帝庙被列为第二批门头沟区文物保护单位。

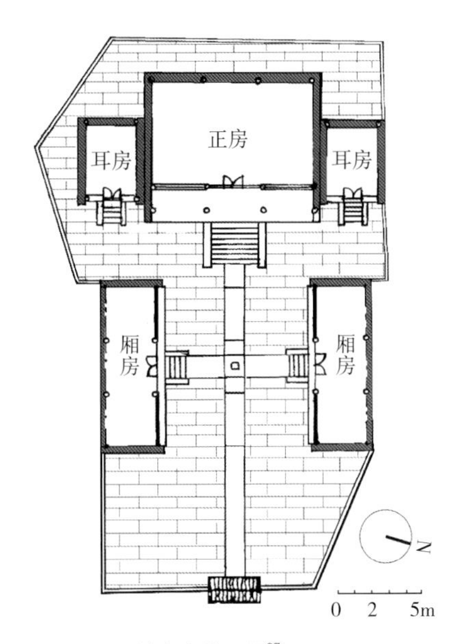

图13-35　关帝庙平面图[27]

琉璃烧制技艺

琉璃，古称溜离，药玻璃，是一种用铅作助熔剂，以含铁、铜、锰和钴的物质为着色剂，配以石英制成的一种低温釉器。琉璃渠窑厂按清工部规制烧造琉璃，是标准的官式做法。一件琉璃制品从原料到做成成品需要十多天的时间，包括原料的粉碎、淘洗、配料、炼泥、制坯、修整成型、烘干、素烧、施釉、二次入窑烧釉、出窑，总共要有二十多道程序。经过这些工序出炉的琉璃通体挂釉，即使日晒雨淋、冰霜雾雪，依然能够保持艳丽的色泽，而且不会增加建筑物的负荷。且远观有势，近看有形，线条优雅，装饰精巧，寓意深刻，色彩秀美，刚柔相济，形神兼备（图13-38）。琉璃的烧制技艺随元代初年在琉璃渠村设立琉璃官窑而传入，至今已有700余年的历史。该项技艺于2008年被列为第二批国家级非物质文化遗产名录。

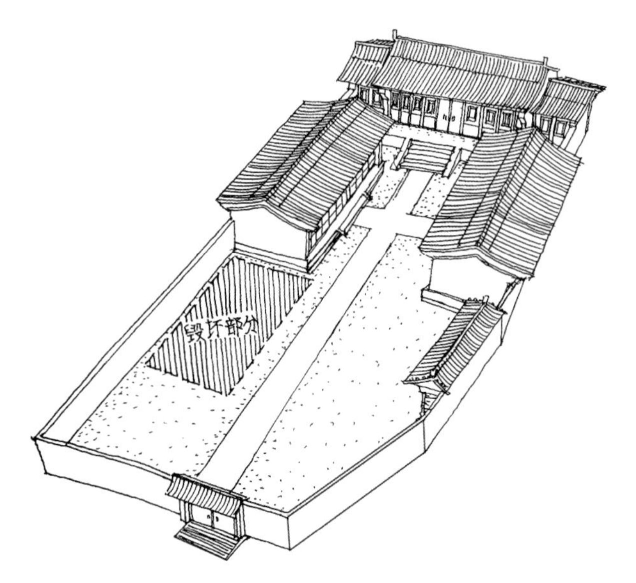

图13-36　关帝庙鸟瞰

图13-38　琉璃瓦挂釉[28]

图13-37　关帝庙鸟瞰

1 村委会提供数据。

2 坩子土，学名“页岩”，其中的主要成分是二氧化硅、氧化铝和矽，介于地质层的土和煤之间，有较好的黏性与伸缩性，含铝成分多，是烧制琉璃构件最好的材料。

3 北京市门头沟区2017年统计年鉴。

4 门头沟区文史自资料委员会编．京西第一村三家店．香港银河出版社，2005．8.

5 范成大（1126~1193年）著，南宋诗人。

6 赵光林．北京琉璃窑考．首都博物馆丛刊第10辑，1995.

7 出自元朝武官资阶的主要史料《元史·百官志．第四十·百官六》。

8 出自元朝武官资阶的主要史料《元史·百官志．第四十·百官六》。

9 现北京正阳门琉璃厂一带。

10 孙殿起著．琉璃厂小志．北京出版社，1962．2．其中“分场在三家店”的记载尚待考证。

11 出自《宛署杂记》卷五街道、卷四山川，沈榜（明）撰著，成于1593年。

12 据《琉璃渠村大事记》记载：康熙十九年（1680年）村琉璃窑厂归属工部营缮司管辖。是年正阳门外西侧琉璃厂（俗称内厂）关闭并归琉璃渠（局）窑厂（俗称外厂）。

13 选自《琉璃窑赵访问记》，王柱宇撰，世界日报，1934年。另有说法认为，内外场同时存在，没有“外迁”之说。内场在清末还有少量业务，最后自然倒闭。

14 引自：陈志强主编．琉璃渠．中国和平出版社，2010．7.

15 引自：陈志强主编．琉璃渠．中国和平出版社，2010．124.

16 公元545年，东魏王朝在琉璃渠西北约8公里的河北村筑城戍边，西山古道把这座戍边军城与蓟城（今北京）连接起来，据此推断，西山古道最少已经有1500年的历史。

17 《日下旧闻考》，全书名《钦定日下旧闻考》，160卷，清英廉等奉敕编，清乾隆五十三年（1788年）武英殿刻本。

18 《妙峰山琐记》载：“渡浑河木桥，即见引路灯。至琉璃渠，由后街进。见过街洞，勒‘妙峰山正路往西’七子。入门，路渐高。”

19 砂者，泛指环卫村落的诸山，反映山之群体关系；隶属来龙之主山。“察砂”就是对吉祥地周围群山的考察。察砂有两层含义：一、砂山的位置：在主山脉的前后左右要有环护山。二、砂山的形态：砂山以端装方正、秀丽为吉，而以破碎尖削、奇形怪状为凶。

20 观水，风水术语，就是对水的考察，其中包括对水的来源、走势和质量三个方面进行考察。

21 1990年，三官阁过街楼被公布为北京市文物保护单位。

22 《三官阁过街楼重修碑记》载：“清乾隆年，工部琉璃窑厂由京城迁至京西九龙山永定河畔，琉璃局在此烧制宫廷建筑琉璃，乾隆二十一年秋，创建过街楼供奉文昌等帝君，亦令三官阁于光绪年间重修过街楼建筑之精美琉璃脊饰。”

23 《三官阁过街楼重修碑记》：“琉璃造型别致，色彩绚丽，是本地琉璃烧造业的历史见证”。

24 引自：门头沟区文史自资料委员会编．京西古村琉璃渠．香港银河出版社，2005．94.

25 摹自：北京市门头沟区琉璃渠村保护规划．

26 引自：门头沟区文史自资料委员会编．京西古村琉璃渠．香港银河出版社，2005．61.

27 摹自：北京市门头沟区琉璃渠村保护规划．

28 图片来源：http://bzxssc0588．blog.163.com/blog/static/144075948201191310163163/.

14

门头沟区·龙泉镇·三家店村

获得称号

第一批中国传统村落。

地理位置

北京市门头沟区龙泉镇，距市中心约25公里（图14-1、图14-2）。

社会经济

村中目前有居民186户，常住人口446人。该村分东店、中店、西店三部分，东西向主街长约三里，历史上曾是永定河上的重要渡口和物资集散地，商贾云集，有“京西第一村”的美誉。

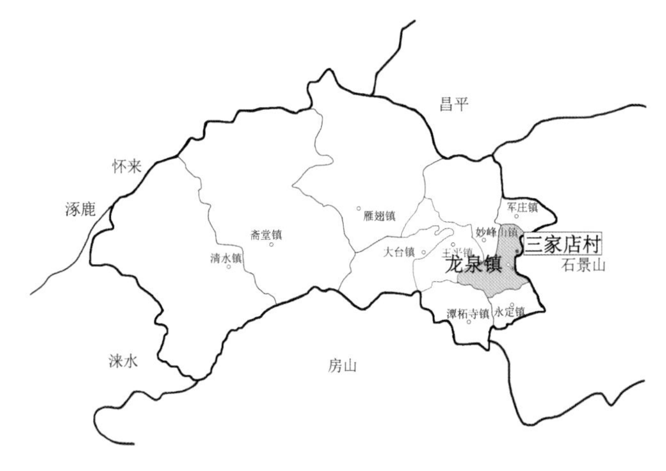

图14-1　三家店村区位图

图14-2　某传统民居门楼雕刻局部

因有三家店铺而得名

关于三家店何时建村，目前学界没有定论，但认为不晚于辽代。[1]袁树森认为“该村最少在辽代就已经有了。”[2]包世轩亦论道：“以四周村落历史上判断，三家店村历史不会晚于辽金时期。”[3]20世纪50年代，文物工作者曾在三家店村东侧发现金代墓葬[4]，出土一大批较为珍贵的历史文物。也有人认为三家店始建于隋唐或更早，其依据是村内清咸丰二年（1852年）《京都顺天府宛平县玉河乡三家店白衣观音庵重修碑记》载：“庵创始于唐代，重修于宋、明”。尹钧科也认为：“三家店……唐代已有此村。”[5]

三家店因有三家店铺而得名。但这三家店铺主人的姓氏，历来众说纷纭，莫衷一是。2008年出版的《北京门头沟村落文化志》认为三家店最早的居民很可能是张、曹、牛三家。京西大觉寺的辽咸雍四年（1068年）镌立的《辽阳台山清水院创造藏经记》碑文中，有“三家村师人张玄照”的记载[6]，可知张姓是三家店最早的居民之一。其余两户的姓氏，已难考辨。[7]

三家店村在历史上均以“三家”为名，如三家土、三家村、三家店等，历代略有不同。辽代《阳台山清水院创造藏经记》碑阴上，记有“三家村”之村名。明刘侗等《帝京景物略》卷七“仰山”条载：“从磨石口，西过隆恩寺，数里至三家村，村数百家。”明沈榜《宛署杂记》载：“又五里曰五里坨，又五里曰三家店。西有浑河，三家店过浑河板桥正西约二里曰琉璃局。”村西龙王庙内清顺治二年（1645年）所立《重修龙兴庵碑记》上写“都城西郊地名三家土”。清《钦定日下旧闻考》卷104“郊坰”引《燕山纪游》云：“出磨石口，至三家村，浑河倒映，崖壁峭绝”，引《长安可游记》云：“三家村尽出浑河崖，八里过军庄，外临陡崖，内倚绝壁。”清吴长元《宸垣识略》卷15“郊坰”言：“由磨石口沿浑河道三家店抵枣园，是名仰山岭。”

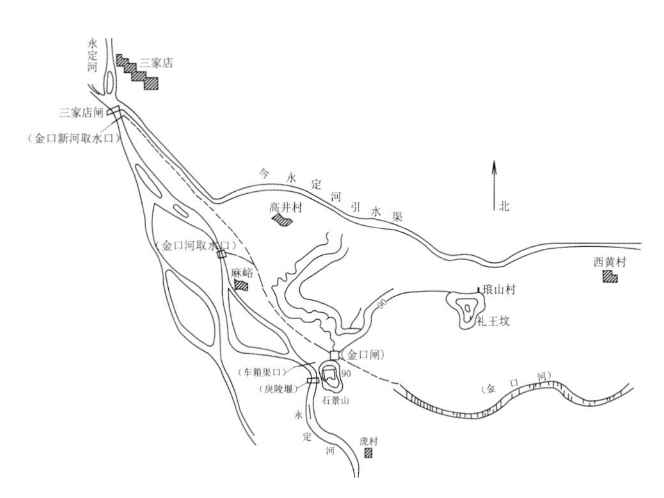

图14-3 元重开金口位置图（摹自《京西第一村三家店》）

水陆运输的交通枢纽

金大定十年（1170年），朝廷商议开卢沟水（今永定河）引水京师的漕运，这就是金口河。到了至元二年（1265年），为了增强漕运，郭守敬提出重开金口，“上可致西山之利，下可广京畿之漕”[8]。元世祖采纳了这项建议，依金代所开金口的旧道，从三家店南侧开引水口，顺渠流到金口[9]，以漕运西山之煤、石灰及木材，适应兴建大都城之需（图14-3）。这次的取水口，从麻峪村上移到三家店。明代的《北平图经志书》载：“元至正二年重兴工役，自三家店分水入金口，下至李二寺，通长一百三十里，合入白潞河（今北运河）。”[10]这时，引水口旁的三家店就成为一个水陆运输的枢纽及京西物产的集散地。三家店北侧龙泉务、灰峪等地的石灰，与三家店一河之隔的琉璃渠村的琉璃砖瓦，以及门头沟的煤炭都要经三家店，通过水路或陆路转运至大都。

明清时期，三家店村成为东至京城、西至蒙晋陕的重要交通枢纽，京门大道从三家店向东，经五里坨、高井、模式口、田村至京城的阜成门，西山古道从三家店向东，远达蒙晋陕（图14-4）。由于京西的群山之中，有丰富的煤炭资源，明清两代拉煤运货的驼马，成群结队、日复一日、年复一年地在山路石道上来来回回。为保证运输顺利，有桥道会专门负责道路、桥梁管理维护的具体事宜。如明《宛署杂记·力役》中载：“三家店桥夫工食柒两陆钱。”三家店与琉璃渠隔永定河相望，河上架有木板桥。据村中老人讲述，该桥很有特色：“桥有桥墩数十。外用柳条编的大圈，内填鹅卵石，用插木为桩，钉固在河道上。桥有六条桥板宽，每块桥板厚半尺，宽二尺，长三丈，用榆木和柳木为之。一条桥板压三个桥墩。”[11]

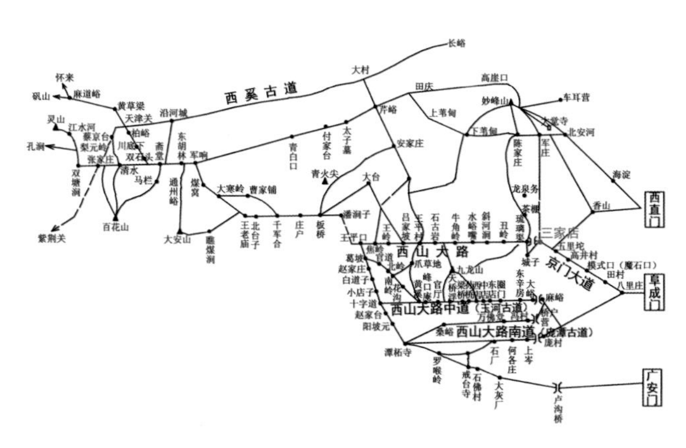

图14-4 京西古道示意图

此时的三家店，凭借其地理位置优势，成为京西煤炭的转运站，有煤厂数十家。[12]乾隆十三年（1748年）《二郎庙重修碑》中记载，捐助的煤厂有十几家；咸丰年间《白衣庵重修碑记》中所载煤厂达到二十多家。[13]京西的煤炭一批批运往三家店，京城的煤栈则到三家店来开设煤厂收购煤炭，形成了一个颇具规模的煤炭交易市场。

除此之外，三家店还是古驿道商贾进京前囤货、打尖或者住宿的地方。特别是清乾隆年间，一条不到三里长的主街道两旁商户林立、五行八作，煤场、灰场、饭铺、大车店、油盐店、杂货店、药店、布店等应有尽有。村中老人传说，当年路过这里的拉驮队客，走过街道时，路过一家酒肆就随意扔进两个大钱（铜钱），里面就送出一提子酒，边走边喝，一条街走完了，要喝完3～5斤的酒。

再者，清代妙峰山娘娘庙会香火鼎盛，而进香的南道就穿过三家店，这也促进了三家店的发展。每年四月初一开庙至十五,三家店都会迎送众多进香的善男信女。清富察敦崇《燕京岁时记》中写道："妙峰山碧霞元君庙在京城西北八十余里。……进香之路日辟日多，曰南道者，三家店也。"[14]金勋《妙峰山志》云："各县进香之路有四，南道自三家店始。"奉宽《妙峰山琐记》言："都人进香之路有四：……曰南道，三家店也。"[15]善男信女进香朝圣，三家店便是歇脚吃饭之处。

煤业和商贸业的发展，造就了三家店的繁荣。清顺治二年（1645年）的《重修龙兴庵碑记》载："都城西郊地名三家土，满于人。麓西山而带卢沟，有水可田。"实力雄厚的富商巨贾们，同时促进了宅院庙宇的创建或重修，其中不少遗存至今。明《宛署杂记》中便记载有三家店的关王庙、三官庙、二郎庙等庙宇。龙王庙、白衣庵等庙宇也均为各商户、窑主等捐建。综合村中现存碑刻记载[16]，村中留下名号的商业店铺达300余家。

然而，清末民初，京张铁路修通之后，三家店仓储物流功能便逐步衰落下来。[17]根据统计，民国初期，有字号的店铺有51家，没有字号的达91家。抗战期间，由于日本侵略者对西山一带的抗日力量实行经济封锁，导致不少经营多年的店铺倒闭停业，三家店急剧衰落。20世纪40年代，山区公路修通，汽车逐渐替代了骆驼，彻底冲击了三家店的区位优势。

重重岭色连天远，曲曲河流抱店斜

三家店村位于永定河冲积扇的顶端[18]，村东距小中河1公里，村西离七干渠2公里，属北运河水系。当时的永定河出山后从三家店转向东去。现今的三家店村是当时的主河道，后来河道西移，由泥沙淤积而成三家店的现址。《畿辅通志》上说"卢沟河乃折南而流，至三家店西，分为东西两支，皆南流。东支绕蟠龙山麓，迳南北五里屯西。又循山曲折而南，迳马桥西村，皆在山外流。至大石桥口，与西支会"。

这一带山环水抱，风景极佳。在清末诗人爱新觉罗·宝廷的《西山纪游集》中，就有许多记述三家店风光的诗句，如《三家店》诗云："孤村荒僻说三家，雨后凭高望眼赊。万树拥云吞落日，乱山挟水走平沙。重重岭色连天远，曲曲河流抱店斜。兴到呼童沽薄酒，诗成沉醉乐无涯。"又有《三家店即景》诗云："一水带残阳，四山生白云。倚筇村口立，拂拂酒微醺。古道闻人语，荒田下鸟群。徘徊已昏暮，野草发芳芬。"

从空中俯瞰三家店，其地势较为平坦，村西南部稍高，东部稍低。大部分建筑位于平地，高差变化小，建筑群呈狭长的带状，少数庙宇建在地势较高的山上。村中主要街道有三家店中街、东街以及西街。中街为主街，宽约5米，是村民交往、交通、商业活动的主要聚集地（图14-5）。两侧多为门面铺房，有的是前店后厂，有的是深宅大院。街道两侧院落地坪抬高，以台阶与道路相连。

偏爱装饰的民居院落

三家店中街两侧，保留有不少老宅。如梁家59号院，位于三家店村中部略偏西北，原是一户梁姓商人宅院，距今已有三百年历史。该院于1998年被公布为文物保护单位，现在由梁家后人与外姓居民共同居住。59号院是一处比较标准的一进院，东西宽19米，南北长33米，坐北朝南，由正房、东西厢房、倒座组成。

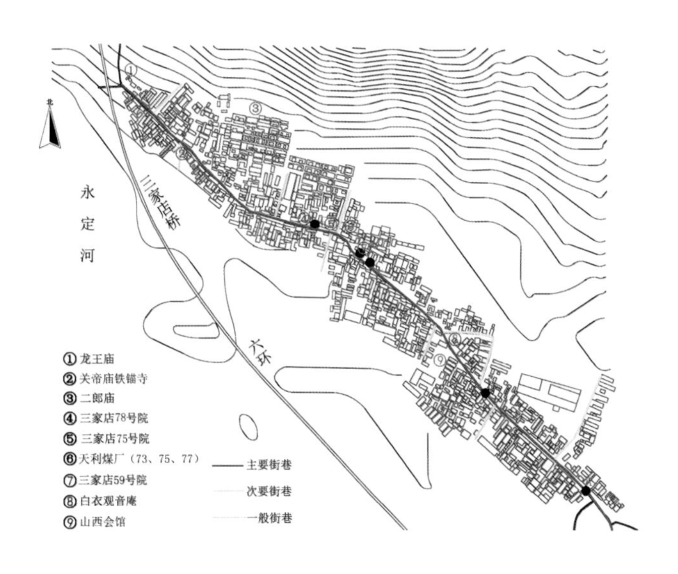

图14-5 三家店总平面图

殷家煤场大院，位于三家店村中部略偏西北，为京西望族殷家所建，是一处商业居住功能复合的院落群，由三组院落组成（今73号、75号、77号院），分别用作煤场的办公储藏、居住以及工人宿舍（图14-6、图14-7）。其中，东院为二进四合院。西院为工人及下人居所，房屋低矮，全院无东房。中院则是殷家煤厂东家的居住院，共三进四合院（图14-8、图14-9）。中院第一进院由倒座和厢房组成，正对院门设精美照壁，顶部为筒瓦屋檐，蝎子尾，下面是束腰基座，壁心中央雕有牡丹象征吉祥富贵，四角雕有喜鹊衔梅、猴子献桃、松梅瑞兽等图案，含蓄而生动地表现着院主人的追求、情怀和向往美好生活的愿望（图14-10）。二进院建有精美小门楼，正房为五间，厢房为三间；后院已毁（图14-11）。

由于古时商业经济发达，村中民居多偏爱装饰，以砖雕、石雕为主，木雕较少，主要集中在门楼部位（图14-12 ~ 图14-14）。门楣上的砖雕分为浮雕、透雕两种，雕刻图案有锦文、水果、蔬菜、花卉、珍禽、瑞兽等组合而成，而卷草和连珠文在其中相间连接，繁复精美（图14-15 ~ 图14-24）。

图14-7　殷家大院75号院沿街外观

图14-8　殷家大院75号院屋顶

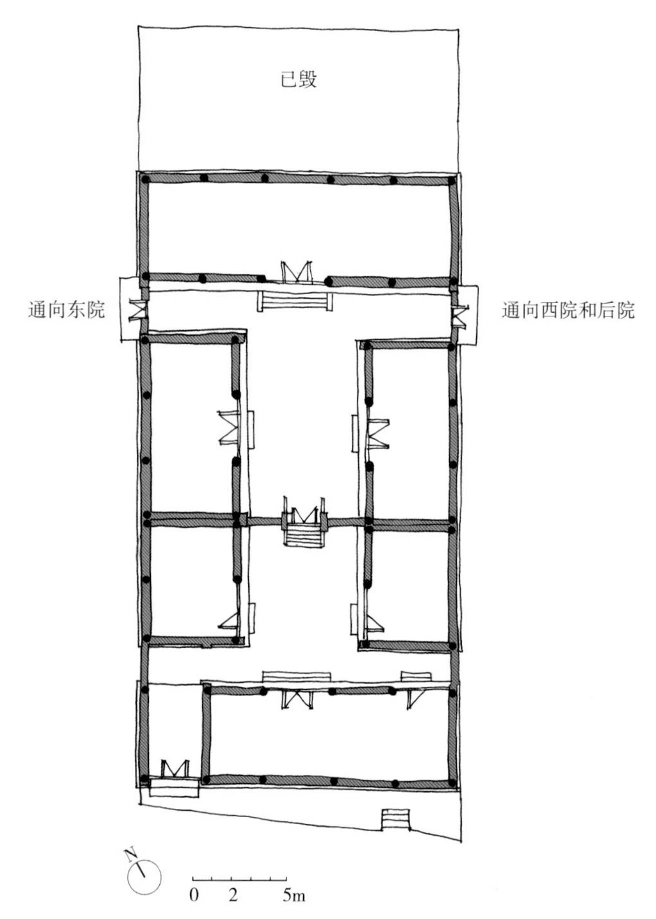

图14-6　殷家大院75号院平面图

图14-9　殷家大院75号院入口

图14-10 殷家大院75号院影壁

图14-11 殷家大院75号院二门外观

图14-13 东街78号院门楼

图14-12 东街81号院门楼

图14-14 某传统民居门楼

图14-15　东街78号院门楣装饰

图14-16　东街78号院门楣砖雕局部

图14-17　75号院屏门门楣正面

图14-18　75号院屏门门楣正面局部

图14-19　75号院屏门门楣正面局部

图14-20　75号院屏门门楣背面局部

图14-21　75号院屏门门楣正面细部

图14-22　某传统民居门楼雕刻

图14-23　某传统民居门楼雕刻局部

图14-24　某传统民居门楼雕刻局部

门楼两侧的门枕石以箱式为主，少见抱鼓石。门枕石上的图案多为珍禽瑞兽、果实稻黍、花鸟如意等，上部一般雕有趴狮或是神兽。如3号院门枕石，正面雕刻有奔跑的瑞鹿以及回首啼鸣的公鸡，“鹿”谐音“禄”，而公鸡啼鸣象征着功名，体现出院主人对功名利禄的向往与渴望；59号院门枕石正面雕有喜鹊立于梅花之上，谐音“喜上眉梢”，而侧面则为松树下的猴子骑坐于奔腾的骏马上，寓意长命百岁，马上封侯；78号院门枕石正面雕刻一匹奔驰的骏马，腾驾于云雾之间，云雾中一枚铜钱隐约可见，而门枕石的底座雕刻倒挂的蝙蝠和寿桃，表现了院主人对发财和福寿的期望（图14-25）。

另外，两座建筑屋脊之间有砖雕脊花，使屋脊更加精致。如33号院和73号院发现了两个蝎子脊之间的脊花装饰。33号院的脊花为铜钱，73号院的脊花为如意结，象征着吉祥如意（图14-26、图14-27）。

二郎庙、龙王庙、关帝铁锚寺

清乾隆十三年（1748年）《二郎庙重修碑》记载：“京都之西五十里许，地名玉河乡三家店有二郎庙娘娘殿。古刹居于半岩之间，背靠青山似屏，南望浑河如带，庙貌巍峨，哉大观也。”该庙位于三家店村西北的猴山半山坡上，四合院落，其中正殿三间，两侧带有耳房一间；东西厢各三间，硬山顶，施筒瓦；南面为倒座三间，卷棚顶。原正殿原供奉九尊娘娘像，倒座原供奉二郎神像。

龙王庙，位于三家店村西头，紧邻永定河畔。根据顺治二年（1645年）碑记，该庙创建于明崇祯年间，初名“龙兴庵”，清代改称“龙王庙”，并多次重修。龙王庙坐北朝南，三合院，正殿三间，硬山顶，施筒瓦，东西厢各三间。院内有古槐一棵，树干粗大。龙王庙门楼上嵌有“古刹龙王庙”琉璃额。正殿神龛内供奉五尊龙王神像（其中有一尊为永定河神像），仪态端详，肃穆威严，为清代乾隆时期的作品，弥足珍贵（图14-28、图14-29）。殿内现存《龙王行雨图》壁画（图14-30）。

图14-25　门枕石

图14-26　33号院脊花

图14-27　73号院脊花

图14-28　龙王庙塑像

图14-29　龙王庙塑像

图14-30 龙王庙壁画

图14-31 三家店村京西太平鼓

庙内存有石碑三通，分别为顺治二年《重修龙兴庵碑记》、乾隆五十一年《重修龙王庙记》、光绪七年《重修龙王庙碑》。

关帝铁锚寺，位于村西，坐东朝西，始建于明代，三合院，正殿及厢房均为卷棚顶。1929年出版的《妙峰山琐记》中记载："村有关帝庙，原内有四爪铁船锚一，高可五尺，不知何代物。庙在西永成茶饭馆东巷，俗称铁锚寺。"

二郎庙、龙王庙、关帝铁锚庙等均为门头沟区文物保护单位。[19]

京西太平鼓

三家店村民间文化活动形式多样，有民间花会十余种，较为著名的有太平鼓、太极拳、小车会、蹬高跷、地蹦子等。其中太平鼓是京西太平鼓的重要组成部分，并于2005年入选国家级非物质文化遗产名录（图14-31）。多年来，门头沟区一直重视京西太平鼓的传承与弘扬，组织老艺人开班传艺，培养传承人才。

1 尤书英. 千年老街三家店［J］. 中国地产市场，2006（10）：48-55.
2 袁树森. 三家店村名探源. 京西第一村三家店［M］. 2005：28.
3 包世轩. 千年沧桑三家店. 京西第一村三家店［M］. 2005：32.
4 丁利娜. 北京地区金代墓葬概述［C］. 北京市文物研究所.
5 袁树森. 历史沧桑. 京西第一村三家店［M］. 2005：9.
6 师人：可解释为"老师"、"师长"或"师傅"。
7 王灿炽. 关注京西古村落［J］. 北京观察，2007（7）.
8 引自《元史》之《郭守敬传》，宋濂（1310～1381年）、王濂（1321～1373年）主编，成书于明朝。
9《元史·河渠志》"金口以上河身"。
10《北平图经志书》，成书于明洪武年间。
11 包世轩. 千年沧桑三家店. 京西第一村三家店［M］. 2005：30-57.
12 北京市门头沟区政协文史资料办公室、北京市门头沟区龙泉镇党委政府. 京西第一村三家店［M］. 香港：香港银河出版社，2005.
13 尤书英. 千年老街三家店［J］. 中国地产市场，2006（10）：48-55.
14 富察敦崇. 燕京岁时记［M］. 成书于清朝.
15 王灿炽. 关注京西古村落［J］. 北京观察，2007（7）.
16 包括清代乾隆年间的《二郎庙重修碑》、乾隆五十一年《重修龙王庙碑记》、道光年间《三官庙碑》、同治十一年《重修西山大路碑记》、光绪七年《重修龙王庙碑》、光绪年间《三官庙碑》。
17 北京门头沟村落文化志编委会. 龙泉镇·三家店村. 北京门头沟村落文化志［M］. 2008.
18 袁树森. 历史沧桑. 京西第一村三家店［M］. 2005：4.
19 除了这几个庙宇，村内的山西会馆也为门头沟区文物保护单位。

15

房山区·史家营乡·柳林水村

获得称号

第一批北京市传统村落。

地理位置

北京市房山区史家营乡，距市中心约57公里（图15-1、图15-2）。

社会经济

村中目前有居民420户，常住人口810人，均为汉族，以马姓、史姓、刘姓三大姓氏为主。[1]据《北京市房山区地名志记载》记载，柳林水村域总面积11.7平方公里，耕地面积179.2亩。2016年，村民人均年收入8407元[2]，主要产业为种植业、旅游业。村子西北约1.5公里处为北京第一奇山圣莲山，是道教、佛教文化圣地。2000年，柳林水村与金鸡台村联合开发圣莲山旅游风景度假区，现有4A级景区三处。2013年，柳林水村被评为市级民俗旅游村，现为星级民俗旅游村。村内有民俗接待十多户，特色餐饮、山梆子鼓乐、抗日故事等，处处蕴含着深厚的文化底蕴。

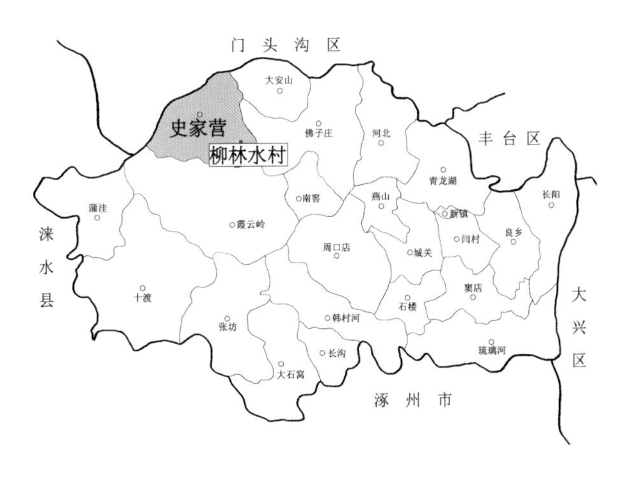

图15-1　柳林水村在房山区的区位图

图15-2　柳林水村总平面

选址格局

柳林水村，大约形成于明朝。据《房山县志》记载，村中最初有三条水流，原名“三流水村”。但后来水流干涸，村中有大柳树十余棵长势茂盛，村民便将村名改为“柳林水村”。

村落北面为后岭头山，南面有大石河支流流过，依山傍水，景色秀丽。整体地势北高南低，建筑沿河谷顺势延伸并错落有致地分布在不同标高的台地上。村中有三条东西走向的街巷，中间一条为主街，全长300米，两侧分布着店铺及民宅大院。主街东西端头原来各有券门一座，券门上设瞭望台，可惜于“文革”期间被拆毁。

图15-4 王振刚宅正房

传统民居

柳林水村现存民居建筑大多建于明清时期，居住多为一进四合院，坐北朝南。建筑造型古朴，屋顶为石板硬山顶，屋脊两侧做起翘的蝎子尾，墙体材料多用砖、石、瓦、木，整体色调呈青黑色或浅灰色。如王振刚院，位于柳林水村西部，原为史氏家族宅院。据村中老人口述，该院建于明朝，距今已有几百年历史（图15-3、图15-4）。院子的院墙完好，由河卵石和荒石垒筑而成。院门开在东南角，为典型的墙垣式，内侧墙壁上有两幅黑白壁画，笔法较细腻，描绘的人物比较传神。院门正对的东厢房山墙上镶嵌有影壁，影壁用砖砌筑，分为上、中、下三部分，下为基座，中间为影壁心，上部为墙帽，墙帽上有精美的砖雕。院内建筑墙基均用石材垒砌，窗下墙部分砌筑，门窗保留了原始的木制五抹头门窗，内部有装饰精美的菱花（图15-5、图15-6）。

少数经济条件富足的人家会做砖雕、石雕、木雕等作为装饰，以体现居住者的文化修养和生活情趣，在某种程度上也展示了户主的财力及身份地位。砖雕常应用于影壁、墀头和屋脊等部位（图15-7～图15-9）。石雕多用于墙基石、抱鼓石、门墩等部位，其所用的石材大多从后山开采而来，内容有简单的几何形，也有复杂的花卉、植物图案，整体比较简洁、素雅（图15-10）。木雕主要集中在院门及门窗部位，门罩及门楣多采用透雕，内容为几何图形和植物花草，寓意富贵吉祥（图15-11）。

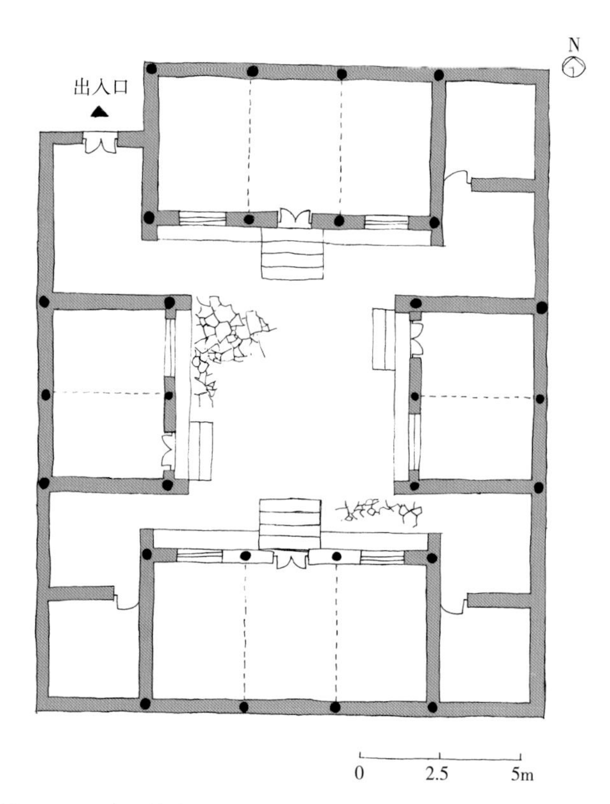

图15-3 王振刚家宅平面图

图15-5 毛石围墙

图15-6　石板屋顶

图15-7　砖雕照壁

图15-8　砖雕照壁细部

图15-9　砖雕墀头

图15-10　石雕——墙基石

图15-11　木雕门楣

长星观、龙王庙、胜泉寺

长星观位于村中部，建于明朝，分上下院。观中房屋以木、瓦为主要建筑材料，房顶为悬山顶。建筑整体风貌破损较严重，但观中的钟楼与鼓楼仍可辨识。长星观的对面为古戏台，戏台为木质结构，台顶上雕刻着朴素花纹的木雕，如今戏台已翻新，但基本沿用了旧制。长星观与古戏台为村民进行精神文化活动的重要场所，每当村中有活动时，村民都会在此集会。

龙王庙，据传建于明朝。庙门题联："保一方风调雨顺，佑万世国泰民安。"龙王庙坐南朝北，庙宇基址较高，前有檐廊，正中供奉着龙王之位，四周有壁画，分别供奉着山神爷之位、财神爷之位、药王爷之位等。龙王庙求雨活动是村中传承了几百年的民俗，每到农历5月18日，村里就找十二寡妇涮簸箕、杀羊求老天下雨。不幸的是，龙王庙于"文革"破四旧中被拆除。2007年，村民自发捐款6万多元进行重修，使其恢复到原来面貌（图15-12）。

胜泉寺，建于明永乐二年（1404年），后被改为道观。建筑院落典型的寺庙布局，东为药师殿，西为三圣殿，前为韦陀殿，东西则为钟鼓楼。寺内有精美的石雕和砖雕，屋顶为典型的悬山顶。胜泉寺虽几经沧桑，但保存完好，十分庄严。

图15-12　龙王庙外部

1　北京市房山区2017年统计年鉴。
2　北京市房山区2017年统计年鉴。

16

房山区·佛子庄乡·黑龙关村

获得称号

第一批北京市传统村落、第五批中国传统村落。

地理位置

北京市房山区佛子庄乡，距市中心约45公里（图16-1、图16-2）。

社会经济

村中目前有居民171户，常住人口656人，均为汉族。[1]主要产业为种植业、旅游业。2016年，村子总的年收入21.1万元，人均年收入9884元。[2]黑龙关村环境优美，空气清新。黑龙潭位于村北，潭水经年不竭，水质优良。除此之外，村内还有古宅、古树、古庙、古壁画等古迹，村中长寿老人很多，因此村子被称作“五古长寿村”。

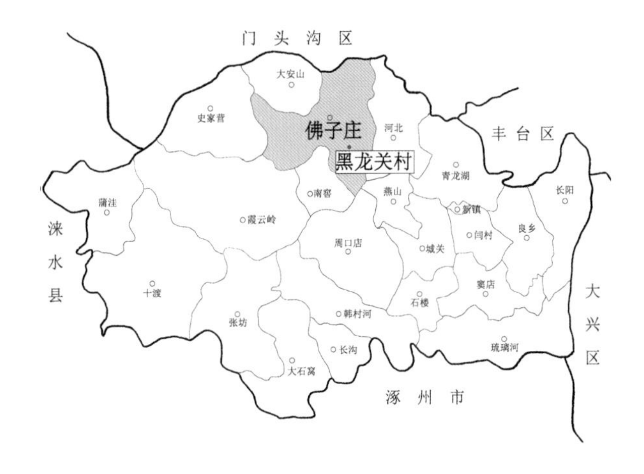

图16-1　黑龙关村在房山区的区位图

图16-2　黑龙关村鸟瞰图

黑龙潭附近的关口

根据《房山县志》记载，金代即有黑龙潭地名，唐乾宁二年（895年），幽州节度使刘仁恭（?—914年）于今村南筑建关墙，于村西山（烟筒尖）筑建烽火台。村子地处黑龙潭附近，且山上又有古关墙、烽火台，因此得名“黑龙关”。据《房山县志》记载，在民国时期，由于黑龙关是“藏奸聚赌”之地，“不但为政治之梗，亦非所以固疆宇也”，房山县将其置于不管之境地。据《房山区志》记载，新中国建立初，黑龙关属房山县九区，直到1993年长操乡与东班各庄乡合并，改称佛子庄乡，黑龙关村为下属村，并延续至今。

黑龙关村东靠后岭山，西面与北面沿大石河转弯处而建。村落地势平坦，整体形态狭长，最宽处不过2里。山与河为村子提供了天然的屏障，村北隔河有龙神庙，村南则有黑龙关。村内有一条南北向的主街，最宽处不到两丈，村中建筑物皆沿其两侧整齐分布。道路最南端入口处有关帝庙，道路最北端有五道庙，是村中重要的公共活动场所。

东西朝向的民居院落

由于主街为南北向，民居建筑主要采用东西朝向。受地形的限制，院落多为一进，一般正房三开间或五开间，厢房两到三开间，倒座开间数同正房相等。院门占据倒座一开间，设于院落右下角，正对院门的山墙镶嵌影壁，挑脊垂沿，雕花饰卉，十分讲究。建筑高度为一层，砖木石结构，屋顶上敷设薄石板，极具地方特色。

少数院落占地面积较大，中间设二门将其分为前后两进。如北福天星院，位于村子北侧路东，坐西朝东，两进合院，后院地势较前院高。院落正房五开间（已毁），一进院厢房两开间，二进院厢房三开间，倒座与院门共五开间。建筑窗下墙部分均砌筑河卵石，门窗框均为木质，内部有精美的花心（图16-3～图16-5）。

还有的院落规模更大，形成前后两进院落群，中间设置小院联系前后院落。如李家大院，位于村子中部的道路北侧。第一进院正房五开间，厢房和倒座三开间，受地基的限制院子比较狭窄。穿过正房一侧的通道可至

图16-3 北福天星院建筑内部图

小院，再拾级而上进入地势较高的二进院落（南侧厢房已毁）。整组院落前后高差较大，纵向较长，形成了较强的秩序感（图16-6～图16-10）。

关帝庙、龙神庙、五道庙

关帝庙坐落在村口，建于明代。关帝有武圣人之称，黑龙关先民把关帝庙建在村口，乃是镇门驱邪、保一村平安之意。庙坐北朝南，原有正殿三间，东西配殿各两间，前面是钟鼓二楼和山门。正殿中原奉有关公坐像，关平持刀立于父侧。如今关帝庙只剩下钟楼和鼓楼，村民在临街的西庙墙开了一座小门，权作山门。院内还有几棵古柏，长势茂盛。

龙神庙，建于元至正十四年（1355年）[3]，距今已有六百多年历史。据县志记述："龙王庙各地多有之，惟黑龙潭之庙最为著。"庙宇正中是紧靠山崖的三合院，坐北朝南，殿内雕梁画栋，龙神庙、龙神奶端坐正中，神态祥和，雷公电母等14尊神像分列两侧，生动形象。院内古柏参天，郁郁葱葱。庙前即为黑龙潭，水流匆匆，水质清澈。龙神庙自古以来就是人们求神祈雨的圣地，求雨灵验。据房山县志、涿州县志记述，该消息传至朝廷，庚戌年仲夏，雍正皇帝感其降雨解灾，亲题"甘泽普应"赐匾褒扬；乾隆四十四年（1780年）朝廷拨专款重修庙宇，并御笔题联："御四海，济苍生，功能配社；驾六龙，享庶物，德可参天"。此后，龙神庙香火愈旺，每逢农历二月初二，方圆百里数百村的百姓皆来此进香朝拜，人山人海，鼓乐震天，香烟弥漫。庙会期间，民间艺术纷纷登台演出，花会、小吃、小商、小贩一眼望去不见尽头（图16-11）。

五道庙，又称七圣神祠，位于黑龙关村尽头的街东。村中旧俗，凡村民故去，子女都要拿着"灵钱"来五道庙报庙，停灵三天，每天早晚都要报庙。帝庙在前，五道庙在尾，村民生有所护，死有所归。五道庙建于清代，其中有保存状况很好的壁画，记载的是七圣之事。关于"七圣"有各种说法，而位于黑龙关村的这处壁画描述的则是托塔李天王、金吒、木吒、哪吒、杨戬、雷震子和韦陀（图16-12、图16-13）。

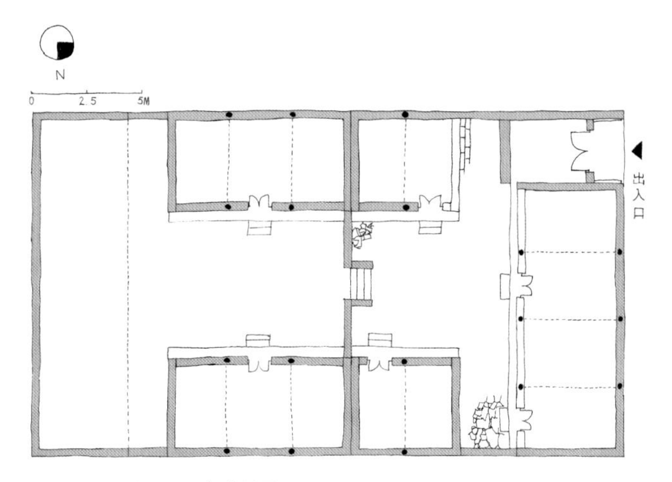

图16-4 北福天星院建筑平面图

图16-5 北福天星院鸟瞰图

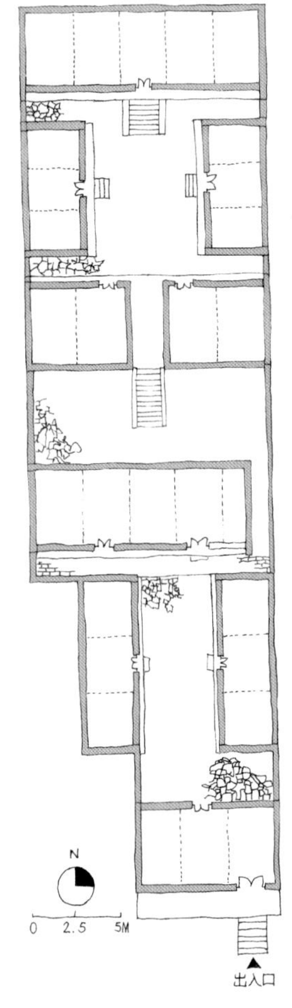

图16-6 李家大院平面图

图16-7　李家大院一进院

图16-8 李家大院二进院入口

图16-9 李家大院二进院影壁

图16-11 龙神庙

图16-10 李家大院建筑墙体肌理

“二月二酬龙节”庙会

“二月二酬龙节”庙会源于远近驰名的黑龙关龙神庙二月二民俗祈雨活动，目前已成为北京地区最后一个春节庙会。每年的二月初一到二月初二，方圆数十里的百姓汇聚到龙神庙进香朝拜，祈求人寿年丰。黑龙关村亦组织“酬龙节”民俗活动，鼓乐震天，人山人海，民间花会也纷纷登台演出。2016年，“二月二酬龙节”庙会入选为房山区非物质文化遗产（图16-14）。

图16-12　五道庙壁画1

图16-13 五道庙壁画2

图16-14　第十一届房山区黑龙关酬龙节[4]

1　北京市房山区2017年统计年鉴。
2　北京市房山区2017年统计年鉴。
3　据庙内碑文记载。
4　图片来源：https://dp.pconline.com.cn/sphoto/list_2047248. html.

17

房山区·大石窝镇·石窝村

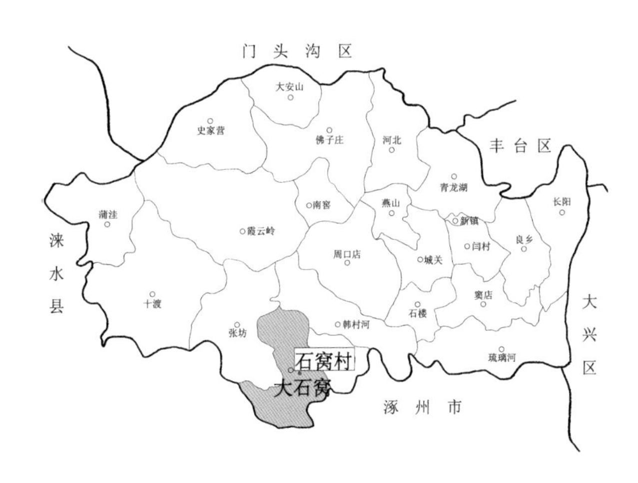

图17-1　石窝村在房山区的区位图

获得称号

第一批北京市传统村落。

地理位置

北京房山区大石窝镇，距市中心约63公里（图17-1、图17-2）。

社会经济

村中目前有居民930户，常住人口2010人。[1]2016年村集体总收入78.4万元，人均年收入12184元。[2]至少从清代起，石窝村的传统石作工艺便驰名中外，经久不衰。《房山县志》载：“大石窝在县西南四十里黄龙山下，前产青白石，后产白玉石，小者数丈，大者数十丈，宫殿营建多采于此。”新中国成立后，大石窝的传统石雕艺术被发扬光大，不仅在北京城都城建设上发挥了重要的作用，而且在当今“文化引领经济”的时代对京西南经济的发展和社会主义新农村建设作出了巨大的贡献。1998年，国际工作组在福建泉州市召开了“天然石材统一编号”国家标准审定会，房山大石窝汉白玉被命名为国标M1101号，堪称“中国1号”，名列“中国名特石材品种之首”。2004年8月国家发改委授予大石窝“国家级石雕产业特色小镇”的称号，给石窝村指明了发展方向。2009年，大石窝“石作文化”成为第一批房山区区级的非物质文化遗产。[3]目前，村内已经形成了集开采、加工、营销于一体的产业链，大石窝汉白玉及石雕艺术在首都和神州各地大放异彩，并走出国门远销美国、日本、加拿大等二十多个国家和地区，作为中华文化的独特载体载誉海外。

图17-2　显圣寺显圣殿

盛产汉白玉的“大石窝”

村落因“石”而成。当地石材品种繁多，有大理石、白云石、红砂岩、花岗岩等，其质地优良，较为稀有，适宜雕塑，尤以优质汉白玉最为珍贵。明朝迁都北京以后，庞大的工程量需要众多的人力和建筑材料，据明《涌幢小品》卷十五记载：“国朝白石，采之近之大石窝。”另据刘若愚《明宫史》记载：“内官监外厂甚多，各有提督、掌厂等官。”即大石窝属内府内官监所管辖，派遣太监提督，供给宫殿、山陵、妃嫔坟墓等白石料。长期开采石材导致形成一个个大坑塘，采石人俗称之为“大石窝”。随着采石工匠差役数量不断增大，他们成年累月在采石工地工作，于是这些人便在大石窝附近定居下来。除此之外，据村民讲述，其祖上多为元末明初自山西迁移而来。王彬、徐秀珊主编的《北京地名典》记载以及南尚乐《汪氏家谱》中，均记载了洪洞大槐树移民到石窝村的情况。

因石窝村的汉白玉石雕产业的发展，村落规模较大，大致呈矩形。由于同北京城内联系密切，村落空间格局在一定程度上都受到传统都城规划思想的影响，局部呈现规整的方格网。村落中心为官厅，左右各为夹道，外有东店大街、西店大街、北街道、南街道，可以想象当时店铺林立的繁荣景象。遗憾的是，村子发展速度快，大多数传统建筑已经被更新翻建。

关帝庙与娘娘庙山门

关帝庙，又称显圣寺，建于明代，属房山区第三次全国文物普查不可移动文物。寺院位于石窝村南街的路南一侧，坐北朝南，南北长60米，东西宽20米，占地面积12000平方米，约合18亩。山门分东门、西门，左有钟楼，右有鼓楼，为晨钟暮鼓，中间供奉弥勒佛。中殿供奉释迦佛祖，后殿供奉伽蓝护法神尊，为武圣关羽，又称显圣殿。主殿左右禅堂各三间，东西配殿各五间，方丈、住持、监寺各有院所。东西两侧有僧人的住所，还有工房、伙房、车房、碾磨房、骡马棚等。院内东西有两口水井。寺院兴旺时期，曾有几十位僧人，有上百亩土地供养。由于香火旺盛、远近闻名，信众往来不绝，参拜供奉。

1949以后，寺内部分建筑改作民宅，只剩下显圣殿；1954年，国务院将其评选为全国重点文物保护单位。目前，显圣寺内尚有三宝，分别为时刻风雨竹，现存云居寺；钟楼上的铜钟，现悬挂于大石窝镇公园；母子槐，仍生长于殿前，经过五百多年的风雨沧桑，依然繁盛（图17-3、图17-4）。

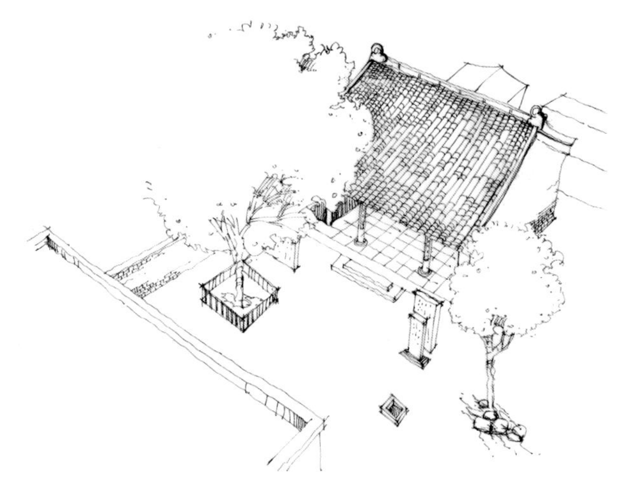

图17-3　显圣寺鸟瞰图

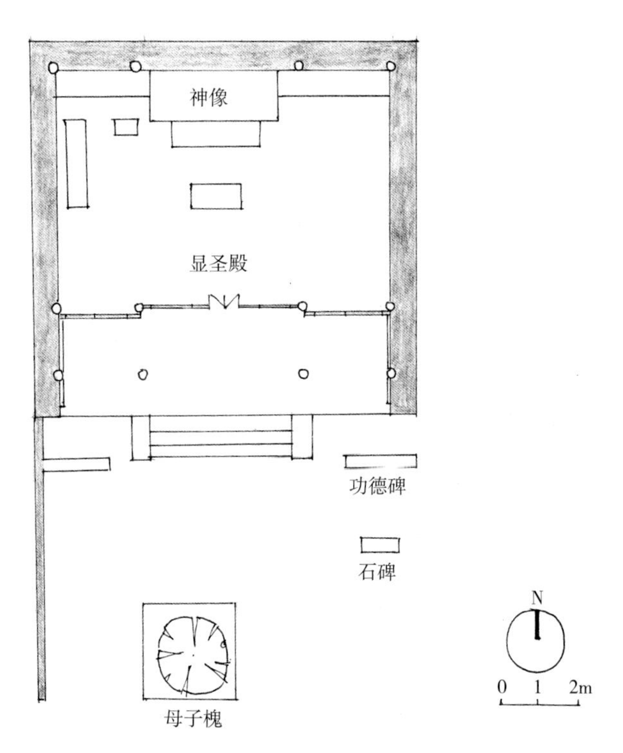

图17-4　显圣寺平面图

娘娘庙山门，位于村北居中位置，建于明代，属房山区第三次全国文物普查不可移动文物。山门为卷棚屋顶，墙面由石柱和砖砌成，中部为传统木门，外刷红漆，南侧现存围墙和照壁（图17-5、图17-6）。

2010年1月，石窝村党支部、村委会提出将村中古迹显圣殿和娘娘庙山门等古建筑进行抢救修复保护。经市、区、镇主管部门批准，由市区两级文物主管部门主办，北京市文物局拨款76万元，房山区文化委员会负责，对其进行抢救修复。从2011年3月至6月6日，显圣殿修复竣工。而后又对显圣殿内的神像和壁画进行修复，搬迁了部分殿后住户，并对历程碑、功德碑、石供桌、香炉等进行维护。[4]

图17-5 娘娘庙山门

图17-6 娘娘庙山门

千百年的石作手工技艺

大石窝石作手工技艺历史悠久并传承至今，是北京市市级非物质文化遗产里具有代表性的项目（图17-7）。大石窝石材开采、雕刻、利用的历史可追溯到汉代，自隋末云居寺刻经开始，历经元、金、明清几个朝代皇家修建宫廷、园林、陵墓等工程，从河南、河北、山西等地调来大批石匠艺人达上万人。匠人们以石为业，以石为生，通过辛勤的劳动创造出一套石作工艺。其中，大石窝雕刻工艺属北派大理石雕刻，历史跨度长，风格多变，其雕工精细、美观，价值高昂，为皇家御用。

石窝石作工艺和我国其他传统工艺一样，是通过拜师授徒世代传承的，在劳作的实践中口传心授，以传同姓为主，间有传外姓。千百年的汉白玉开采和加工，形成了石窝独特的传统石作习俗。石窝村北街曾有一座鲁班庙，每年农历三月十七，是祭拜工匠始祖鲁班的日子。这一天，石作工匠休息一天，聚集在庙中烧香，或者和把头监工聚在一起庆祝，并发些过节费，因此又称石匠节。另外，每逢开山时要行祭拜山神礼，即开采点确定后，开山把头将墨斗、方尺、尺板三件主要工具供奉在山前，在前面写上“太公在此，诸神退位”，祭拜后方可开山采石。此习俗沿袭至今。

图17-7　链车运输[5]

1　北京市房山区2017年统计年鉴。
2　北京市房山区2017年统计年鉴。
3　https://baike.so.com/doc/4495314-4704678.html
4　摘自显圣寺前功德碑文。
5　引自大石窝镇汉白玉艺术宫内展览照片。

18

房山区·南窖乡·水峪村

获得称号

第六批中国历史文化名村、第一批中国传统村落。

地理位置

北京市房山区南窖乡，距市中心约33公里（图18-1、图18-2）。

社会经济

村中目前有居民261户，常住人口644人。[1]村南建有10万立方米水库一座，环山建设引水管道4500米。依托完善的水利工程，村子以自然生态农业、林果业为主要经济来源，2016年全村人均年收入9406元。[2]村中自然生态保持良好，自2004年至今，村集体正大力推进民俗旅游及生态旅游的发展。该村曾荣获2011~2012年度北京最美乡村称号。

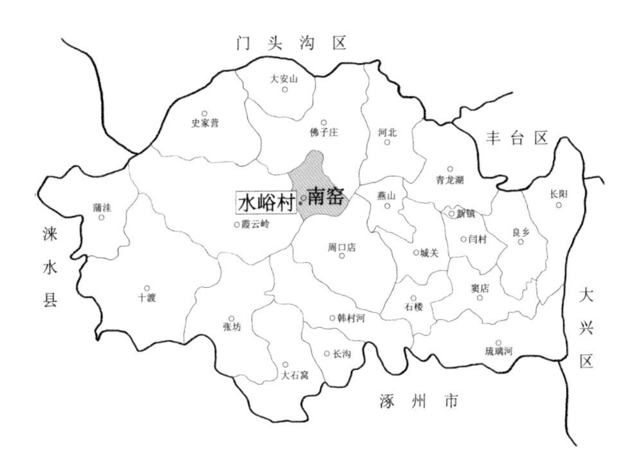

图18-1　水峪村在房山区的区位图

图18-2　水峪西村与水峪东村鸟瞰

图18-3　古商道

明朝移民村落

元末明初，北京一带由于连年战争，人烟稀少，山西的人口则非常稠密。因此，明朝廷实行“移民屯田”政策，将部分山西人口迁移到北京郊区，形成了新的村落。据传，水峪村正是在这样的背景下形成的。[3]到了明末清初，又有来自山西的刘氏、杨氏、王氏等迁居水峪村。这些家族随着古商道煤炭业的发展，生活逐渐殷实，人口也逐渐增加（图18-3）。近代洋务运动之后，用煤量增加，进一步带动了这一区域经济的发展。

抗日战争时期，日军觊觎南窖一带丰富的煤炭资源，屡次袭击南窖。1937年，日军控制了这一带的煤炭运输，进而控制了煤炭资源。1939年，驻扎在房山区的日军戮洗劫水峪村，使水峪西村数百间房屋焚毁，其中便包括知名的王家大先生院、二先生院、三先生院以及街屋[4]。“大跃进”时期，全国出现大炼钢铁运动，水峪村村民也在政策引导下，将南窖一带多处高线拆卸以炼钢铁，对水峪村的经济发展造成了进一步的冲击。

同样，家族的发展也刻上了时代的烙印。曾经辉煌一时的水峪杨家第十代杨玉堂，拥有八座煤窑，发家致富后花巨资经三年盖起了“学院坊”（今杨家大院）。但是到了新中国成立初期，生活最窘迫的时候，子孙后人因无法满足温饱，衣物也极度缺乏，无奈之下只得把由白羊布制成的杨氏家谱洗干净作衣服穿。[5]

水峪西村与东村

水峪村地处山谷，分为水峪西村与东村两部分（图18-4）。

水峪西村地势平缓，格局规整，建筑分布相对集中，但其中不少在抗日战争时期中被日军纵火焚烧，已失原貌。村中有一条南北向的主街，俗称中街，与其并行的是一条河道。由中街向东西方向各延伸出两条道路，分别为东街、西街。东街随山势高低向东北以及东南分支出两条道路，宽度2.2米至4.5米不等。西街宽度3米至4米间。

水峪东村地势坡度较大，西南低，东北高。一条水沟贯穿全村，并形成了S形的古道，也是主街。传统民居沿主街两侧排布，街南坡度极大，街北高差相对较小（图18-5）。

村中最令人印象深刻的是近年来修复、收集的古碾128盘。石碾的碾盘、滚轮的正侧面多有石刻装饰，纹理简单，多为水纹、波浪纹等线条，与石材本身的肌理融为一体。这些石碾除了有实际使用功能，往往也是当地村民茶余饭后聊天的聚集点（图18-6 ~ 图18-8）。

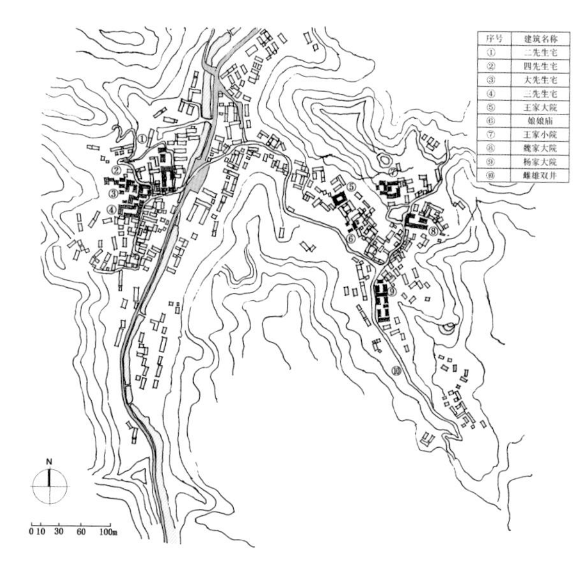

图18-4　水峪村总平面

图18-5　水峪东村鸟瞰

图18-6　王家大院门口石碾

图18-7　石碾上纹理

图18-8　碾盘上纹理

传统民居

传统民居以三合院、四合院居多，朝向较为自由，顺应山形和水势，并无严格坐北朝南，院落入口基本沿街（图18-9 ~ 图18-11）。其中杨家大院前后四进院落，为水峪村中少有的大型院落（图18-12 ~ 图18-15）。另一处规模较大的院落为王家大院，分为东王家大院和西王家大院。东王家大院建于清乾隆年间，包括三间房、五间房、后头屋、底庙南院（现为“祥和农家院”）、后岭王家小院。西王家大院包括街屋北院、街屋南院、大先生院、二先生院、三先生院和四先生院（图18-16 ~ 图18-20）。

水峪村民居建筑最大的特色在于对石材的处理运用。如屋面由打磨平整的大片薄石板层层叠落铺砌，造型古朴。为了增强石板屋顶的稳定性，防止因石材自重大而整体下滑，屋顶坡度相对较小（图18-21）。大户人家屋脊的两端做起翘，且在屋脊上雕以花草图案或勾勒简单线条（图18-22）。墀头由一块完整的石块雕

图18-9　水峪村传统民居群

图18-10 水峪村传统民居

图18-11 水峪村传统民居

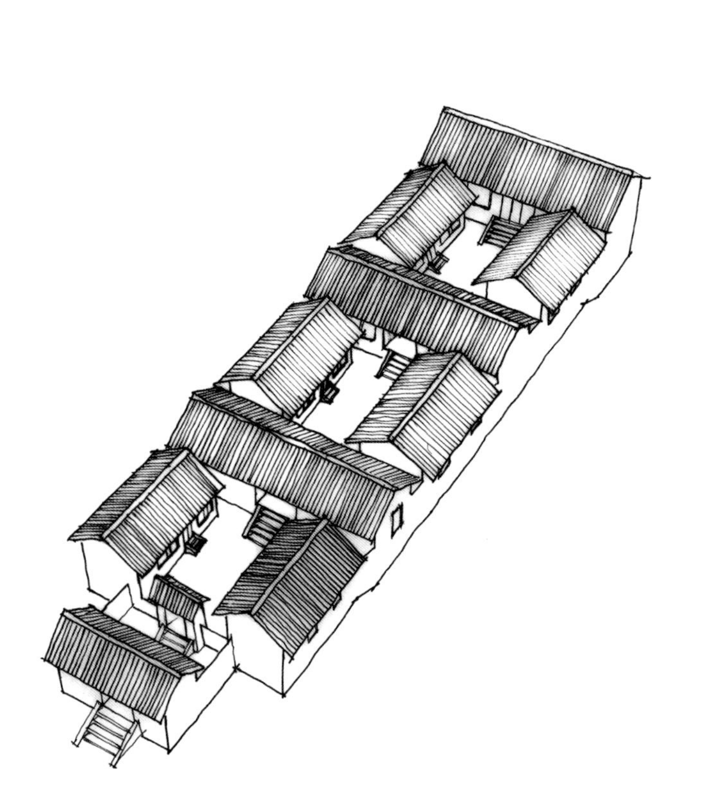

图18-12　杨家大院鸟瞰图

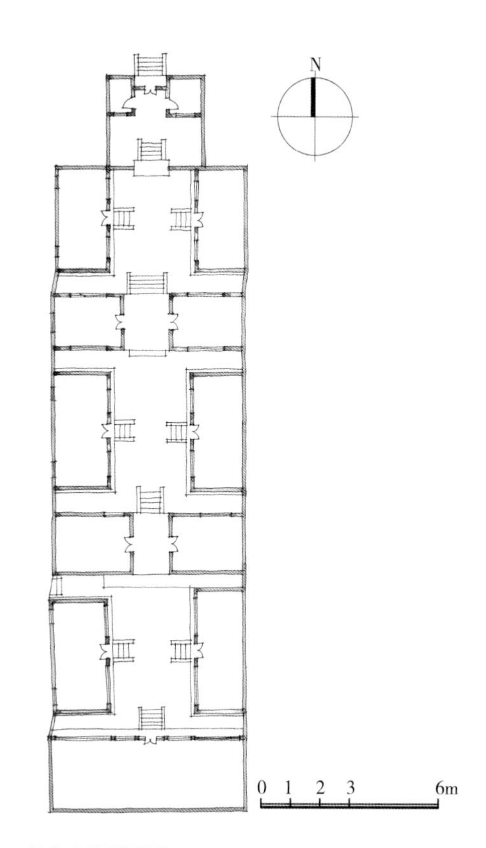

图18-13　杨家大院平面图

图18-14　杨家大院门楼

图18-15 杨家大院第四进院落

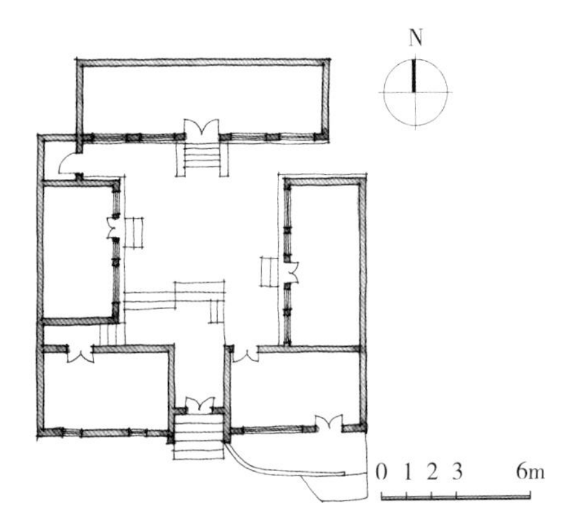

图18-16 底庙南院平面图

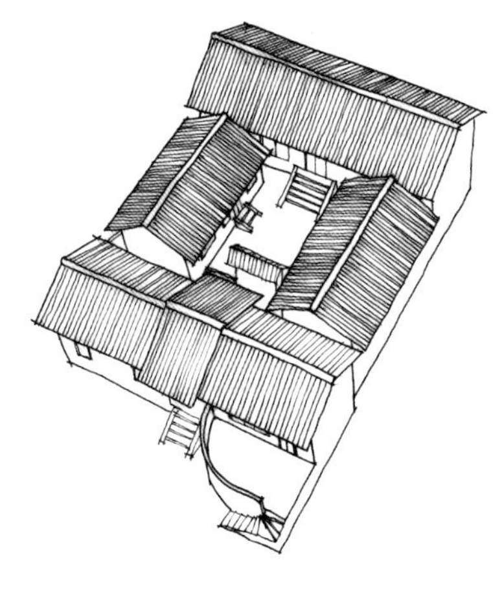

图18-17 底庙南院鸟瞰图

刻后贴面，盘头下段各层也均施以雕饰，雕刻内容以花果草木为主，这与用砖块拼砌的普通墀头有所不同（图18-23、图18-24）。

庭院入口是装饰的重要部位，户对作为大门装饰的一部分，是门罩支撑构件的末端，其形态和精美程度在一定程度上体现了家族地位（图18-25、图18-26）。大门两侧为精雕细琢的抱鼓石，铺地同样讲究，中间为大块光滑石板，两侧为垂直插入的石板拼成几何图案组合（图18-27、图18-28）。

图18-18 底庙南院

图18-19 大先生院落

图18-20 三先生院内书法

图18-21 水峪村石板屋顶

图18-22 村中建筑屋脊

图18-23 杨家大院墀头

图18-24 王家大院墀头

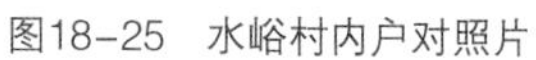

图18-25 水峪村内户对照片

图18-26 村内户对类型图样汇总

图18-27 村内抱鼓石

图18-28 建筑入口铺地

女子中幡表演队

南窖水峪中幡是传统民俗活动中的表演项目，在当地有“众会之首”之称。幡高8米左右，幡顶有伞盖、小旗，幡杆上下悬挂纱或布制的长幡，幡顶挂铃铛作为装饰。与众不同的是，这里的中幡是由村里的女人来舞。据村里人讲述，明初，冯、邢、杨、崔、王五姓人从山西大槐树下率先来到水峪村落户，随他们而来的还有民间花会中幡。民国时期，冯、邢二姓要幡艺人首创女子中幡，后来由杨、崔、王等姓人相继传承至今。

水峪中幡作为传统民俗文化的有效载体，是当地百姓农闲时节、节日庆典的重要娱乐形式，也是当地百姓文化生活不可或缺的重要内容（图18-29）。该项目已被列为市级非物质文化遗产名录。2008年，水峪中幡表演队曾走进“鸟巢”，参加奥运会开幕式前“京华情韵迎来客”垫场演出活动。2009年，表演队又为祖国60年华诞献礼演出。

图18-29 水峪村女子中幡表演队

1 北京市房山区2017年统计年鉴。
2 北京市房山区2017年统计年鉴。
3 查阅《乾隆房山县志》，并未见有水峪村之名，仅有“水峪郙”，且均与当今水峪村地理位置有一定偏差，因此，目前尚未能确切证实水峪村形成于何时。
4 引自吴海龙．水峪村志［M］．北京国人文化艺术有限公司．2012．103．
5 据现居杨家大院的杨万选老人口述。杨万选为杨姓宗族十三代子孙，现年92岁。

19

房山区·南窖乡·南窖村

获得称号

第四批中国传统村落。

地理位置

北京市房山区南窖乡，距市中心约50公里（图19-1、图19-2）。

社会经济

村中目前有居民1244户，常住人口1953人，主要为汉族。[1]南窖村是南窖乡8个村中最大的村，同时也是乡政府驻地。村落一度依靠煤矿产业生存，2005年煤矿关闭后，全村经济转型，以农业生产经营为主，大力发展沟域经济，全村有耕地面积664.6亩，山林面积7042.05亩，果园200亩，菜园面积25亩。全村经济总收入3089.2万元，农民人均收入5772.7元。[2]

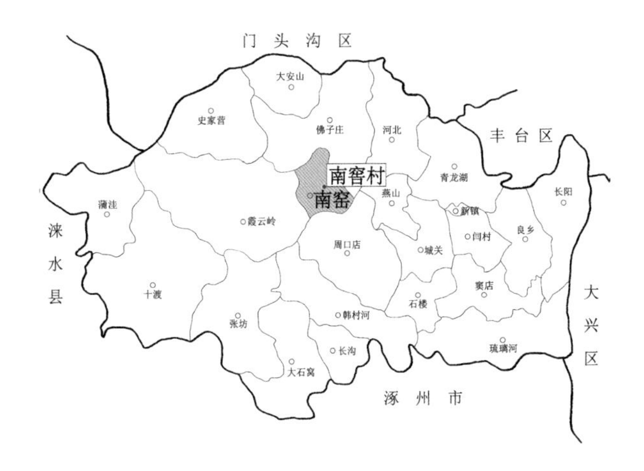

图19-1 南窖村在房山区的区位图

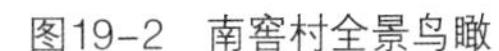

图19-2 南窖村全景鸟瞰

村名通考

关于南窖村的得名，说法很多，其中较被村民认可的有两种：

一是据《北京市房山区地名志》记载：“（南窖村）明已成村，村坐落在猫耳山北麓小盆地南部一条山沟内，山沟口狭腹阔，形状如窖，故名南窖。”

二是当地民间流传，村中最早的居民是来此建庙修行的道士，他们在村庄四角种下四棵巨大如篷的玻栎树，站在大房山上极目远眺，只见四棵巨树将村庄围成“井”字，形如酒窖口，故而得名。

大金皇陵所在地

南窖成村的历程漫长，最早要追溯至唐朝。公元907年，卢龙节度使刘仁恭占据大安山[3]，在山上修安乐宫，并大规模开辟出山道路，其中一条从红煤厂出发沿南窖沟谷，经南窖过南大岭至周口店，再出谷口到平原（图19-3）。这条道路成了连接大房山地区与外面的主要通道，为外面的人进出南窖沟提供了方便。

金正隆元年（1156年），海陵王完颜亮将太祖以下的十帝迁葬于大房山下，此过程前后历经了59年。之后金朝的各代皇帝死后都葬入房山陵域。经过几代帝王的经营，金陵从初期安葬太祖的陵地发展成一个庞大的陵墓群，曾经有驻军护陵。[4]1975年，有南窖村民在清理宅基时，发现一枚金都统之印，印上有“上”“下”二字，柱形钮方。由此可见，南窖村在金代的时候就有人居住了，迄今至少已有800余年的历史，只是当时仅作为护陵军队的驻地。如今，南窖村的整个村域都处在大金皇陵的陵区范围内。

煤炭业的兴衰

元末明初，全国各地战乱连连，中原百姓为躲避战乱，翻越大房山，来到南窖村居住。洪武、永乐年间的几次大移民，使得南窖村人口快速增长并发展成村，村民中有山西移民，也有元代遗军。依村内尚存娘娘庙仁义局中的古槐树树龄推断，此庙建成已有600至700年的历史，由此可进一步证明南窖于明初业已成村。明朝政局稳定后，该地区隶属于顺天府房山县，现村中娘娘庙瓮桥西南面墙上还保留着“顺天府房山县太平里南窖村”等字样（图19-4）。随着明朝国力日渐强盛、京西采煤业的初步发展，此时已有相当一部分当地村民转化为煤矿产业的相关从业人员。

清代康熙年间，南窖村依托于大房山煤炭开采业的大发展步入鼎盛时期。据《房山县志》记载，“当时的煤窑主要有南窖村窑、水峪村窑、安子村窑和北窖村窑四处。因矿路崎岖，且与收购点相距甚远，煤炭运输只能依靠驴、骡、马等畜力。”[5]清中叶后，骆驼逐渐成为运煤的主力，北京地区还因此出现了专门运煤的“驮户”。从房山向京城运煤的骆驼，每日集结于广安门外“挤门”，再由翁城外“拉门”挤入城门，再由“煤价子”说价、过秤后卖到煤铺（图19-5）。[6]

浩浩荡荡的运煤驼队行走在大房山北麓煤炭运输的道路上，运煤商队大多会在南窖村停留休息，由此带动了南窖村商旅服务业的发展。据《房山县志》记载，鼎盛时期，村内主要道路两侧有多达56家商铺，其中“有十七家坐商，其中一处盐行，十六家杂货铺”（图19-6）。[8]渐渐地，南窖村成为京城西南山区重要的物资集散地，有“西山小京城”之称。以至于坊间传言：“走进南窖街，花生皮没（mò）脚面”。还有一个故事也广为流传：著名的盐业巨头“益照林”，垄断房

图19-4 “顺天府方山县太平里南窖村”字样

图19-3 唐节度使刘仁恭开山道路示意图

图19-5 历史煤炭运输路线示意图[7]

图19-6　南窖村古商道历史店铺分布图

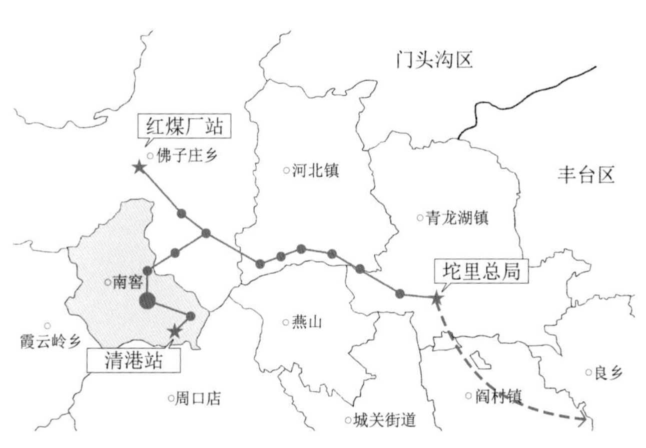

图19-7　坨清高线路线示意图[10]

山盐业，分别在房山城、石窝、长沟、张坊、石梯设店，而南窖村却自营盐店，得以与“益照林”不分高下、分庭抗礼。这也从侧面证明彼时南窖村商业规模与实力之强大。

到了清末，煤炭业依旧繁荣。天津商人王贤宾在德国人的帮助下修建了坨红线、坨清线和周长线三条运煤高线。[9]运煤高线于1910年开始运营，南窖村成为坨清高线上的一站（图19-7）。运煤高线加速了南窖村煤炭销售，大量外资涌入，拥有地权的乡绅地主靠着出租、转让土地成为富甲一方的豪绅，在此期间大量深宅大院纷纷建成。据《房山县志》记载，1937年抗日战争爆发前，南窖地区仅安子地区就有煤矿50座，井下工人1000余人，日产煤200万斤，高线年运出煤炭多达20万吨。

2008年，煤窑关停，工人离开，南窖村也因此失去了主要的经济支柱。村民纷纷外出打工，村庄空心化日益严重。近些年，随着国家对历史文化遗产保护的高度重视，村民及村集体转变思路，充分挖掘村落历史，打造传统村落民俗观光旅游。南窖村逐渐恢复生气，其生态环境也逐渐好转。

选址格局

南窖村选址于山坳中，北靠大房山脉西侧的中窖梁，南临南窖沟，东进西收，形成口小肚大的窖形空间，有利于藏风聚气。村庄沿河谷而建，呈东西走向，从村西水峪口向东，南北两侧山退谷开，至村东龙王庙又逐渐缩窄。

古村位于盆地中心，所建新村位于两端（图19-8）。古商道长约1.2公里，从村落中间穿村而过（图19-9、图19-10）。古村西的过街楼为古商道入口，楼上有供奉神佛的祠堂。古商道西段还有建于清时的瓮桥，瓮桥与过街楼相似，只是更为简朴，由石板简单地搭砌成拱门（图19-11、图19-12）。古商道是京西古道的重要组成部分，两侧街巷呈鱼骨状向南北两侧延伸（图19-13、图19-14）。通常，沿街商铺前的凉棚，是村民最乐于聚集谈天的地方；古树和庙宇前的广场也是村民通常集散的场所（图19-15）。

村落西南方位南港沟内有一座小山，因外形酷似馒头，俗称“馒头山”，如众星捧月般立于群山之中，山

图19-8　南窖村南区鸟瞰

图19-9　南窖村古商道鸟瞰

图19-10　古商道

图19-11　古商道西段清代瓮桥

图19-12　古商道入口过街楼

图19-15　古树

图19-13　传统街巷

图19-14　传统街巷

脚有一眼清泉，长流不竭。馒头山如屏风一样，形成了南窖村独特的对景。

文物古迹

村落历史悠久，文化遗产丰富。据房山区第三次全国文物普查结果统计显示，南窖村共有7处不可移动文物，包括3处区级文保单位和4处普查登记项目（表19-1）。

现存民居多数为明清建筑，少数为民国时期建筑。受用地条件的限制，民居院落以一进合院为主，规模较大的院落可组合为多进（图19-16）。建筑结构以抬梁式为主，双坡硬山石板屋顶（图19-17、图19-18）。这些石板几乎全部采自周边山体，经加工后由匠人整齐有序地码放，石板之间不用任何黏合剂，仅依靠自重和石板间的摩擦力而形成稳定的整体，因而坡度往往较缓，但坚固耐用（图19-19～图19-21）。

南窖村不可移动文物统计表[11]　　表19-1

序号	名称	年代	级别	地址及位置
01	南窖村戏楼	清代	区级文保单位	南窖村西部
02	仁义局（娘娘庙）	清代	区级文保单位	南窖村西部
03	南窖村过街楼	清代	区级文保单位	南窖村西部
04	重修仁义局碑	清代	普查登记项目	南窖村西部
05	南窖村玄帝庙	清代	普查登记项目	南窖村中部
06	重修庙记	清代	普查登记项目	南窖村南窖小学院内
07	南窖村龙王庙	清代	普查登记项目	南窖村中部

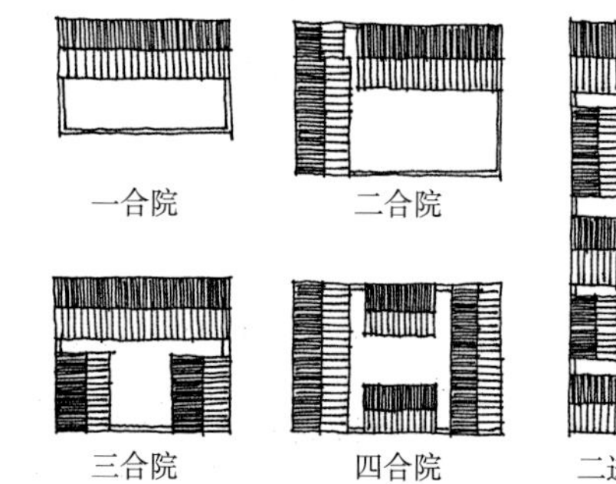

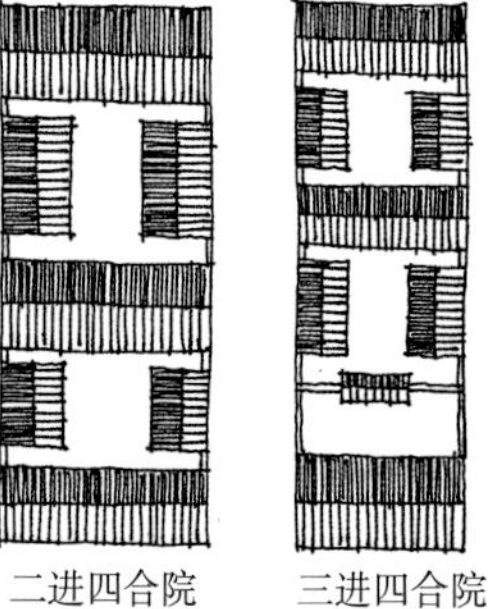

图19-16　院落形制类型

图19-18　村内民居

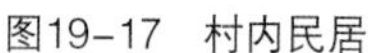
图19-17　村内民居

图19-19　影壁

图19-20　建筑屋顶

图19-21　院墙肌理

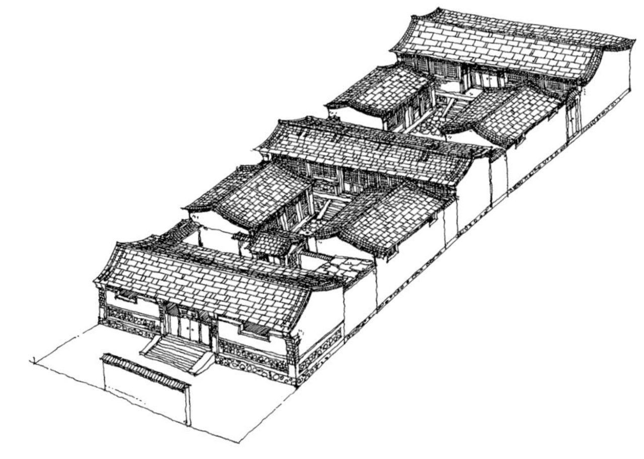

图19-22　果家大院轴侧图

规模庞大的果家大院

果家大院位于南窖村东端，建于清代，为三进院落（图19-22～图19-25）。宅院坐北朝南，临街有房屋五间，正中开门（图19-26）。门前有七级台阶，门框上有圆形户对[12]四枚，户对上镶走马板，四周有曲线，并雕刻有花朵形状。门口顶部有花伢子门罩，两侧贴墙处各有一个三朵云纹木雕伸出（图19-27）。

第一进院院落狭长，又称戚位院，中间有垂花门楼一座，石板顶覆有筒瓦，为清水屋脊，垂花门的花板上雕刻了“梅兰竹菊”的形象，表达了主人清雅淡泊的追求。第二进院落东西各有厢房三间，石板盖顶，两坡交接处以陶罐密封作脊。此院向北，顺应地形，再起七级台阶，上至过厅。过厅面阔五间，正中一间开门四扇，再由通道内进入东西两侧的房间。过厅门窗完整，装饰精致。第三进院落，两侧配房各三间，最北部正房五间，前有九级台阶，两侧垂带。正房为吞廊式，中部退进半间，三面开门，门窗为灯笼花式棂子。这种吞廊式民宅和中开大门的形式，与门头沟和京城内的做法不同，而与西部河北涿鹿县、矾山民居、衙署手法类同，颇为独特[13]。三进院落的建筑屋顶覆石板，上压板瓦垄，屋脊为通长的皮条脊。

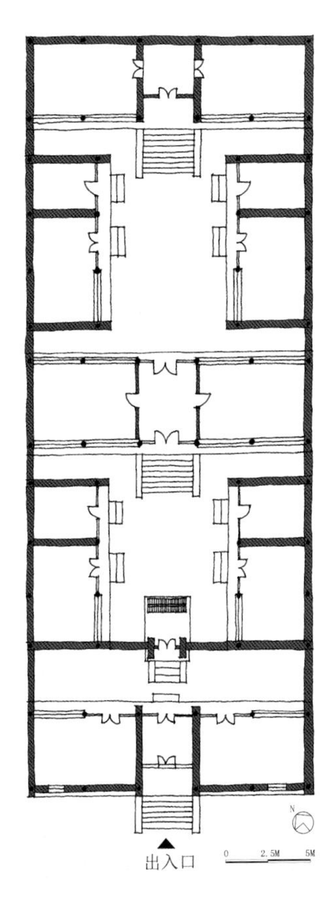

图19-23　果家大院平面图

图19-24　果家大院鸟瞰

图19-25　果家大院鸟瞰

图19-26 果家大院入口

图19-27 木雕

师从山西的孟记膏药铺

孟记膏药铺，位于南窖村古商道西段，紧邻古商道。受地形西高东低的限制，该院坐西朝东，利于采光（图19-28）。正房五间，开间面阔2.5米；厢房三间，开间面阔2.9米；倒座四间，开间面阔2.8米，入口位于厢房与倒座之间（图19-29、图19-30）。孟记膏药铺掌柜孟天宽，祖上师从山西穆姓先生学习炮制膏药，可以治疗风湿和跌打损伤。旧时房山地区居民都过岭到孟家买膏药。孟天宽于1956年去世，膏药铺传给二女儿后失传。

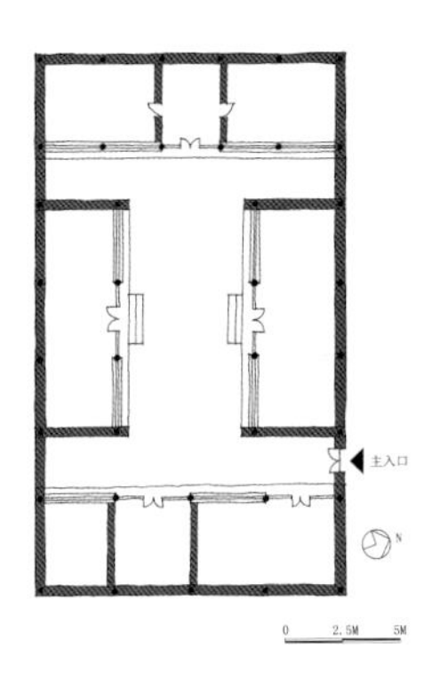

图19-29　孟记膏药铺平面图

图19-28　孟记膏药铺厢房手绘图

驼运收费机构仁义局

仁义局[14]，又称娘娘庙、西庙，坐落于村西，东临过街楼，始建年代不详，从院内古槐树龄推断有600至700年历史。庙院共两进，山门青砖砌筑，长阶条衬顶重檐砖雕装饰，两侧有石狮门墩一对；前院有古槐两株，银杏一株；后院正殿三间，前出廊柱，前廊两侧有壁画，东西配殿各两间，院内有古柏三株，有门楼一座。前院东南角有台阶可通至瓮桥（过街楼）二层。

清末光绪年间，此庙作为仁义局使用，管理骆驼运输收费，现后院有碑为证。新中国成立后，此庙依次作为粮店、小学、村公所、青红班等。2013年，第三次文物普查中将其列为房山区文保单位。

图19-30　孟记膏药铺倒座

北极玄帝庙

玄帝庙建于村中偏东的位置，始建于明朝初年，距今已有六百多年历史。庙院坐北朝南，共三进院落，有影壁、山门和前中后三大殿以及东西配殿，占地约五亩，建筑面积约360平方米（图19-31）。其中山门石拱托梁上刻有“北极玄帝庙”五个大字。玄帝庙历经三次重修，分别是在明嘉靖、清康熙和光绪年间，均有碑为证。后来“文革”中，此庙遭到了严重的破坏。现仅存影壁和山门部分，内部大殿已成为危房。

灯笼会、银音会、狮子会

南窖地区成立了多种形式的民俗会团组织。每到春季求雨及重要节日，如中秋、春节、元宵节等，各种民俗会团组织会在包括南窖村在内的周边各村轮流演出，其中以灯笼会、银音会、狮子会最为精彩。

灯笼会规模很大，从娘娘庙一直挂到南东瓮桥，蜿蜒曲折足有2里地。灯笼会的灯笼呈方形，灯笼架上雕刻着精美的纹饰装饰，然后涂以黑漆，显得古朴庄重。灯笼面分四扇，衬上白绸，每一扇都会请彩绘师傅绘制四部古书的工笔画。[15]人们赏完灯，也就把四部古典看了一遍，得到了古代“仁义礼智信”教义的熏陶（图19-32）。在龙王庙东面的广场上布置有南窖村的灯城（又称灯阵），全部转完几乎要走上一里地的路程。灯城暗指一年365天12个月24节气72候的108种变数。

银音会由来已久，据传是由云游至此的老和尚传授教习。老艺人手中的大镲上，铸有“大明宣德五年（1431年）内加金银造”的字样。银音会乐器含银锣、管子、笛子、笙、大镲、小镲、大鼓等，一般由15人组成乐队进行表演，分坐场和踩街两种形式。坐场是应邀表演，踩街则是在街道上边走边演，十分调动气氛。银音会的技艺，自古以来由老艺人口传心授，交替传承。如今的银音会，为了适应社会发展和现代人民需要，编入了大量现代元素，每逢重大节日和事件，仍会出会庆贺（图19-33）。

相较于其他村落，南窖村狮子会拥有体系更加完整的民间花会。花会是在举行“七子朝王”[18]的仪式过程中必不可少的一环。在房山区“河套沟”地区的龙王庙系统中，南窖村、水峪村、黑龙关村等都是极具影响力的村落。它们处于“高位”，并且在仪式交往行为中表现出一定的主导权。这些又是与口头传说中关于龙子的分布方位是相互印证的。相传，龙神有七子，其中雨神龙（长子）、火龙（四子）、青龙（五子）、黑龙（六子）居于南窖村。可见，南窖村在周边地区的信仰生活中处于统领的位置。[19]

图19-31　北极玄帝庙

图19-32　南窖村灯笼会[16]

图19-33　南窖村银音会[17]

1 北京市房山区2017年统计年鉴。

2 整理自北京市房山区南窖乡人民政府官网 http://nanjiao.bjfsh.gov.cn/njgk/cygk/12711.htm。

3 大安山位于南窖村以北，刘仁恭在此铸币储存于山洞之中。

4 曹子西主编. 北京通史. 北京：北京燕山出版社，2012 .

5 清乾隆二十八年（1763年），直隶总督方观承记载："（煤斤）自窑运厂，自厂运京，全仗车骡驮载。且京师夏秋所用之煤，悉赖冬春加运储存，如其脚力不裕，则载运锐减。"

6 煤炭流通志编委会. 北京工业志·煤炭流通志. 北京：中国科学技术出版社，2006.

7 改绘自：张建主编. 南窖村［M］. 北京：中国建筑工业出版社，2016. 14.

8 指街道上花生皮、瓜子壳没过脚面的情形。

9 运煤高线是天津商人王贤宾在南郊矿区主导修建的运煤索道，又称"缆车""空中铁路"等，当地老百姓称"高线"是"车轱辘朝上的车"。

10 改绘自：张建主编. 南窖村［M］. 北京：中国建筑工业出版社，2016. 16.

11 笔者整理自第三次全国文物普查成果。

12 户对的数目代表了宅院主人的等级地位，四枚户对表明果宅曾经是官宦人家。

13 包世轩. 北京古村落与古民居建筑历史艺术特色考察［C］. 2012北京文化论坛论文集. 2012. 109-120.

14 仁义局：清代朝廷在各州县设立的管理骆驼运输收费的机构。

15 分别是《封神演义》、《薛仁贵征东》、《三国演义》、《岳飞传》，每个灯笼四面配有批注并注明是书中的第几章回。

16 图片来源：https://www.pptree.com/a180138472

17 图片来源：https://www.pptree.com/a180138472

18 "七子朝王"指的是在求雨仪式和庙会走会过程中，村落间接力传递"龙王架"（一种泥塑的龙王像，代表七子，置于用杆子绑住的藤椅上）并将其供奉于龙王殿内的活动。

19 徐天基，罗丹. 村落间仪式性馈赠及交往的变迁——以京西黑龙关庙会为例［J］. 民俗研究，2010（1）：175-189.

20

房山区·蒲洼乡·宝水村

获得称号

第四批中国传统村落。

地理位置

北京市房山区蒲洼乡，距市中心约72公里（图20-1、图20-2）。

社会经济

村中目前有居民311户，常住人口611人，全部为汉族。[1]村域面积10570亩，耕地面积452.7亩，村庄面积437.8亩，林地面积9679.5亩。村中的粮食作物以玉米、谷子为主，果品有核桃、苹果等，畜牧业以养羊为主。村中办有煤窑，煤质好，燃点低，发热量高，除供本市外，还销往河北省涞水，采煤成为该村脱贫致富的主要途径之一，附近还有三个乡办煤矿。[2]

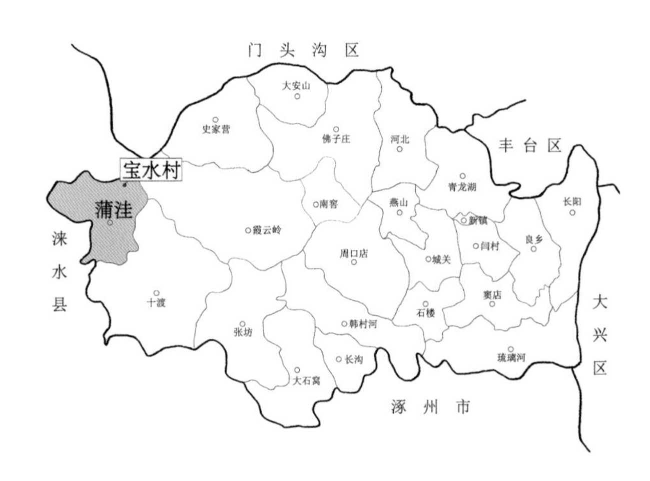

图20-1　宝水村在房山区的区位图

2008年，宝水村作为市级基础设施建设推进村[3]，村里加大道路、引水、文化墙等公共设施的改造，着力提高基础设施水平并改善村庄环境。村委会内建立了图书室、卫生室、老年活动中心和党群活动中心，院外小广场设立健身器材。2015年，蒲洼乡政府开始三大工程改造，宝水村着重进行两大改造，一是村庄小流域治理工程，深化水源地生态建设，整理沟域河道、完善基础设施；二是村庄环境治理工程，成立专业保洁队伍，各村以户为单位实行环境卫生门前三包，深化垃圾分类处理工作[4]。近年来，宝水村利用良好的生态环境、故居文化等优势，着力发展旅游产业，先后修建了林云山登山步道、观景亭等旅游设施，为发展生态休闲旅游产业奠定了基础，同时也在一定程度上增加了村集体及农民的收入，据统计，2016年村内人均年收入为8510元。[5]

图20-2　宝水村全景鸟瞰

关于村名的传说

查阅《洪洞县大槐树移民姓氏家谱》和《北京地名典》，以及蒲洼《乔氏家谱》，其中均有明确记载，宝水村祖先为洪洞县大槐树移民。据村中老人口述，村落始建于清乾隆年间。当时梁儒和梁甫胜父子在回老家路上看见这里高山上的一片洼地里有水，便在此处安家落户。后来梁甫胜育有两个儿子，分别为梁星和梁旺，两兄弟合住的东西两院，如今已有230多年。现宝水村居民以梁姓为主。

关于村名的传说，则有两种不同说法：一是村子原名豹儿水、保水，因豹子野猛凶残，作为村名不太吉利，后改名为“宝水”，寓意富贵吉祥。[6]另外一种传说为，村中有一座龙王庙，庙中石凿龙口常年喷吐泉水，村民将其视为珍宝，故将村子命名为宝水。

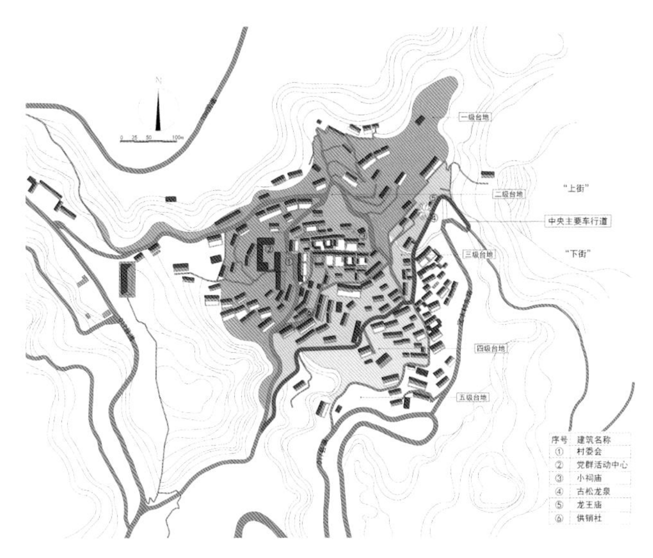

图20-3　宝水村总平面

北京市海拔最高的村庄

宝水村坐落于东北两座大山夹出的沟谷中，卧于百草畔风景区南侧，海拔1180米，是北京市海拔最高的村庄。[7]独特的选址创造了良好的居住环境和生产条件：东侧的高大山脉能够有效抵御寒风，高台之上能够减少洪涝灾害的影响。村落地势北高南低，随山势呈扇形铺开，格局相对自由：保存较好的四合院主要位于村子中央，其他大多数建筑呈散点式分布在周边，朝向并不统一，通过小巷连接，再通往主街道“上街”和“下街”（图20-3、图20-4）。

图20-4　宝水村局部鸟瞰

压七露三的石板房

宝水村内清朝时期的传统民居建筑有40多座，其制式、格局则是根据主人的经济条件来决定，富裕人家一般为三合院、四合院。[8]由于坡地地形的限制，民居院落依山势分布，错落有致，且大多不是传统的标准形制，规模较小（图20-5）。建筑单体为土木石结构，屋架多为木构架，围护墙体多用毛石、夯土等材料，就地取材，砌筑简便，坚固耐用（图20-6、图20-7）。屋顶为石板铺砌，石板厚度为5~10毫米，面积约半平方米或更薄更小，在屋顶上以“压七露三”的比例顺序覆盖，并以灰泥粘合。[9]这一传统的建造工艺一直传承至今（图20-8）。

图20-6 毛石夯土墙

图20-5 车行道边的院落

图20-7 墙上遗留的字迹

图20-8 石板屋顶

梁家院，建于清朝，为典型的石瓦屋顶四合院。大门设于东南角，正房及倒座为五开间，东西厢房为三开间（图20-9、图20-10）。正房高于院子，有7级踏步，进深约4米，面阔约10米，高度约4.4米。两个厢房与院子之间有2级踏步，建筑外观整体保存良好。大门处有雕刻简单的木质门罩，门簪为质地紧密的硬木（图20-11、图20-12）。

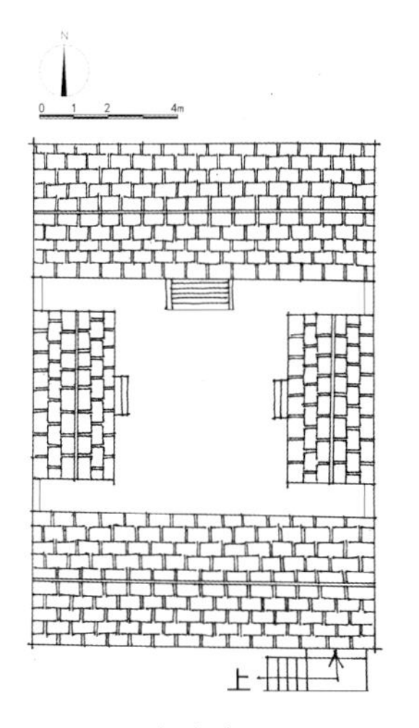

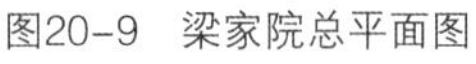

图20-9 梁家院总平面图

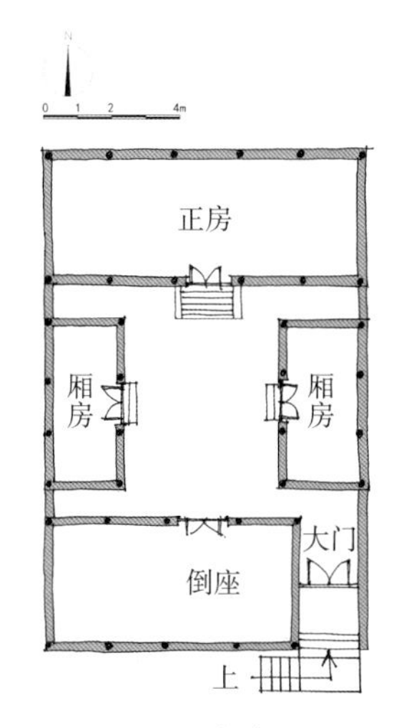

图20-10 梁家院平面图

坡上院，位于宝水村南部的高台上，现无人居住。院子没有明确的围墙，只有半围合的石墙，西侧通过土坡划分界限。其中正房坐北朝南，面阔约8.8米，进深约4.4米，高度约4.7米，木构架结构（图20-13）。

千年古松龙王庙

宝水村共有寺庙2座，分别为龙王庙和古柳小庙。每逢风雨失调，如久旱不雨或阴雨连天、涝灾将至之时，村民都会到龙王庙烧香祈愿，求龙王治水。[10]龙王庙修建在高台之上，面阔两开间，左面供奉娘娘，右面供奉龙王。据村民反映，龙王庙的石凿龙口在"文化大革命"时期被完全破坏，目前的水口是在原址上重新修建的。龙头内部配备动力装置，以保障泉水能源源不断地向外流。龙头左侧有一石雕刻有"古松龙泉"四字，龙头前面有石槽，村民经常会在这里洗瓜果蔬菜或者喂饮牲畜。龙王庙南侧有一株估算约有千年的古松，胸径165厘米，株高15米，冠幅16米，枝干苍劲雄奇，犹如数条玉龙呼之欲出，与龙王庙相映成趣[11]（图20-14）。

图20-11 梁家院鸟瞰

图20-12　梁家院厢房

图20-13　坡上院正房

图20-14 龙王庙和千年古松

京西隗氏祭祖习俗

京西隗氏祭祖习俗于2012年被评选“房山区非物质文化遗产”。祭祖活动分为家庭祭祖和家族祭祖两种形式。家族祭祖一般都在隗家老坟前举行，清明时节，家族各分支的代表，从各自住地纷纷前来隗氏根祖地，吊牲祭扫、缅怀先祖，追思过去的岁月，系络亲情，根祖地隗氏村民杀猪宰羊做豆腐，招待四方隗氏祭祖族人。

此外，当地还有刺绣、山梆子戏、传统饮食文化、中华蜂养殖等传统生产生活习俗。宝水的传统刺绣多属生活实用型，凡日常生活用品和衣帽服装以刺绣加以装饰。山梆子戏产生于清中期道光年间，受到河北、天津和北京等不同地域多元文化影响，在方圆200里之内广为流传。

1 北京市房山区2017年统计年鉴。
2 参见：房山区地名志编纂委员会编. 北京市房山区地名志［M］. 北京：北京出版社，1992. 288.
3《北京市2008年社会主义新农村基础设施建设整体推进村名单（200个）》中确立蒲洼乡宝水村为市级基础设施建设推进村。
4 参见：房山信息网http://www.bjfsh.gov.cn/zwxx/zyss/210163. htm.
5 北京市房山区2017年统计年鉴。
6 参见：顾梦红. 房山村落文化. 北京联合出版公司，2016.
7 参见：北京市房山区蒲洼乡人民政府 http://puwa.bjfsh.gov.cn/
8 参见：顾梦红. 房山村落文化. 北京联合出版公司，2016.
9 参见：顾梦红. 房山村落文化. 北京联合出版公司，2016.
10 参见：顾梦红. 房山村落文化. 北京联合出版公司，2016.
11 参见：北京的小西藏——蒲洼风景区［J］. 贾海威. 植物杂志，2003（02）.

21

顺义区·龙湾屯镇·焦庄户村

获得称号

第五批中国历史文化名村、第一批中国传统村落。

地理位置

北京市顺义区龙湾屯镇，距市中心约54公里（图21–1、图21–2）。

社会经济

村中目前有居民530户，常住人口1321人。[1]主要产业为经济林，目前有果园610亩，年产干鲜果1225.9吨，已经初具规模。[2]现在，焦庄户村将地道遗址、传统建筑的保护与发展有机结合，将红色历史、民俗旅游、特色采摘、登山运动、休闲度假的接待服务融为一体，形成以旅游服务为主，开发延伸相关产业的生产、生活模式，带动其他产业发展。

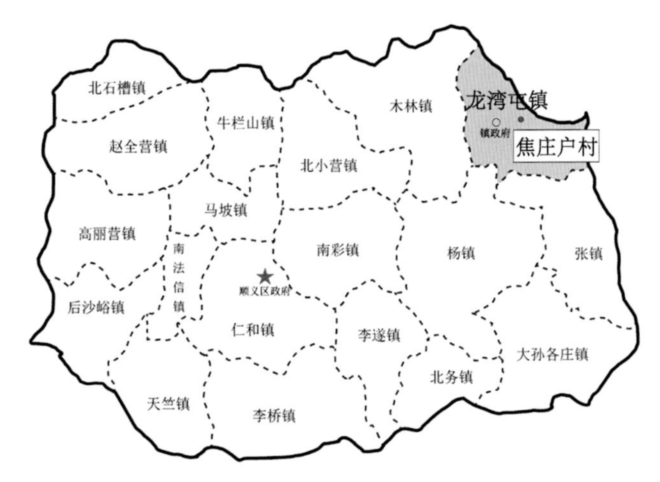

图21–1　焦庄户村在顺义区的区位图

图21–2　鸟瞰图

明朝移民村落

明太祖朱元璋攻克元大都后，为加强该地的军事实力，将山西地区大量人口迁徙至居庸关以南及燕山南麓。这种移民活动从洪武二年开始一直持续到永乐末年[3]。焦庄户村便形成于这一时期，焦、韩两姓人家由山西迁此为佃户，取代了之前官宦庄园地的用途[4]。到了清代初年，焦庄户属密云县“中卫里”，清代后期又划属河北省怀柔县。因姓焦的人口众多，故名为焦家庄户。至民国时期，村落改称为焦庄户村，属河北省顺义县管辖[5]。

抗日战争时期，因地处顺义、平谷、密云、三河、怀柔五县交界，又属于山区与平原结合部，战略意义较强。焦庄户村属冀东抗日根据地西北前哨，1940年始曾分别隶属蓟平密、平密兴、平三密、平三蓟、三通顺联合县，早期化名“烽火”村（密级较高），后化名“西火”村。1944年，一条全长11.5公里，北起大北坞南至龙湾屯、唐洞的地道网建成[6]。焦庄户军民利用地道，同日本侵略军和国民党军进行过大小战斗约150次，毙伤敌人130余人，俘敌60余人。1947年10月，冀东十四分区指示顺义县政府（东部）授予焦庄户村“人民第一堡垒”称号[7]。

新中国成立后，焦庄户在各级政府的支持下，很快恢复了生产、生活。1949年焦庄户村隶属于顺义县第三区（木林），1956年隶属于顺义县龙湾屯人民公社，1983年隶属于顺义县龙湾屯乡，1994年隶属于顺义县龙湾屯镇，1998年隶属于顺义区龙湾屯镇。

门不对门、山墙不对山墙、压东不压西

焦庄户村选址于山脚平原区，村东北、东部、东南依靠延绵的燕山余脉之杏合山、歪坨山，村东北部与大北坞接壤山脚即是金鸡泉源头。金鸡泉水环绕村北、村西形成河流主干线，村西南淤积形成双源湖，山水相映、交通便利。水系经村北和村东流过，于村内形成湖泊，满足村民生产生活用水需求，加之村内自然洼地和池塘，能够一定程度改善局部小气候，空气清新，林木茂盛（图21-2、图21-3）。

村落基本保留了明清时期布局，民居建筑分布较为紧凑，多为一进院或二进院（图21-4）。由于气候及移民文化的影响，其庭院布局多具有晋中民居的特点，即院落狭长、厢房遮掩正房形成“T”形院落，并严格遵循“门不对门”“山墙不对山墙”“压东不压西”等风水观念。为了加强采光，正房正立面开窗较大（图21-5～图21-8）。

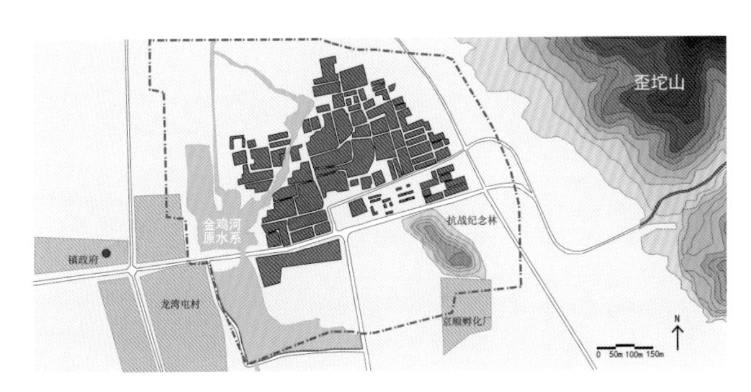

图21-3 焦庄户选址示意图

图21-4 焦庄户总平面图

图21-5 局部鸟瞰图

图21-6 典型民居建筑

图21-7 建筑室内陈设

图21-8 室内陈设家具

图21-9　地道

著名的地道战遗址

焦庄户村最值得称道的，便是著名的“地道战”遗址。抗战初期，村民为防御躲避敌人扫荡，在自家挖掘独立的“藏人洞”、白薯窖。1941年春天，在村长马福的带领下逐步完善地道，从最初的单口地洞开始，最后把简单的隐蔽单口洞连接起来。1943年开始动员全村群众大规模开挖地道，并总结学习外地开挖地道的先进经验，在地道内设计和安装了单人掩体、会议室、水缸存放处、陷阱、翻板、碾盘射击孔、地道射击孔、猪圈射击孔等生活和战斗设施。到1945年，形成了村村相连、户户相通、四通八达、上下呼应，以及南到龙湾屯、唐洞，北到大北坞的长达23华里的地下堡垒，并与地面的掩体紧密联系，出奇制胜。2013年，焦庄户“地道战遗址”被公布为全国重点文物保护单位。

为了纪念前辈英勇抗击外来侵略的光辉历史，1964年10月，经北京市政府批准，建立“焦庄户民兵斗争史陈列室”。1979年，陈列室被北京市政府定为市级重点文物保护单位，改名为“北京焦庄户地道战遗址纪念馆”。修复后的抗战瞭望楼成为全村制高点及地标性建筑（图21-9～图21-11），与地道遗址共同丰富了村落的立体空间体系。

图21-10　抗战警示钟

图21-11　抗战瞭望塔

1 北京市顺义区2017年统计年鉴。
2 北京市顺义区2017年统计年鉴。
3 魏崇祥．洪洞大槐树的记忆——揭秘明朝初年的人口大迁徙，读者文摘，2009年4月．第52页。
4 顺义县地名志编委会．北京市顺义县地名志．1993年11月，第298页。
5 顺义县地名志编委会．北京市顺义县地名志．1993年11月，第298页。
6 顺义县地名志编委会．北京市顺义县地名志．1993年11月，第298页。
7 顺义县地名志编委会．北京市顺义县地名志．1993年11月，第471页。

22

昌平区·流村镇·长峪城村

获得称号

第二批中国传统村落。

地理位置

北京市昌平区流村镇，距市中心约54公里（图22-1、图22-2）。

社会经济

村中目前有居民126户，常住人口230人。[1]自2003年以来，村落坚持依托自身资源优势，发展以民俗、生态、古村落、古长城等资源为背景的旅游观光、民俗接待服务为主的乡村旅游产业。截至2016年，共发展旅游接待户12户，户年均纯收入达5万元以上。围绕生态民俗旅游，设置公益性岗位118个，包括生态管护人员98人，水管员2人，治安巡防员3人，清洁队15人。全村劳动力212人除外出工作人员，均在村内就业。另外，村子还积极发展以核桃、杏扁为主的林果种植，现有核桃100亩，年产量1.5万斤；杏扁500亩，年产量40万斤。村内的绿色原生态的粮食作物种植规模不大，但种植方式绿色健康，包括玉米、土豆、黄豆、高粱等品种。[2]

图22-1　长峪城村区位图

图22-2　长峪城鸟瞰图

横岭镇边三城之一

长峪城村，位于昌平区流村镇西北部深山区，因地处长峪峡谷而得名。长峪城西邻门头沟与河北怀来，北临延庆，位置险要，是明代时期延庆、怀来两地进入京城的一处要道，也是古时北方少数民族南进侵犯中原的路径之一。《西关志・居庸关》记载：“差都御使李瓒经略东西关隘，添筑墩堡，深以横岭最为要害，虏骑易乘。又相度本岭东二十五里筑长峪城，南区二十里筑镇边城，以辅横岭把截。”[3]长峪城的建城即始于这样的背景之下。

从明朝建城开始，长峪城就构成了居庸关关隘防御体系的一部分。据《西关记・居庸卷・关隘》记载，居庸关管辖区共设隘口107处，其中“中路隘口12处，隶本关，委管一员管之；北路隘口6处，隶本关，委官一员管之；南路隘口12处，隶本关，委官一员管之；东路隘口14处，把总一员统之；西路白羊口隘口10处，守备一员统之，兼制长峪横岭镇边三城；长峪城隘口16处，把总一员统之；横岭隘口14处，把总一员统之；镇边城隘口23处，把总一员统之”。此八条防线，从不同方向构成了居庸关防区严密的防御体系（图22-2），在该体系中，长峪城是横岭镇边三城之一，是镇边防御的重要组成部分。

《西关志・居庸卷》中对长峪城也有较为详细的记载：“正德十五年（1520年）创立堡城一座，东西跨山，其城上盘两山，下据两山之冲为堡城，高一丈八尺，周围三百五十四丈。城门二座，水门二空，敌台两座，角楼一座，城辅十间，边城四道，护城墩六座。”由此可知，城池利用两边山势筑城墙（图22-3），并在高处设置敌楼。

到了明世宗嘉靖二十九年（1550年），俺答部骑兵突破古北口，直逼北京城下，即所谓“庚戌之变”。在这样的严峻情况下，迫使明朝廷紧急加强长城的修建，

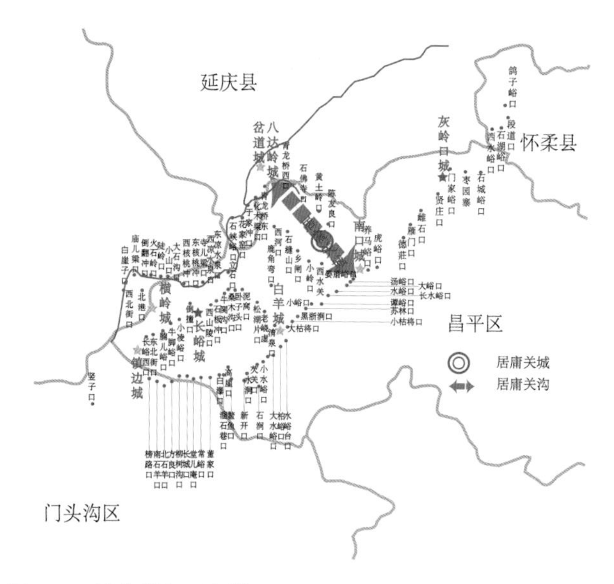

图22-3 居庸关防区关隘[4]

图22-4 现存城墙

并将各个关隘连成体系。另据《四镇三关志》记载：“居庸里口，如横岭、镇边、大石岭、唐儿庵等处，或原无边墙，或有墙不固者，皆令修筑防守。”其中，“长峪城边城15里，附墙台1座，横岭城边城31里，附墙台3座，镇边城边城21里，附墙台5座”。

到了明万历元年（1573年），长峪城在其西增筑新城，名为长峪新城。长峪新城只设一门即东门，东门外设瓮城一座（图22-4）。

长峪城的发展过程中，也兼顾了屯田的政策，在城外的山脚低缓区域以及河谷平滩，开荒耕田，以求自需。[5]所谓屯田政策，即明洪武二十一年（1388年），“命五军都督府更定屯田法。凡卫所系冲要都卫，及王府护卫军士，以十之五屯田，余卫以五之四”。几年后，又“命天下卫所军卒，自今以十之七屯种，十之三守城”[5]。

屯田政策的影响为聚落的发展奠定了良好基础。清朝时期，以防御职能为主的长城关隘型聚落的军事价值渐消失殆尽，逐渐演变为以生活职能为主、军事防御职能为辅的聚落。

民国时期，由京城通往关外等地的道路逐渐增多，深山之中，村落渐显闭塞。新中国成立后，长峪城城内的老建筑因年代久远也逐渐风蚀损毁，原有城门和城墙也因村落的建设而遭破坏损毁。

旧城和新城

长峪城村四周环山，东西两侧山势较高，南北两侧山势略显平缓；山脚下由北向南为山谷泄洪河滩，河滩两侧为抬高缓坡平地。受地形条件的制约，村落沿河道线性展开，呈南北狭长状（图22-5）。

新旧两城中街巷格局略有差异：旧城以南北向主干道为骨架，两侧街巷垂直于主街展开，主街连接南北两城门（南城门已毁），两侧设置真王庙和关帝庙等；新城大体呈方形，主街以瓮城为伊始，由东往西通往台地，但并未横贯整个新城，其余部分因地势高差等相对

图22-5 现存城门和瓮城

灵活布置。今日的长峪城村便是在新旧城基础上不断发展演化而来，分旧城和新城两大片区（图22-6）。

宋家大院

宋家大院，位于新城西北部，为长峪城村为数不多、保存相对完整的院落，距今已有两百余年历史。该院落为二进四合院，第一进院由倒座和东西厢房组成，均已毁；第二进院由正房和东西厢房组成，比较规整，入口处有保存完好的影壁墙，影壁顶部有筒瓦屋檐，下面是束腰基座，壁心由45°角斜放的方砖贴砌而成，四角雕有图案（图22-7、图22-8）。

永兴寺

永兴寺，位于村落中部，旧城与新城之间村西台地之上，始建于明朝。2003年7月被公布为昌平区文物保护单位。该寺为坐西北朝东南的两进合院，第一进院有前殿佛爷庙，面阔三间、卷棚顶，东西配殿各二间，硬山顶。第二进院东西配殿各三间，西配殿为戏楼，卷棚顶，现仍用于民间戏曲演出；前殿东西侧建有钟鼓楼，钟楼内悬挂铁钟一口，钟中铭文可追溯到明朝万历年间；正房为后殿娘娘庙，面阔三间10米，进深7米，悬山顶，两侧各有耳房二间。山门前有古榆树一棵，树径可两人合围，树高约8米（图22-9～图22-14）。

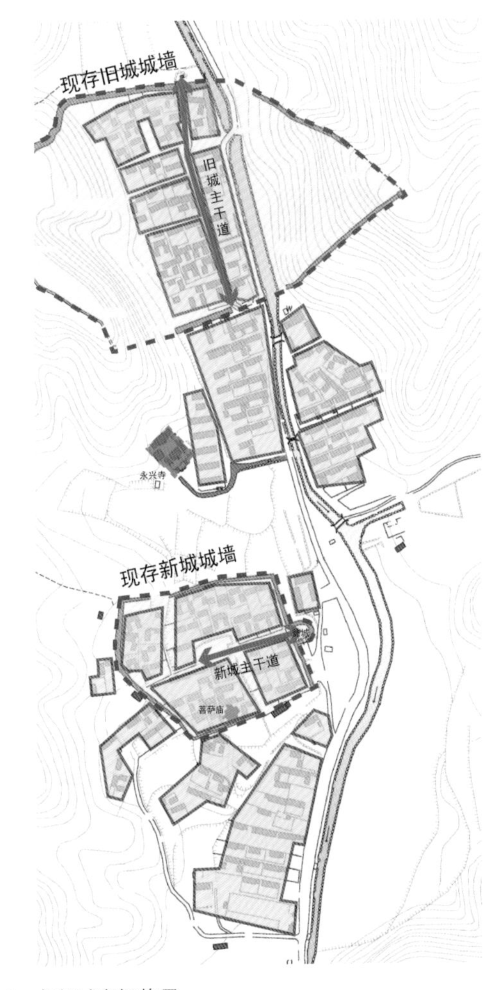

图22-6 长峪城空间格局

图22-7 宋家大院鸟瞰图

图22-8 宋家大院院落空间

图22-9　永兴寺内建筑

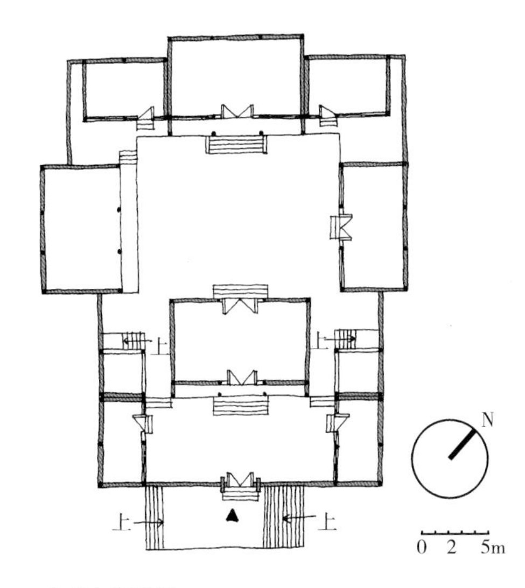

图22-10　永兴寺平面图

图22-11　永兴寺内建筑

图22-12 永兴寺鸟瞰图

图22-13 永兴寺全景图

图22-14 永兴寺内壁画

关帝庙和菩萨庙

关帝庙，位于旧城东北部，北城门之东面，2005年被公布为昌平区文物保护单位。明代史籍《西关志》中，有长峪城内关帝庙的记载。正殿坐北朝南，面阔三间，进深一间，殿内横梁上书中华民国23年（1934年）。现正殿内塑像被毁，屋顶坍塌，门窗破败；西侧厢房面阔三间，进深一间（图22-15）。

菩萨庙，位于新城西面高台之上，建筑年代不详。2005年，被公布为昌平区文物保护单位。现有正殿一座，面阔三间，进深一间，卷棚顶（图22-16）。

独一无二的唱腔曲调

长峪城村的“大戏”俗称“梆子戏”，又称“老调”（图22-17、图22-18）。它的表演形式和曲目与一般“梆子戏”无异，但唱腔曲调却独一无二，既有山西梆子的高昂又近似河北梆子的曲味，是介乎二者之间的曲调。这是当地文化与明代移民文化融合的结果，目前在北京地区保留村戏的仅此一村。

每年正月十五，村中都要举行灯节，灯节里最有情趣的就是转“九曲黄河灯阵”。九曲，即用木杆或玉米秆扎成弯弯曲曲的道路，有出口、有进口，宽约一米，游一次行程约一公里。木杆或玉米秆均为两米高，按规定的距离和路线串栽在地上，木杆上的灯数，一般为365盏，象征一年365天，远看宛若五彩缤纷的银河落地。此时，各种社火队伍，以及村中男女老少，也依序进阵，人们自由自在地扭动、转悠和徜徉，一派热闹景象。“九曲黄河灯阵”昭示人们：生活的道路好似这九曲黄河一样曲折蜿蜒，需要克服艰难，奋勇向前。

图22-15　关帝庙正殿现状图

图22-16　菩萨庙现状图

图22-17 梆子戏表演剧照

图22-18 梆子戏表演

1 北京市昌平区2017年统计年鉴。

2 https://www.bjmlxc.cn.

3 《西关志·居庸关·卷七》，边情紧急乞添设将官查处隘口以御戎虏疏，嘉靖二十一年二月。

4 图片来源参见，刘珊珊．明长城居庸关防区军事聚落防御性研究．天津大学博士论文，2011．120.

5 转引自：黄云眉．明史考证第2册．中华书局，1980．612.

23

昌平区·十三陵镇·德陵村

获得称号

第一批北京市传统村落。

地理位置

北京市昌平区十三陵镇，距市中心约43公里（图23-1、图23-2）。

社会经济

村中目前有居民157户，常住人口462人，均为汉族，主要有刘、孙、金、巩、宋等姓氏。[1]村域面积2.8平方公里，村庄占地5.6万平方米。

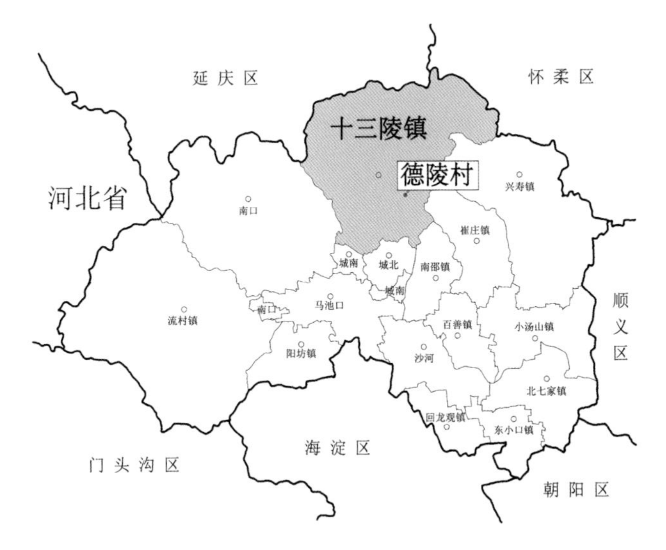

图23-1　德陵村在昌平区的位置

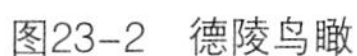

图23-2　德陵鸟瞰

十三陵与陵邑村

因看护陵寝的需求，明十三陵[2]周边分布有大量“陵邑村”。这些聚落选址依据看护的陵寝而定，一般位于山前平原地带，交通便捷、取水方便，多数为当时的“陵令、陵监、寝庙令、门吏、陵户”等官僚机构，逐渐形成了陵监村（日常维护）、陵卫村（军事防卫）、陵园村（种植祭祀果品）等。其中陵监村是其中最核心的一种类型，由各陵的神宫监[3]演变而来且与陵同名，共十一个[4]，依次为长陵村、献陵村、景陵村、裕陵村、茂陵村、泰陵村、康陵村、永陵村、昭陵村、庆陵村、德陵村（图23-3、图23-4）。明代，陵监村作为专门看护陵寝、组织祭祀的神宫监，到了清代，各神宫监又设置了司香官和陵户，负责祭奠和管理事宜。清王朝没落以后，官府机构消失，陵户定居于此繁衍生息。德陵村，北距德陵宫0.5公里，是目前十三陵神宫监中保存最为完好的一个，村民自豪地称其为“大明古堡”。

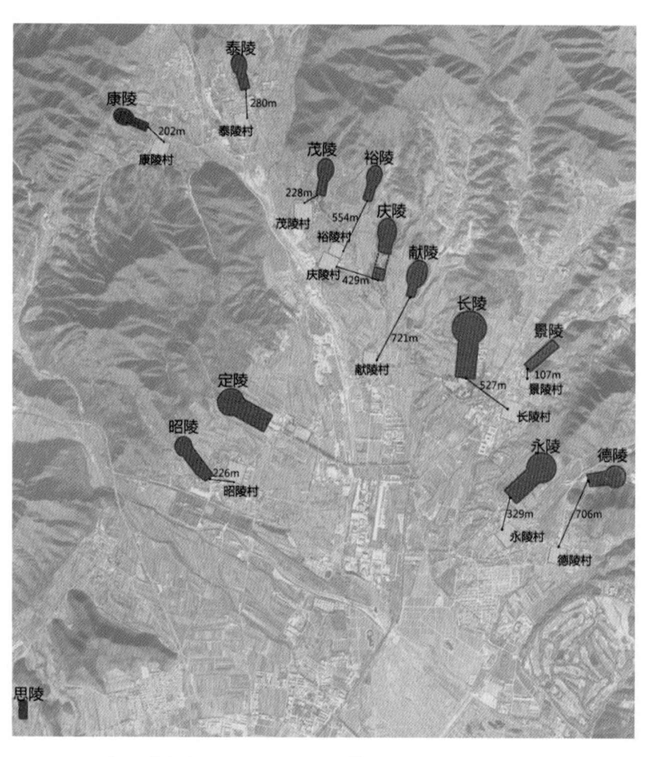

图23-4　十三陵与其陵监村位置关系[5]

德陵村

德陵村，地处德陵西南侧的山前台地，西侧有永陵沟流过，北侧有德陵沟流过。传统聚落平面呈“回”字形布局，方正严谨，设内外两道监墙，防御性强（图22-5）。[6]监墙长约150米，高约4米，全部采用砖而非石材砌筑，耗费较大，这与其他陵监村有所不同。外监门位于北侧，两扇巨大的木门、门柱、门檐都相当完整，内监门已经被其他建筑取代（图22-6）。监墙内的建筑排列规整有序，内监墙内原有陵监的衙门，负责管理守陵人的各种事宜，院落规格较高，监中夹道为街；内外监墙之间则是守陵人员及其家眷的居所。由于监墙内传

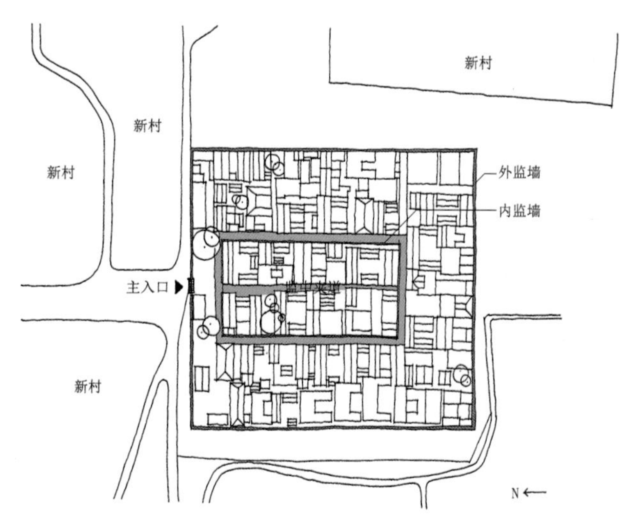

图23-5　德陵村平面图

图23-3　明十三陵（摹自光绪《昌平州志》卷二）

图23-6　德陵村北侧监门

统建筑几乎已经荡然无存，从剩下的几处历史遗存结合现有的院落格局可以判断，早期院落以三合院和四合院为主，多为砖木结构，两坡硬山顶居多。聚落整体规模较小，内监墙以内的东西向仅容两座院落，内外监墙之间也是如此。

德陵

德陵是明代第十五位皇帝熹宗朱由校的陵墓，也是明朝修建的最后一座帝王陵墓。该陵建于天启七年（1627年），崇祯五年（1632年）竣工，历时五年，工程尤为浩大。崇祯九年（1636年）清兵入关将陵园烧毁，虽经修葺但施工质量较差，清乾隆年间再度修葺，后因年久失修损毁严重。

德陵的选址不同于其他皇陵，于潭峪岭西麓，坐落于一个向西开口的簸箕形山坳之中，陵宫坐东朝西。据《燕都游览志》记载，潭峪岭“即永陵之虎沙也，陵独西向，与昭定二陵相对，旁有窦禹锡手植槐”。潭峪岭左侧的蜘蛛山，右侧的阳翠岭，共同构成了穴场两侧的龙虎沙山。德陵的陵宫选址于潭峪岭山水交合的“形止脉尽”之处，反映出了明末天寿山陵区已难以找出风水吉地这一事实。崇祯帝在《罪己诏》中写道：“遍求天寿无吉壤。”也佐证了这一点。

德陵总体布局为前方后圆，两进院落连成一体，从入口看去，具有强烈的秩序性（图23-6～图23-8）。陵前有德陵五孔桥和神功圣德碑亭，五孔桥扶手已经替换，桥面仍为过去的条形青石板（图23-9）；神功圣德碑亭建筑已经不复存在，只剩巨大的螭首龟趺无字碑长立于此，石碑碑额雕有二龙戏珠，二龙形象栩栩如生，遒劲有力，碑座下有赑屃驮载着石碑（图23-10）。

德陵形制基本仿从庆陵，但所用石材不同。庆陵所用青白石料，皆取自大石窝或其他陵园，但是到了德陵修建时已无石料可凑，只能从石窝采取。因为经费拮

图23-8　德陵入口

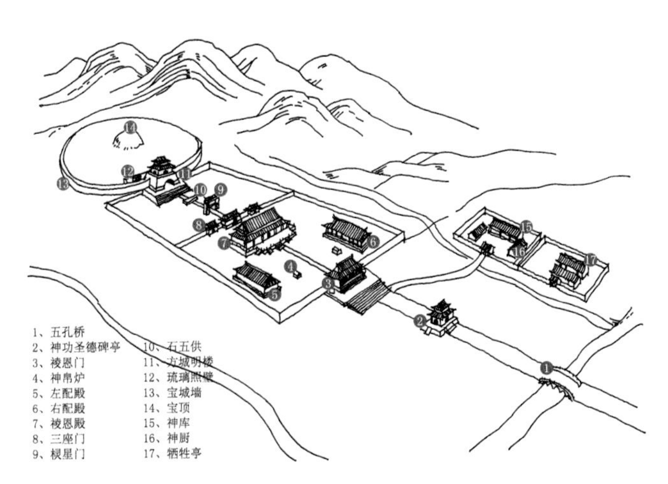

图23-7　德陵格局手绘

图23-9　五孔桥

图23-10　神功圣德碑

图23-11　祾恩门

图23-12　祾恩殿前台阶

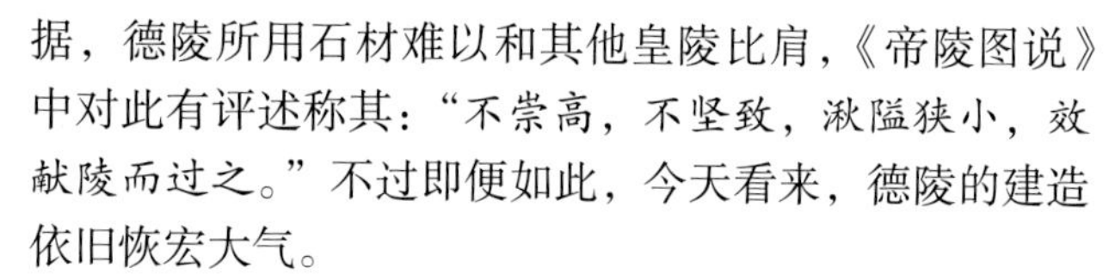

据，德陵所用石材难以和其他皇陵比肩，《帝陵图说》中对此有评述称其："不崇高，不坚致，湫隘狭小，效献陵而过之。"不过即便如此，今天看来，德陵的建造依旧恢宏大气。

德陵第一进院落以祾恩门为正门，院内建有祾恩殿及左、右配殿与神帛炉。祾恩门原为三间，采用单檐歇山顶样式，乾隆年间改建为硬山顶三间，并缩小了体量（图23-11）。祾恩门内为祾恩殿，由一条墁砌条石的御路连接（图23-12）。该殿毁于战乱，只剩殿基。殿前有三处台阶，两侧各有一条，正阶踏跺上有石雕，雕刻有海水江崖中升龙翔凤的场景，十分精美。祾恩殿后墙不设门。

第二进院落，前设三座门，内建棂星门及石供案。院门五脊六兽，以黄琉璃瓦盖顶，正中大门柱础为石砌，两侧大门柱础为砖砌，石条封边。院门刷以红色，门前有九级台阶，气势恢宏（图23-13）。院门后为棂星门，沿中轴线对称（图23-14）。棂星门又称龙凤门，是一座汉白玉石牌坊，柱头有云板和异兽装饰，额枋中央为一根石琢火柱，故又有火焰牌坊之称。可惜的是，德陵棂星门木构已损毁，只剩石柱和前后的抱鼓石，柱头有望天吼[7]昂头挺胸，相对而立。棂星门后为石供桌，供桌须弥座下枋雕有道教杂宝若干，桌上五供保存完好，与其他陵不同的是，五供中的石烛台采用的是圆形须弥座（图23-15）。

供桌后拾阶而上即为方城、明楼（图23-16）。方城下设券道，券洞内壁以城砖封堵，内填修建陵园时的建筑废料，券洞正对着哑巴院[8]的琉璃照壁。明楼平面呈正方形，面阔和进深各三间。四壁均辟券门，左右券门已封堵。明楼檐牙高啄，雕梁画栋。重檐歇山黄琉璃瓦顶，下檐饰重檐五踩斗栱，上檐饰单翘重昂七踩斗栱。[9]

明楼内圣号碑碑身上书"熹宗悊皇帝之陵"，碑首呈

图23-13 三座门

图23-14 德陵轴线

图23-15 石五供

方形，浮雕二龙戏珠图案，两侧以云纹衬托，与殿外的神功圣德碑相呼应，正面篆刻“大明”二字。碑座所饰图案独特，与其他陵不同。其他各陵圣号碑碑座一般雕饰云龙，而德陵明楼内圣号碑碑座下枋雕饰佛家八宝[10]及道教杂宝[11]的图样（图23-17）。明楼后即为宝顶，是帝王下葬的地方（图23-18）。尽管修建德陵时明朝已经没落，陵寝规格不如前朝，但整个陵园依旧规制严谨，气势磅礴。陵宫外还建有宰牲亭、神厨、神库等附属建筑。

图23-16　方城明楼

图23-17　圣号碑

图23-18　宝顶

1　北京市昌平区2017年统计年鉴.

2　明十三陵为规模宏大的明清皇家陵寝建筑群，从1409年到清顺治初年的二百余年间，天寿山南麓依次建有长陵（成祖）、献陵（仁宗）、景陵（宣宗）、裕陵（英宗）、茂陵（宪宗）、泰陵（孝宗）、康陵（武宗）、永陵（世宗）、昭陵（穆宗）、定陵（神宗）、庆陵（光宗）、德陵（熹宗）、思陵（思宗），故称十三陵。明十三陵既是统一的整体，又各成体系，陵与陵之间相隔少则半公里，多则八公里，集中分布在天寿山脚下，陵寝建筑从选址到规划设计，都十分注重与自然山川的和谐统一，体现出“天人合一”的哲学思想。

3　神宫监是明代宦官官署名称，负责管理各陵护卫祭祀等相关事务。明朝的皇宫内共设十二监、四司、八局，作为十二监之一的神宫监是明朝管理皇陵的独特机构。每陵各设一监，太监居住在陵监内负责陵寝的日常看护和管理。神宫监建筑是独立于陵宫建筑之外的院落，位置都在陵墓前几百米内。

4　在明十三陵中，除定陵和思陵外，其余各陵都有一座由神宫监衍生的村庄。定陵原有陵监村，民国初年村中起火，举村迁至昭陵村南侧，后统称昭陵村。思陵埋葬的是明朝最后一位皇帝崇祯，并未设置神宫监，因此也就没有思陵村一说。

5　改绘自孙冉. 明十三陵风景区陵监村落保护现状评价与更新改造研究［C］. 2012中国城市规划年会论文集. 2012：1-11.

6　昌平区地名志编纂委员会编. 北京市昌平区地名志［M］. 北京：北京出版社，1997. 381.

7　望天吼，又称犼，龙生九子之一，有守望习惯，常立于华表柱顶昂首咆哮，被视为上传天意，下达民情。

8　哑巴院，又称月牙院。因院中影壁为地宫入口，为保守秘密，凡月牙院的工程，工匠必须是哑巴而得名。

9　姚丽蓉. 明德陵修缮工程回顾［A］. 中国紫禁城学会. 中国紫禁城学会论文集（第六辑 下）［C］. 中国紫禁城学会，2007. 7.

10　佛家八宝，又称八吉祥，指法螺、法轮、宝伞、白盖、莲花、宝瓶、双鱼、盘长等八种法物。

11　道教杂宝，有三套环、宝珠、宝钱、书画、宝鼎、犀角、珊瑚、方胜、磬、阴阳板、渔鼓、灵芝等。

24

昌平区·十三陵镇·康陵村

获得称号

第一批北京市传统村落。

地理位置

北京市昌平区十三陵镇，距市中心约48公里（图24-1、图24-2）。

社会经济

村中目前有居民72户，常住人口238人，[1]均为汉族，姓氏有赵、刘、王等。村域面积1.7平方公里，村庄占地3万平方米。[2]村中以林果业和民俗旅游业为主导产业，民俗旅游年产规模已达120万元，果品年产量为50万公斤。村民人均年收入已突破7000元。[3]如今，康陵村依托于自身的旅游资源，充分发扬当地独特的民俗文化，着力打造“康陵正德春饼宴”，吸引了大量外地游客前来品尝，并感受历史上陵监村的风采。

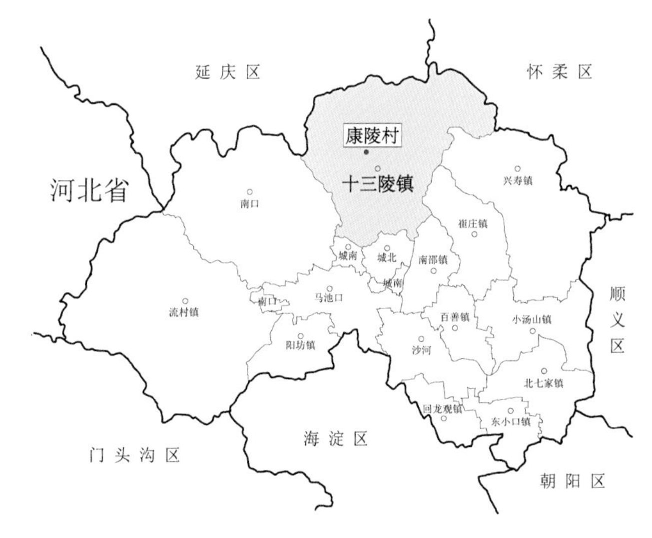

图24-1　康陵村在昌平区的区位图

图24-2　康陵鸟瞰

康陵村

康陵村选址于大峪北坡和立石岭东麓冲积扇上，平均海拔156米，地势西南高、东北低。锥石口沟经村东流过，为季节性河流。村落地势平坦，规模较大。

聚落平面呈方形，四周有监墙（图24-3）。监墙为石砌，长、宽各163米，入口位于村北。村中道路网络呈“日”字形，有南北向街3条，各长100米，宽5米，为土路。[4]可以看出在原有内监墙的基础上中间新增了一条道路，从入口起贯通全村。监墙内所有院落都是坐西朝东，以四合院为主，有少量三合院，院落入口均正对街道。正房多五间，东西厢房各三间，南房五间。建筑多为砖石木结构，硬山顶，门窗扇皆为木构，窗扇较大，利于采光。

康陵村的历史环境要素比较丰富，尤以古树突出，不仅数量多且树龄长（图24-4）。如村口对称种植的两棵八百年树龄的古槐树，又称“夫妻槐”，村民赞曰：“夫妻情侣拥双槐，终生相依永相随。”村中央还有一株树龄约千年的古银杏树，有“先有帝王树，后有康陵宫，再有康陵监”的说法，这些树木皆为国家一级保护树木。

图24-4 康陵村古树

康陵

康陵为明朝第十位皇帝武宗朱厚照及其皇后夏氏的陵寝。康陵建于明正德十六年（1521年），竣工于嘉靖元年（1522年），耗时一年，是目前十三陵中砖碑铭文最多的一个陵园。

同十三陵中的其他皇陵一样，康陵也是由神功圣德碑亭、祾恩门、左右配殿、祾恩殿[5]、三座门、棂星门、石五供、方城明楼和宝顶几部分组成。康陵的神功圣德碑亭现仅存方形台基和一块无字碑（图24-5、图24-6）。碑体由青石雕刻，碑额雕有六条

图24-3 康陵村外监墙

图24-5 神功圣德碑

图24-6 神功圣德碑龟趺

图24-7 祾恩门

图24-8 祾恩殿

图24-9 祾恩殿前台阶

相互缠绕的巨龙，左右两侧各三条，雕刻精致，看上去张牙舞爪，遒劲有力。碑底由巨龟驮负，龟身下部还雕刻有汹涌的浪花和云纹，四角有水漩涡，旋涡中的鱼、鳖、虾、蟹四种水族生物栩栩如生。

祾恩门有镶满门钉的大门，每扇门横九路、竖九路，共九九八十一颗门钉（图24-7）。九是最大的阳数，代表着帝王至高无上的地位。大门上的门钉一为装饰，二为彰显等级，三为加固门扇。过祾恩门，经神道可至祾恩殿前。祾恩殿的大部分已经倒塌，目前仅存台基、柱础和部分墙体。从残存的24处柱础可以判断，祾恩殿面阔五间，进深三间。当年修建祾恩殿都是选用珍贵的楠木[6]做柱子，可见其等级之高（图24-8、图24-9）。

祾恩殿后为三座门。正门五脊六兽，琉璃瓦盖顶，柱础为须弥座，两侧墙体四角镶嵌琉璃花卉。进三座门后即为棂星门（图24-10）。棂星门为石牌坊，现仅存石柱和抱鼓石，石柱上有神兽犼相对而立。

石五供位于方城明楼前，低矮的石五供与崇高的方城明楼形成了强烈的对比，用以凸显皇权威严（图24-11）。石五供分别为香炉、烛台、花瓶，其中香炉位于正中，烛台、花瓶各一对，由中间向两边体量渐小。香炉为双耳三足鼎式。鼎自古为国之重器，是历代帝王陵寝装饰中重要的一部分。炉身和炉盖各用一块完

图24-10 棂星门石柱

图24-11　石五供

整的青石雕成，炉身腹部浑圆饱满，三足浮雕饕餮纹，炉耳、炉沿雕刻回形纹，炉盖雕刻狻猊[7]，衬以云纹。烛台雕云纹，花瓶雕回形纹。供案为须弥座造型，雕刻俯仰莲花，案板由一整块青石雕成。

康陵明楼仿制泰陵，方城较为矮小。明楼上可以看到很多带有铭文的砖雕，这些砖产自河南、山东、江苏几省的30多个县，足见帝陵规模之浩大，耗费人力财力之巨大（图24-12）。明楼内有圣号碑一通，碑额双龙翻腾于云雾之间，碑额正中篆刻“大明”二字。碑体上刻“武宗毅皇帝之陵”，碑体有明显的裂痕。碑座雕刻有大量云龙形象。方城明楼后便是宝顶，也就是武宗的陵墓，宝顶内郁郁葱葱，古树林立，生机盎然，时常看见有松鼠、树蛇等动物出没。

康陵大量使用中轴对称、对比的手法，突出渲染了皇权的崇高伟大。正如英国著名史学家李约瑟所说：皇陵在中国建筑形制上是一个重大的成就，它整个图案的内容也许就是整个建筑部分与风景艺术相结合的最伟大的例子。他评价十三陵是“最大的杰作”。他的体验是“在门楼上可以欣赏到整个山谷的景色，在有机的平面上沉思其庄严的景象，其间所有的建筑，都和风景融汇在一起，一种人民的智慧由建筑师和建筑者的技巧很好地表达出来。”

极具盛名的春饼宴

康陵村的春饼宴在京郊地区极具盛名。史书中曾有记载，明正德皇帝在出游时喜爱吃一种卷肉菜的薄饼，根据这一线索，村民挖掘出正德年间形成于民间的传统饮食——春饼。经过集中培训后，全村挑选出20多户作

图24-12　方城明楼

为“春饼宴接待户”，经营“正德春饼宴”[8]。每到立春时节，全村春饼飘香，令人垂涎不已（图24-13）。另外，还有独具一格的打春牛等民俗活动，寓意打去春牛的懒惰，祈求五谷丰登（图24-14、图24-15）。

图24-13 春饼宴

图24-14 打春牛[9]

图24-15 打春牛[10]

1 北京市昌平区2017年统计年鉴。

2 昌平区地名志编纂委员会编. 北京市昌平区地名志［M］. 北京：北京出版社，1997. 375.

3 整理自百度词条——康陵村。

4 昌平区地名志编纂委员会编. 北京市昌平区地名志［M］. 北京：北京出版社，1997. 375.

5 祾恩殿，原名享殿。“祾”取“祭而受福”之意，“恩”取“罔极之恩”之意，就是说在此祭祀先帝，恩德是没有极限的。

6 楠木又称皇木，是珍贵的木材，产于四川，民间用“入山一千，出山五百”形容其开采之艰难。

7 狻猊，龙生九子之一，形态如狮，喜烟好坐，所以形象常出现在香炉之上，随之吞云吐雾。

8 艾稼. 名声渐起的隐秘山庄［J］. 科技潮，2009（005）：24-26.

9 图片来源：北京市农委提供.

10 图片来源：北京市农委提供.

25

昌平区·十三陵镇·茂陵村

获得称号

第一批北京市传统村落。

地理位置

北京市昌平区十三陵镇，距市中心约47公里（图25-1、图25-2）。

社会经济

村中目前有居民92户，常住人口296人，[1]均为汉族，主要姓氏有李、高、刘等。

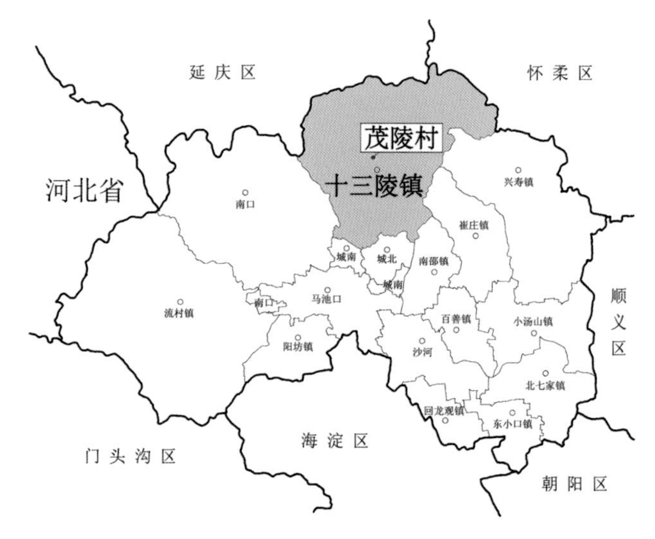

图25-1　茂陵村在昌平区的区位图

图25-2　茂陵村鸟瞰

茂陵村

茂陵村地处天寿山南坡和莲花山东坡丘陵洪积冲积扇上，平均海拔140米，地势西北高、东南低（图25-3）。锥石口沟和上下口沟经村西而过，均为季节性河流。其选址依托茂陵，山环水绕，位置极佳。村域面积2.5平方公里，聚落占地3.9万平方米，聚落整体呈方形。

茂陵村原有内外监墙，整体呈“回”字形格局。如今外监墙保存完好，但是内监墙损毁严重。监墙墙体多用卵石砌筑而成，高约4米，上部用三层大城砖垒作墙头，墙角用大块方石和城砖封边（图25-4）。监墙上开的大门已经完全损坏，现仅剩巨大的木门扇还保存在村内（图25-5）。

村内有东西走向的街道两条，南北向街道一条，道路宽5米，民居沿道路整齐集中分布。村落中古树众多，分布在东西主街两侧和监墙外侧，尤其是道路交口处（图25-6）。古树下是村民日常聚集、闲话家常的场所和空间。

茂陵

茂陵为明朝第八位皇帝宪宗朱见深及其三位皇后王氏、纪氏、邵氏的陵寝，朱见深于成化二十三年（1487年）去世，谥“继天凝道诚明仁敬崇文肃武宏德圣孝纯皇帝”。同年宪宗之子孝宗朱佑樘始建茂陵，并于弘治元年（1488年）竣工。

图25-3　茂陵村及其周边环境

图25-4　村落外监墙构造

图25-5　监门门扇

图25-6　村中古树

图25-8　神功圣德碑

图25-7　茂陵整体鸟瞰

茂陵选址于明十三陵裕陵右侧的聚宝山下，陵宫建筑坐北朝南，背山面水，整体格局为两进院落，前方后圆（图25-7）。茂陵形制中规中矩，大体与裕陵相同，这也与宪宗生性忠厚，不喜攀比有关。茂陵自南向北，分别由神功圣德碑亭、祾恩门、左右配殿、祾恩殿、三座门、棂星门、石五供、方城明楼和宝顶组成。

神功圣德碑亭现仅存石碑和台基。台基呈正方形，长宽均为10.07米，高0.6米，正中立有螭首龟趺无字碑，高6.2米。碑亭两侧有明代所植的柏树三行[2]。据清人梁份的《帝陵图说》记载，茂陵碑亭效法前制，“石柱琉璃黄筒瓦，兽吻飞，重檐四出，门四辟，周栏槛坐癸向丁，中竖穹碑，龙首龟趺，制皆如长陵，惟碑无文字”（图25-8）。

祾恩门位于院墙正中，面阔三间，为硬山顶，上盖黄色琉璃筒瓦。朱红墙体和巨大的深色木柱相互衬托，显得气势恢宏（图25-9）。围墙墙体刷有红漆，墙檐部分采用自下而上由出檐砖、圆珠混、枭砖、盖板砖组成的砖砌冰盘檐做法。墙帽均为大式琉璃瓦顶，以黄琉璃瓦盖顶。祾恩殿仅剩下乾隆年间改建的后台基和山墙部分，台基上16块鼓镜式柱础石保存完好。

祾恩门与祾恩殿之间原有左右配殿，配殿仅存部分土衬石。祾恩殿原为祭祀先帝、祈求庇佑的地方，汇集了明代官式建筑的特点。可惜现在的祾恩殿只剩下台基与24块鼓镜式柱础石和部分宇墙（图25-10）。祾恩殿前尚有石阶三处，正中石阶踏跺上雕有云纹，与康陵一致（图25-11）。

三座门采用琉璃花门形制，其中，中门为单檐歇山顶。三座门保存完好，门垛四角均设有琉璃柱。门垛以下为承重的石雕须弥座，左右墙面各嵌有上下两块卷草图案的门挡花。雕刻繁复，精美细致（图25-12）。

门后有棂星门，现仅存石柱和抱鼓石部分。柱端的朝天犼神兽栩栩如生，相对而立（图25-13）。棂星门后为石五供，石五供[3]位于供桌之上，保存完好。供桌呈方形莲台样式，雕刻有花卉和云纹。中间的香炉呈鼎状，鼎口雕有回字纹，鼎端有浮雕云龙，雕工精细，遒劲有力（图25-14）。

方城明楼结构完整。宝城中间设有券道，可通至后面的月亮院。城台左右设有礓䃰[4]，正面右掖有清乾隆年间增设的礓䃰。明楼位于方城上方，平面呈方形，四面辟有洞口，左右两侧的券洞已被封堵（图25-15）。楼内有巨大的圣号碑一块，碑首前后浮雕二龙戏珠图案，正中篆刻“大明”二字。碑身上书“宪宗纯皇帝之陵”，四周由云纹相衬，涂有朱砂。碑座为须弥座，上枋浮雕二龙戏珠，下枋雕刻云纹，上下枭刻仰覆莲花瓣，中间束腰部分则雕刻有花卉图样。此碑造型大气，雕饰精美，用材考究，反映了明中兴时期的繁荣（图25-15~图25-17）。

图25-9 神功圣德碑龟趺

图25-11 祾恩殿前台阶

图25-10 祾恩殿

图25-12 三座门门垛雕刻

图25-13　棂星门柱端朝天犼

图25-14　石五供

图25-15　圣号碑

图25-16　圣号碑浮雕

图25-17 方城明楼鸟瞰

方城明楼后面即为宝顶，是埋葬宪宗皇帝及其三位皇后的坟冢。经由月牙城内的照壁后可到达入口。茂陵与裕陵形制相同，只是规模略大，唯独宝城内琉璃照壁后面设有左右两个方向的踏跺，这一点与其他各陵都不相同（图25-18、图25-19）。

茂陵形制规矩，规模庞大。站在祾恩门口向北远远望去，祾恩殿、三座门、方城明楼层层拔高，明楼位于视觉的制高点和中心点，尊崇之意油然而生。而当站在明楼处向南远眺时，又会看到陵园周边的山水风貌，大有“唯我独尊”之意。

茂陵在清初时保存尚为完好，据明末清初学者顾炎武在《昌平山水记》中记载：“（顺治、康熙年间）十二陵惟茂陵独完，他陵或仅存御榻，茂陵则簨虡之属犹有存者。”据史料记载，茂陵建成后的第三天，天寿山一带突降暴雨冰雹，各楼宇殿堂的脊兽、瓦饰损毁严重，于是大臣们纷纷上奏，请求孝宗亲贤勤政、修德爱民、以回天意。礼部尚书周洪谟进言：“灾不于他所而于祖宗陵寝之地；不于他时而于茂陵工完之初。伏望陛下延访名德讲求治理诘政灾之由究弭灾之道仍敕两京文武群臣同加修省。”大臣们用“天人感应”之说，解释灾害的由来，警示新登基的孝宗皇帝，不要听信谗言，抑贤用邪，否则上天还会降下灾异，以示惩罚[5]。

图25-18 宝顶外围城墙

图25-19　月牙城

1 北京市昌平区2017年统计年鉴。

2 宋磊．明茂陵建筑规制初探［C］．明长陵营建600周年学术研讨会论文集，2009．604-611．

3 石五供，从佛教中借用的供养祭器，由石祭台和一个炉、两个瓶、两个烛台组成，对称排列。

4 古代建筑中用砖石制成的露棱侧砌的斜坡道。

5 胡汉生．茂陵建成为何突降天灾？［N］．北京青年报．2013．

26

昌平区·十三陵镇·万娘坟村

获得称号

第一批北京市传统村落。

地理位置

北京市昌平区十三陵镇，距市中心约45公里（图26-1、图26-2）。

社会经济

村中目前有居民141户，常住人口435人，多为汉族，少数为满族。[1]村中主要姓氏有雍、宋、刘、仲、柏、薛、温等。村域面积1.9平方公里，村庄占地约8万平方米。

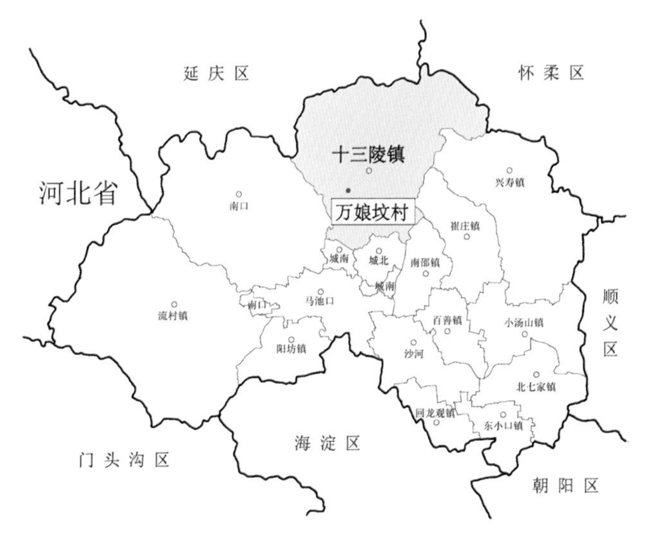

图26-1 万娘坟村在昌平区的区位图

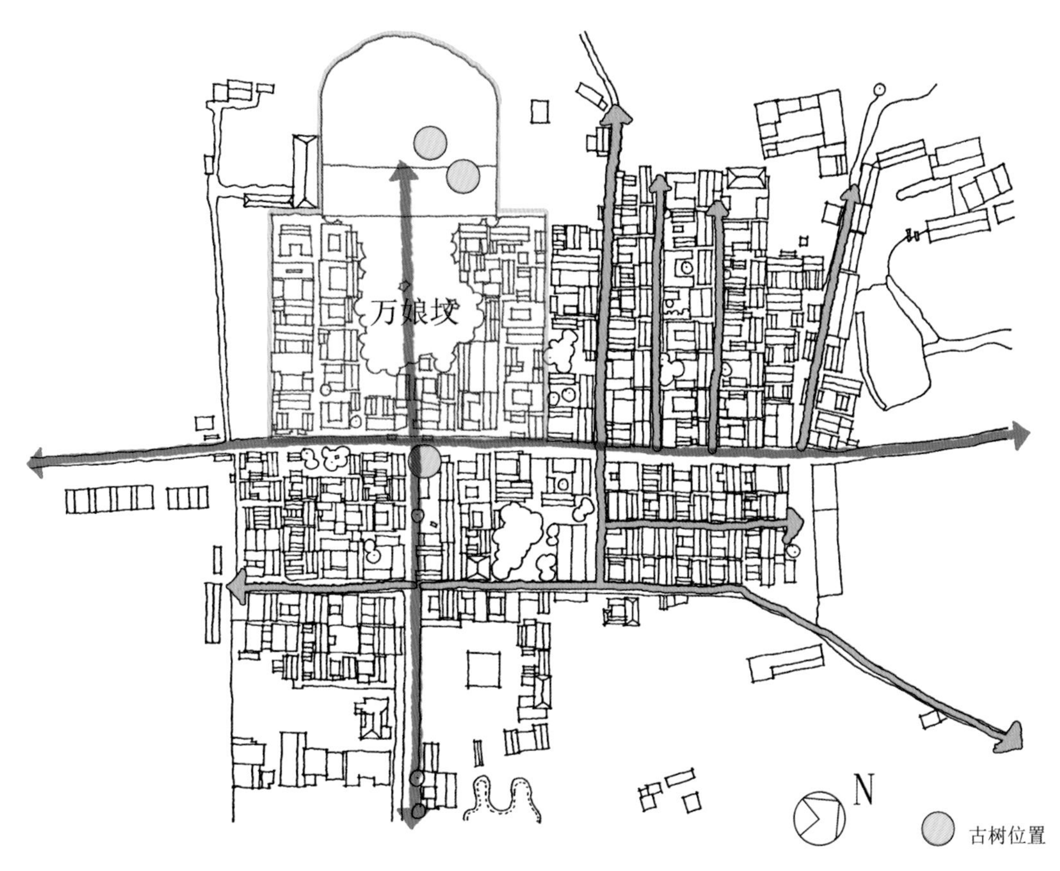

图26-2 万娘坟村总平面图

万娘坟村

万娘坟村因园寝而成村，作为十三陵皇陵区唯一一个因单独埋葬皇帝妃子而形成的村子，在众多陵邑村中显得独具一格。据《昌平县地名志》记载，明成化年间（1487年），宪宗皇帝朱见深将其宠妃万贞儿葬于此地，称万娘娘坟。村中围墙上还可以找到阳刻“成化十七年青城县窑造”字样的墙砖（图26-3）。

在明朝，死后能葬入十三陵区的只有皇帝和皇后，妃子只能埋葬在西郊金山，但是宪宗为了万氏改变祖制，将万氏厚葬于十三陵区。万娘坟村西侧的东井、西井埋葬的妃子虽然早于万贵妃，但是她们是给皇帝殉葬，因此被埋在一起，并无名号。万贵妃的园寝则是宪宗违背旧制专门修建的，足见万贵妃在世时得幸之隆，地位之高。

万贵妃是一位传奇的女子。万贵妃，本名为万贞儿，原为宪宗幼年时期的侍女，年长宪宗足足17岁，但是宪宗对其异常宠爱。成化二年（1466年）生皇长子，进封贵妃。后来，又升皇贵妃。宪宗甚至在即位之时，就试图立万氏为皇后，在太后强烈反对下不得不作罢。成化二十三年（1487年），万氏因病去世，谥号“恭肃端慎荣靖皇贵妃”，宪宗为其辍朝七天，痛不欲生，说道：“万氏长去了，我亦将去也。”

图26-3　城墙上的铭文砖

尽管万娘坟建成已有500多年的历史，但万娘坟村实际形成于清代。明代万娘娘园寝设有官军守卫，有专门的官员管理，附近是不允许老百姓居住的。到了清代园寝改为坟户看守后，守坟人携家眷住进了陵区的第一进院落，后来逐渐发展，演变成了村落，村子因陵寝成名，名为万娘娘坟村，后简化为万娘坟村。随着村内人口增长，至清末民初，园区内已不能满足村落发展需求，故大部分村民在万娘坟园区之外修建新的民居，至今形成了现在的万娘坟村。

万娘坟村依托园寝形成，其选址同样得山水之势。村落位于苏山东麓，地处翠花山和五凤山东坡的位置，紧邻十三陵盆地西部边缘。村子海拔130~140米，地势平缓，成东低西高之势。村落坐西北朝东南，村东北部边缘有德胜口沟流过，沟内常年有流水，为村落形成创造了条件。

村落整体格局较为规整，由于地广坡平，民居分布集中。村中有十字街，东西向长200米，为得胜口路，横贯村路，南北向长300米，均为沥青路面。园寝位于村落西北侧，园寝正门前的东西向主路将村落分成南北两个部分。南北向街道正对园寝正门，路东北侧又有一条南北向支路，这三条道路共同构成了村落道路网的骨架。

万娘坟园寝

万娘坟园寝始建于成化二十三年初，先后由工部左侍郎贾俊及右侍郎陈政主持建造。[2]建成后，清嘉庆二十七年（1538年）九月，又添石碣一座。园寝规制如东西二井。[3]其墓室于1937年被当地土匪程颜斌盗发，墓内的凤冠、金银器物等被洗劫一空，现仅存园寝的围墙、门楼、石供桌、石柱础和无字石碑。

万娘坟园寝整体布局前方后圆，朝向为南偏东46°（图26-4）。前面院落面宽197.8米，进深138.5米，由高约4米、厚约1米的墙体围合而成，园寝围墙底部干摆城砖，中部砌筑山上的荒石及河中的卵石，顶部砌四层出檐，并作砖冰盘檐[4]，墙帽作琉璃瓦顶，用绿色琉璃筒瓦和黄色琉璃滴水压顶。园寝院墙均抹灰泥，表面刷涂红粉（图26-5、图26-6）。尽管园寝已被损毁，但是外墙轮廓仍然明显。

万娘坟园寝东大门外有古槐1棵，坟址内有古柏2棵，均为北京市一级保护古木，现已得到政府和村民的妥善保护。村民多聚集在古树下交流谈天，使这一场所成为村内日常生活中重要的公共空间（图26-7）。南大门两侧约3.5米处各有一座随墙角门，现已被封堵。大门高5.3米，宽6.2米，进深2.2米，为五脊门。前后及山墙面均作冰盘檐式出挑，门垛四角用石材砌筑，其他部分用砖砌筑。随墙角门宽4.2米，其中门洞宽2米，门垛厚于墙体，前后各出0.26米，其上部留存木质过梁，檐部作砖雕鸡嗉檐[6]，两山墙面各设博缝头[7]（图26-8）。

园寝共有两进院落，第一进院落现在已经发展为村落，第二进院落已经损毁。据记载，第二进院落正中有享殿，享殿面阔五间，进深三间，两厢配殿各三间，享殿两侧建有内墙。享殿后有五脊门一道，可进入半圆形的园寝。整个园寝沿中轴对称，中轴线上由前至后，设

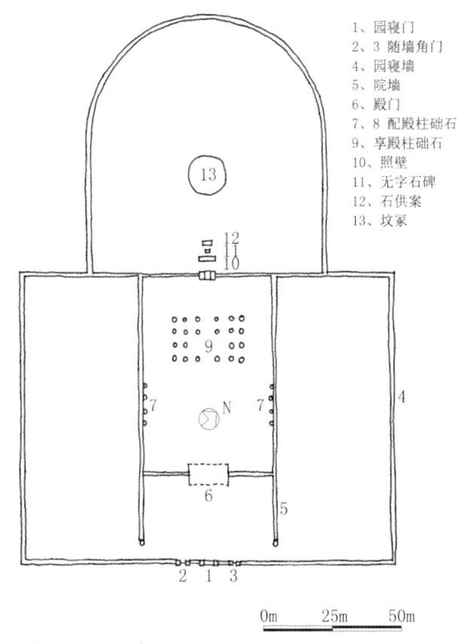

图26-4　万娘坟平面图[5]

图26-5　园寝围墙现状

图26-6　园寝围墙肌理

有照壁、石碣（即圆顶的碑石）、石供案和墓冢[8]。园寝后部有照壁，下部是由绿琉璃砌成的束腰基座，上部为琉璃砌筑的屋檐，中间以三层方砖嵌心。照壁后有无字碑碣，碑额雕有云凤纹，碑座同为束腰形须弥座，前后二面各雕有凤凰，中间雕有“卍”字云。如今村民为了防止石碑被盗，在石碑外侧加设了铁笼（图26-9）。石供桌目前仅有须弥座部分漏出地面，上刻仰莲。

清朝中后期，建筑年久失修，加上清末民初时期盗墓猖獗，园内的享殿、配殿已经全部倒塌，许多珍贵的构件被盗走。现在寝园已成为农田、果园，只剩下巨

图26-7　村中古槐树

图26-8　园寝大门

大的柱础石20余块，这些柱础目前仍按照原来的位置摆放，均为鼓镜形制，直径约800毫米（图26-10）。从柱础的间距和尺寸不难看出万娘坟寝园建成时的规模之大、规格之高。据当地村民介绍，原来这些柱础上面都是金丝楠木的柱子，品质非常高。

图26-9　无字碑碣

图26-10　按原址摆放的柱础石

1　北京市昌平区2017年统计年鉴。
2　引自《明宪宗实录》卷二八七。
3　顾炎武. 昌平山水记：京东考古录［M］. 北京：北京古籍出版社，1982.
4　自下而上由出檐砖、混砖、枭砖和盖板砖四层组成。
5　改绘自：胡汉生. 明十三陵陵区内的妃子坟（上）［J］. 紫禁城，2011（6）：40-45.
6　自下而上由头层檐、半混、盖板三层组成的砖檐。
7　胡汉生. 明十三陵陵区内的妃子坟（上）［J］. 紫禁城，2011（6）：40-45.
8　摘自百度百科万娘坟词条。

27

平谷区·大华山镇·西牛峪村

获得称号

第一批北京市传统村落。

地理位置

北京市平谷区大华山镇，距市中心约73公里（图27-1、图27-2）。

社会经济

村中目前有居民34户，常住人口99人。[1]村域面积3.78公里[2]，耕地280亩，种植玉米、谷子、高粱、小麦等农作物；人工林8000亩，主要种植松、柏等。自2006年起，西牛峪村大力发展果树种植业，引进了特色果品“玉露雪梨”。经过几年的发展，西牛峪村已经成为北京地区唯一一个成规模的玉露雪梨生产基地。截至2013年，西牛峪村拥有香梨种植面积300亩，其中盛果期梨树150亩。[3]

图27-1　西牛峪村在平谷区的区位图

图27-2　西牛峪村鸟瞰

西牛峪村，又名西牛角峪村。据《北京市平谷县地名志》记载，西牛峪村于清同治年间成村，因村址位于形似牛角的山谷中，又处于东牛角峪之西而得名（图27-3）。抗日战争时期，西牛峪村化名上堡，1950年由密云县划归平谷县。

西牛峪村选址于沟谷中，地处茶叶山南麓的深山区。村子三面环山，仅东南部有出入口，因此具有很强的隐蔽性，这也是战乱时期大量逃荒流民来此定居的原因[4]。村落周边多坡地和梯田，内部地势南低北高，道路沿山坡等高线曲折蜿蜒，将散布的民居院落串联起来。村内村庄规模整体较小，没有大型的集会场所，古磨古碾作为村中重要的生产工具，与村民日常生活联系紧密，同时也成了村民日常交流的小型公共场所（图27-4）。

西牛峪村传统民居最初为茅草房，墙体多用荒石简单垒砌。后来人口逐渐增多，交通日渐便利，开始用小灰瓦铺设屋顶，墙体开始用规整的石块或土坯垒砌（图27-5、图27-6）。

王来满院是西牛峪村保存较好的传统院落。院子位于村子西侧，规模不大，为一字形布局，院落东西长约16米，南北宽约13米，院墙用石头矮墙垒砌而成，入口处有一株古槐树。主体建筑正房为五开间，屋顶为典型的双坡硬山顶，上覆灰瓦排列致密，与敦实厚重的墙体和谐统一（图27-7、图27-8）。建筑材料皆取自当地，山墙由小而方的石块规则码砌而成，正立面则是用了又圆又大的卵石砌筑而成，卵石之间用灰泥填充粘结。东南角的院门用竹条编织而成，极具特色。

图27-5 典型民居鸟瞰

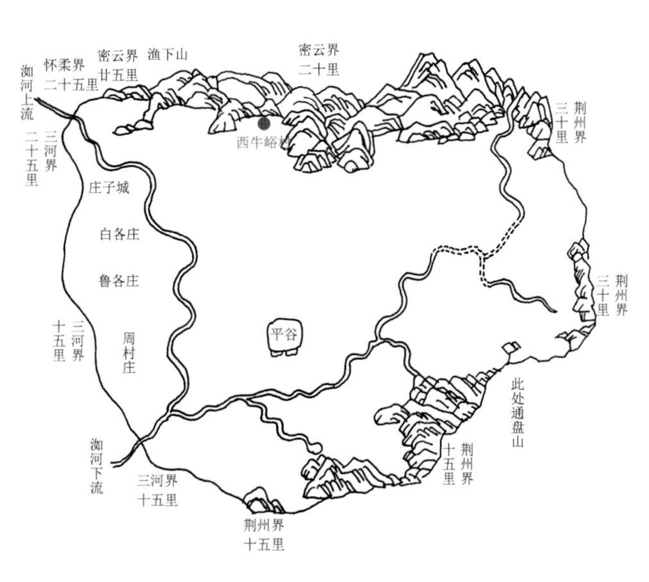

图27-3 西牛峪村舆图（摹自清光绪《顺天府志》卷一）

图27-6 民居山墙

图27-4 石碾

图27-7 王来满院正房

图27-8　王来满院

1　北京市平谷区2017年统计年鉴.
2　平谷县地名志编纂委员会编. 北京市平谷县地名志. 北京：北京出版社，1993（7）. 105.
3　参见平谷区人民政府网站。
4　整理自西牛峪村前任书记口述。

28

怀柔区·琉璃庙镇·杨树底下村

获得称号

第一批北京市传统村落。

地理位置

北京市怀柔区琉璃庙镇，距市中心约71公里（图28-1、图28-2）。

社会经济

村中目前有居民110户，常住人口282人1，村域面积11.88平方公里。

图28-1　杨树底下村在怀柔区的区位图

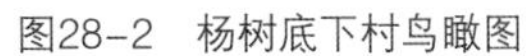
图28-2　杨树底下村鸟瞰图

杨树底下的古村落

据《北京市怀柔县地名志》记载，清嘉庆、道光年间，有霍、靳二姓先祖陆续从山东青州逃荒来此。据传村中曾有一棵枝繁叶茂的大杨树，先人围绕这棵杨树开垦荒地，修建房屋，渐成聚落，因此得名“杨树底下村”。

杨树底下村村域大部分为山地，坡度较陡，且地势西北高，东南低。琉璃河绕村而过，常年不竭，为村民生活生产提供了充足的水源。古村沿河呈带状分布，背山面水，大部分民居位于琉璃河北岸，顺应河道呈“U”形延展。道路结构清晰，村中一条主路将村落分为南、北两部分，主路两侧又延伸出许多支路通向各个民居院落，是典型的鱼骨形格局。村落南部毗邻过境公路，对外沟通十分便捷。琉璃河上架设有许多人行桥，两岸联系紧密。河南岸目前建有村史馆和公共活动广场，每年的“敛巧饭”民俗活动就在这个广场上举行，届时熙熙攘攘，人声鼎沸，好不热闹（图28-3、图28-4）。

杨树底下村现存传统建筑数量较少，大都建于清代。传统院落一般为三合院，正房五间，厢房三间，正房地基稍高于厢房。传统民居多为石木结构，屋顶为硬山顶，上覆青瓦。建筑正立面窗下墙部分多砌荒石，上面多为木隔扇窗，窗扇面积很大，有利于充足的采光。民居山墙多由河中卵石垒砌，用黄泥进行粘结。整体看来，村内的民居无过多繁复的装饰，十分简洁（图28-5～图28-12）。

“敛巧饭”

村内保留的传统民俗活动“敛巧饭”[2]，于2007年被正式公布为国家级非物质文化遗产，在北京周边区域远近驰名。相传，当初霍、靳二姓始祖先后来到杨树底下村定居时，需要垦荒种粮，但他们苦于没有种子。于是霍、靳二姓各派一人同去周边村落讨要种子。在辗转各村讨得种子之后，二人在回村途中靠在石头上休息时，不慎将种子洒落在石缝之中。因为石缝过窄，二人费尽周折也取不出一粒种子。就在二人一筹莫展之时，几只山雀飞来，一颗一颗地将落入石缝中的种子衔出，

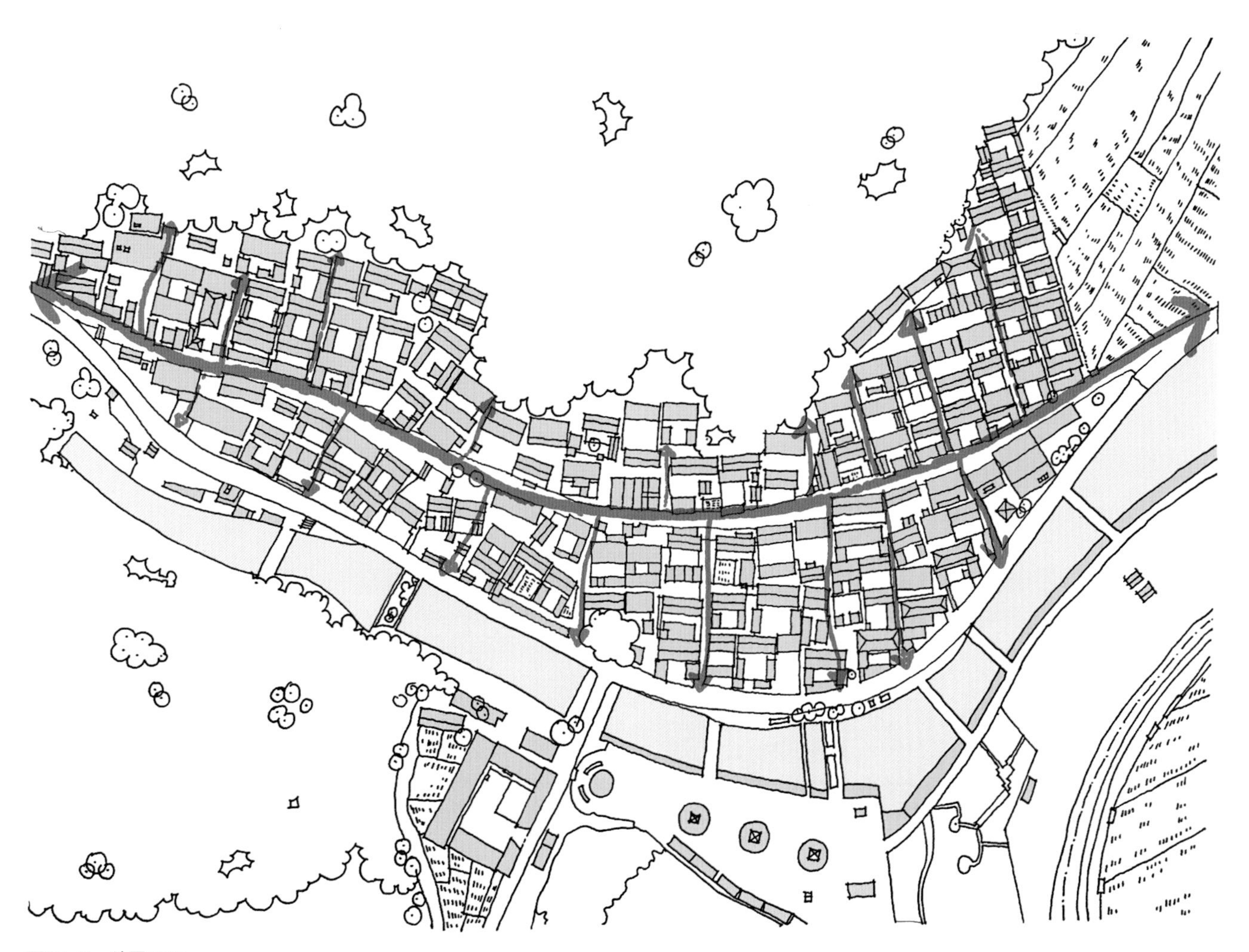

图28-3 总平面图

图28-4　杨树底下村地貌图

图28-5　民居（1）

图28-6 民居（2）

图28-7 民居（3）

图28-8　民居立面

图28-9　结构

图28-10　院落正房

图28-11　院落厢房

图28-12　山墙

图28-13　参加活动的村里人

放在霍、靳二人面前，山雀却一粒未食。霍、靳二人连忙叩谢。后来村民得知此事，同念山雀之恩，每年都会于正月十六举办敛巧饭活动。在人们吃敛巧饭之前，都会举行“扬饭喂巧”的仪式，一为报答山雀叼啄谷种之恩，二为祈求来年丰收。

敛巧饭传承至今已有200多年的历史，即使在1960年至1963年自然灾害时期和“文化大革命”时期，也从未中断。最初，敛巧饭活动只限村里的姑娘参加，老太太一般不参加，男性不允许参加。届时锅里放有顶针、铜钱等物件，吃到的姑娘便乞到巧艺。到了19世纪50年代中后期，才有少量男性参与。后来，逐渐发展为村中男女老幼甚至周边地区及外国友人都慕名前来，齐聚一处，共吃大锅饭，可谓天人和谐，其乐融融。

吃饭前，首先要由村内长者将煮熟的饭食随手抛向四方，口中念道：“小家雀你别着急，你吃的东西预备齐，快快飞呀来这里，因为这里有吃的。”（图28-13、图28-14）吃敛巧饭的时候，一般村子里有矛盾的人会坐到一起，并请来村里的长辈调解，饭后以往过节便能烟消云散。吃完敛巧饭，还有“走百冰，去百病”的活动，人们在结冰的琉璃河上行走，寓意祛除百病。

图28-14 各地人来村里吃敛巧饭

1 北京市怀柔区2017年统计年鉴。
2 敛巧饭又称怜雀饭，“巧”字，是当地人对山雀的别称。

29

密云区·古北口镇·古北口村

获得称号

第三批中国传统村落。

地理位置

北京市密云区古北口镇，距市中心约108公里（图29-1、图29-2）。

社会经济

村中目前有居民460户，1060人，主要产业为民俗旅游业，2016年人均收入为23255元。

图29-1　古北口村在密云区的区位图

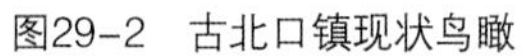

图29-2　古北口镇现状鸟瞰

明长城与戍边聚落

明朝初期在军事上处于进攻地位，尚没有大规模地修建长城。明洪武至永乐年间为了防御北部蒙古部落的侵袭，在延庆地区大量修建关隘，现在延庆地区的散布聚落，大都是那时所修[1]。据《明史·兵志》记载："（明洪武六年）从淮安侯华云龙言，自永平、蓟州、密云以西二千余里，关隘百二十九座，皆置戍守。"必须指明，置关隘、设烽堠不等于修筑长城，所以说延庆地区是先有聚落，后有长城。

"土木之变"[2]（1449年）以后，明朝开始在北齐长城（图29-3）的基础上大量修筑长城。据中国长城学会的统计，明长城长度约6300公里，是我国历史上最后修筑的一道长城，也是修建规模最大、历时最长、工程最坚固、设备最完善的长城，其东起辽东的鸭绿江畔，西至甘肃的嘉峪关旁，横贯今辽宁、河北、北京、天津、内蒙古、山西、陕西、宁夏、甘肃等九个省、市、自治区（图29-4）。[3]在北京地区跨越了北部山区平谷、门头沟、昌平、延庆、怀柔、密云共计6个区。

随着屯田制度的实施，军户的迁入，长城沿线逐渐出现了众多戍边聚落。据《明史·兵志》记载："正统土木惨败，边患日多，故终明之世，边防甚重。东起鸭绿江，西抵嘉峪关，绵亘万里，分地守御。初设辽东、宣府、大同、延绥四镇，继设宁夏、甘肃、蓟州三镇，而山西总兵治偏关，三边制府驻固原，也称二镇，是为九边，朝廷遣重臣总督节制。"所以说密云地区是先有长城，后有聚落，因此当地的聚落呈现出沿长城顺势排列的格局（图29-5、图29-6）。

戍边聚落选址遵循一定的原则，一是地势险要，要么位于关键道路岔道口上，要么位于山腰易守难攻之处；二是距离长城不远，一般不超过十里，以便发生敌袭时军队能够快速登城，取得军事主动权；三是有良好

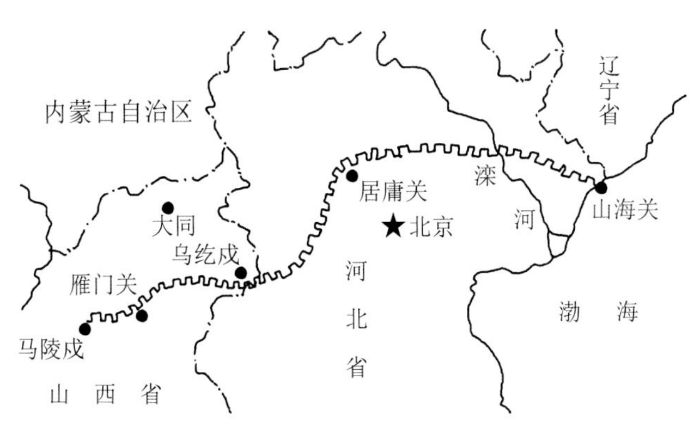

图29-3　北齐长城分布图（摹自罗哲文《长城》）

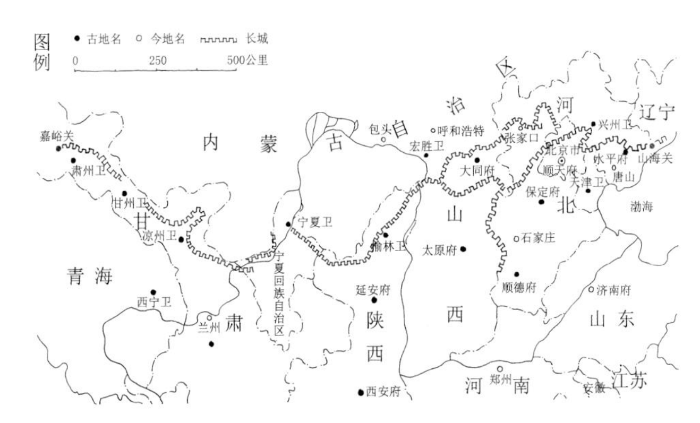

图29-4　明长城图（摹自罗哲文《长城》）

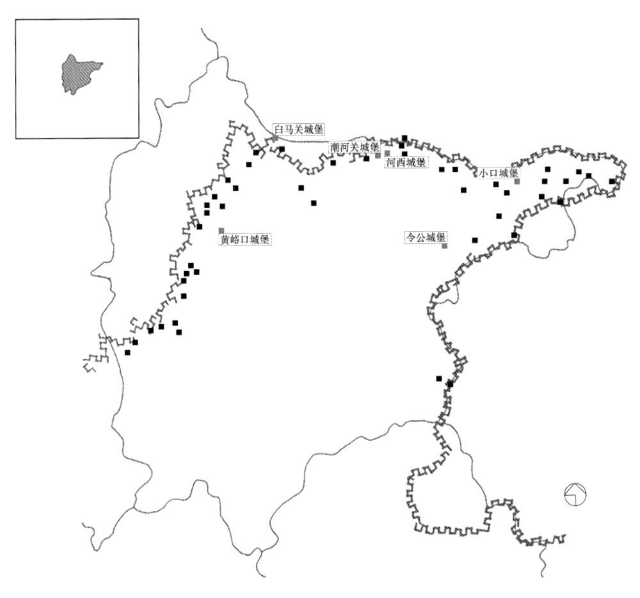

图29-5　密云区戍边聚落分布图[4]

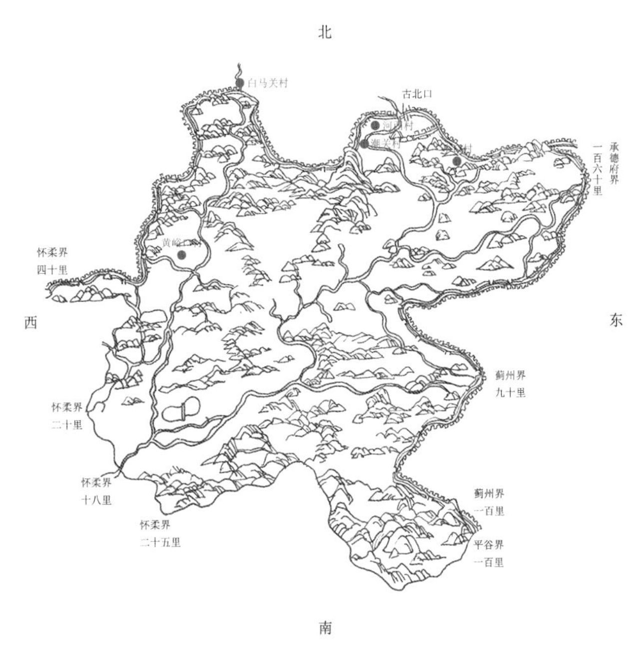

图29-6　密云区舆图（摹自清光绪《顺天府志》卷一）

密云区明长城戍边聚落　表29-1

序号	村名	位置	聚落形态	现状
1	潮关村	北京市密云区古北口镇		又称“小城”，位于古北口关城内外的要道上，现格局仍在，只余西部城墙残垣
2	小口村	北京市密云区古北口镇		小口村城墙由石块砌筑，保存完好
3	白马关村	北京市密云区冯家峪镇		白马关城堡大部分已经坍毁，仅南城门和部分城墙较好，门额阴刻“白马关堡”
4	令公村	北京市密云区太师屯镇		城墙南长北短，呈簸箕形，仅有一门，名清野门，城中有贯穿东西向的长街

的耕种条件，边军在村落中屯田生产，作为军饷、储备和卫所官员的俸禄。正如《古今图书集成》中提到的：“堡置者非无置之难也，置得其所之难也。夫左背山陵，右前水泽，古之行军莫不则其地也。”

长城沿线的戍边聚落主要强调防御性，所以一般规模并不大。按其规模可将戍边聚落分为卫所（如白马关城堡）、关城（如小口城堡）和营城（如古北口城堡）三类。营城相较规模较大，周长通常在2000米左右，城内设十字街，城外有教场和屯田；卫所和关城则规模较小，周长基本在240~350米之间，是长城沿线数量最多的堡寨类型。聚落一般高筑城墙，内部道路整齐，建筑规整，形态以矩形为主，也有的根据地形需要，呈现出不规则的形态（表29-1）。

如今，这些聚落保存状况各不相同，有的仍保存有完整的城墙、城门，格局完整（如小口村）；有的城墙只剩部分残垣，但是仍能从城墙基址辨认古城的形态（如白马关村、令公村）；还有的城墙已经完全损毁，新村旧村已经混杂在一起，仅能靠当地老人的讲述，方能大概辨认出古堡的格局。

万里长城的著名关塞之一

古北口村地处北京东北边缘燕山山脉的重峦叠嶂之中，是华北平原与东北平原、内蒙古草原之间相互往来的交通要塞之一，备受历代统治者重视。早在战国时期，燕国就在此筑墩设防以阻止东胡进犯[5]。汉高祖刘邦建国后，在今古北口村北卧虎山下设立了厗奚县[6]。汉武帝时期，守军及县官、衙役全被匈奴兵杀害。武帝因此从黄河两岸迁移数万居民到此耕种、生活和经商，此地逐渐发展成为房舍紧凑、商贸繁荣的北方重镇[7]。

为了防御突厥、奚和契丹族，北齐天保七年（556年）修筑一道石砌长城，“自西河总秦戍（在今山西大同西北）筑长城，东至海（指山海关渤海），前后所筑，东西凡三千余里”[8]。其中，古北口是重点设防的关口。这条长城后来历经北周、隋、唐修缮利用。从隋朝起，古北口便成为长城燕蓟段的重要军事要地之一。

唐代时，因古北口为唐幽州（今北京）之北长城重要关口而得名“北口”[9]。唐在此设有北口守捉，屯兵驻守，凸显古北口为唐代两千里长城沿线军事重镇的地位。当时长城之外为奚族聚居区，所以古北口又称“奚关”。五代时的古北口又称“虎北口”，对此，宋末元初的胡三省引注《匈奴须知》中提道[10]：“虎北口至燕京三百里”。另外，宋时《宣和乙巳奉使金国行程录·三朝北盟会编》载：“幽州之地，沃野千里，北限大山，重峦复障，中有五关，居庸可以行大车，通转饷。松亭、金坡、古北口止通人马，不可行车。外有十八小路尽兔径鸟道，止能通人，不可行马。山之南，地则五谷、百果、良材、美木无所不有。出关来才数十里则山童水浊，皆瘠卤，弥守黄茅、白草，莫知亘极，岂天设此限华夷也。”[11]金泰和五年（1205年）在古北口设置“北口城”[12]。

元、明、清三朝都曾定都北京，古北口因其地理位置和军事地位成为名副其实的京师北大门。元朝在此设立古北口驿[13]，明代设置古北口千户所[14]。

古北口成为一处雄关隘口始于明朝。明朝初年，退回到漠北草原的蒙古贵族鞑靼、瓦剌诸部仍然不断南下骚扰抢掠。为了巩固北方的边防，朱元璋派徐达等驻守古北口、居庸关、喜峰口等处的城关[15]。明洪武十一年（1378年），太祖令徐达建古北口关城，徐达守军在北齐长城基础上，对古北口一带的长城加砌石块以增强防御能力，并加修关城、关口和烽火台等关塞设施，增修门关两道（图29-7）。从此，古北口和西北的居庸关一样，成为明王朝首都的重要军事门户。

清代，在《唐土名胜图会》中有对古北口的描绘（图29-8）。此时由于古北口为清皇室前往承德避暑的必经之地，清政府遂于此修建御道，并在城外修建万寿行宫。清代的古北口虽然有驻军，但军事功能并不突出，转而成为区域中心和商业集镇。在古北口北关外，

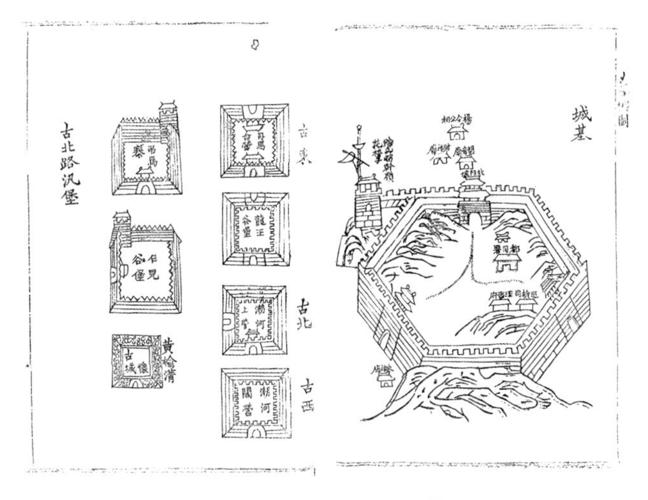

图29-7 《重修密云县志》中的古北口城基图[16]

图29-8 《唐土名胜图会》中记录的古北口[17]

潮河冲积出的宽敞的河滩上，边关南北的商人在这里交易，久而久之，人们沿路建造商铺、房舍，逐渐形成古北口最早的商业街。

乾隆三十五年（1770年），古北口一带雨水连绵，潮河涨泛，城墙全被冲毁[18]。清光绪十六年八月十六日（1890年9月29日），一场特大山洪将古北口东门城洞、南门水洞及沿河两岸的衙市房舍全部冲毁，河坝也被淤平，后来东门的水洞便成为了东门，至今尚存。这场特大山洪过后，城内的居民迁到城外居住，古北口出现了城外为市、城内为郊的独特局面。

民国初期，古北口与密云、石匣并称为北平地区密、石、古三重镇，古北口城内外的格局未有大的变化（图29-9）。1976年7月23日，潮河再次爆发特大洪水，古北口旧城受灾严重，民房村舍俱毁，诸多古代官署建筑尽数消失，只剩东口水门尚存（图29-10）。旧城外的古北口镇也严重受灾，沿街绝大部分具有历史价值的屋舍商铺被毁。水灾后，政府重建古北口镇。原来关城及城门东西延伸的城墙，东至盘龙山下，西至潮河岸，仅有东关处尚依稀可辨部分遗址，其余城墙均在重建过程中被拆毁。后来，随着人口逐渐增多，古北口集镇沿大路向北和向东的缓坡两个方向不断建设发展，形成如今的城镇格局（图29-10）。

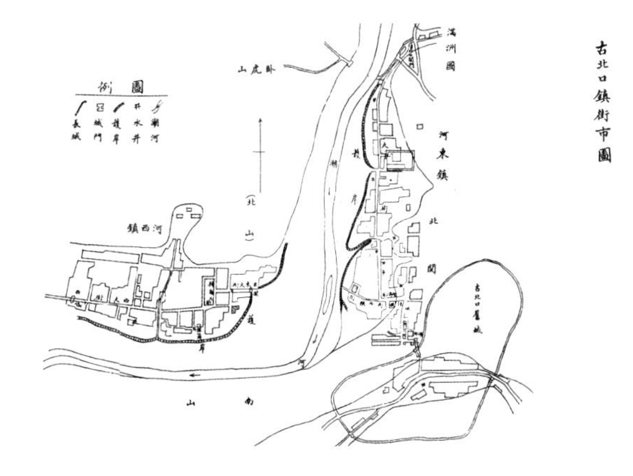

图29-9 民国27年《密云县志》古北口镇街市图

图29-10 古城东口水门遗址

古北口镇北面为古北口长城，由卧虎山长城、蟠龙山长城、金山岭长城和司马台长城组成。同时，不仅设有正关——铁门关，正关之西潮河上还有水门关，潮河水从水门关下的三道水门通过。正关南2.5公里处有古北口营城，即现在的古北口旧城（或称关城），为明洪武十一年（1378年）建，设守御千户所。洪武三十年（1397年）升为密云后卫，下辖左、右、中、前、后5个千户所，古北口路参将亦驻此城。古北口城跨山而建，山高势险，卧虎山和蟠龙山形成对峙，紧锁潮河，“南控大石岭，西界潮河川，为古北要冲地”[19]（图29-11）。古御道穿古北口关城而过，经上营城西，出古北口关。城周两公里外，有南、北、东三门（图29-12）。

古北口旧城作为军事集镇，依山势而建，沿南北流向的潮河线性展开。古北口镇上有两条历史风貌保存较好的道路：一条是镇内最主要的古商业街；另一条是旧城内的古御道。路网以古商业街为纵（南北）向主线，横（东西）向有四条街区，形成“一纵四横”的古街，都是商贸交易的地方（图29-13）。古商业街长700多米，宽度4～5米不等，沿街商业建筑多为一层，且多为前店后宅式。每到周日集市时，古商业街上人来人往、热闹非凡，是居民采购商品、生活交往的主要集散地。居住建筑组团以潮河道为轴纵向延伸，院落

图29-11　1900年，德国驻中国公使穆莫于卧虎山上拍摄的古北口全景[20]

图29-12　1900年，德国驻中国公使穆莫穆默拍摄的古北口南门[21]

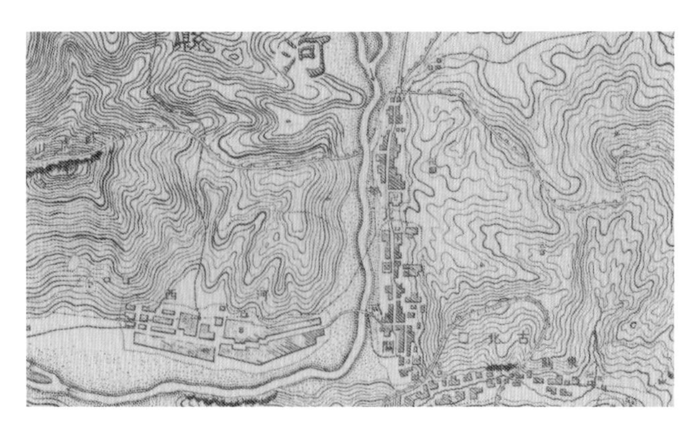

图29-13　民国6年印刷的军用北京地图局部

图29-14　老街景观之一“一步三眼井”

布局随等高线灵活变化。此外还保存有明清时期的老铺面房10处，以及石桥、三眼井和御封井等文化遗存（图29-14）。如今，古镇的道路格局进一步演化为“鱼骨”式，即一条南北向老街为轴线，东西向延伸出众多的次要街巷，构成古北口镇的主体道路结构。这些道路宽窄不一，但尺度宜人、结构较为清晰，把居住、商业、交往等空间联系起来（图29-15）。

因城内地势狭窄，除官署外只有少量的军政人员家属的住宅。普通老百姓都聚居在东门外的东关、南门外的南关。随着战事减少，军事功能弱化，大量的老百姓搬迁到北门外地势较为开阔平坦的沿河地带（今古北口镇区），加之此处是商贾的必经之地，从而形成了如今的商业集镇（图29-16）。如今的古北口镇有两个村庄，被潮河分列东、西两边。过去的“河东村”现在名为古北口村，过去的“河西村”沿用至今（图29-17）。

白家大院

白家大院位于古镇东南角，建于清朝，是古北口历史最为悠久的居住建筑（图29-18、图29-19）。原主人姓白，开设镖局[22]。白家大院的建筑形式为四合院的变体，正房面阔四间，有后院，东西厢房面阔三

图29-15 古北口镇街巷分布图

间，倒座面阔六间，入口设在西南角，进门为做工考究的照壁（图29-20、图29-21）。东厢房于“文革”时期损毁，后来重建。院内原有一内门，现已无存。白家大院内外高差较小，入口处设以坡道，后退形成宽敞的入口空间。

白家大院为砖木混合结构建筑，建筑材料均产自当地。建筑自地面以上1米左右以石材砌筑，以防风雨侵蚀破坏（图29-22）。石材以上用砖砌筑。当地特有的“虎皮石”的砌筑做法，采用白灰和米汤勾缝，墙体更加坚固（图29-23）。砖墙采用非常讲究的“磨砖对缝”的砌法。另外，建筑局部进行了少量装饰，以砖雕为主，淳朴粗犷，形式自由（图29-24～图29-26）。

药王庙建筑群

药王庙建筑群包括药王庙、关帝庙、观音庙和龙王庙，当地盛传“两步三座庙”的说法就是指这里（图29-27～图29-30）。现存关帝庙山门戏楼为历史建筑，其余为后世重建。1983年被公布为密云县文物保护单位。药王庙建筑群依山势，靠城墙，建于北口城门外。东侧地势高，建有观音庙和龙王庙；西侧地势低建有关帝庙、药王庙以及山门两侧高坎的台阶联系。山门戏楼有两层，二层为戏台。戏台面阔约10米，进深约8米，高约3米，台上有四根圆柱。

财神庙位于河东南山坡上，建于清道光元年（1821

图29-16 古北口古商业街

图29-17　革命年代的遗迹

图29-18　白家大院外观

图29-19　白家大院院落空间

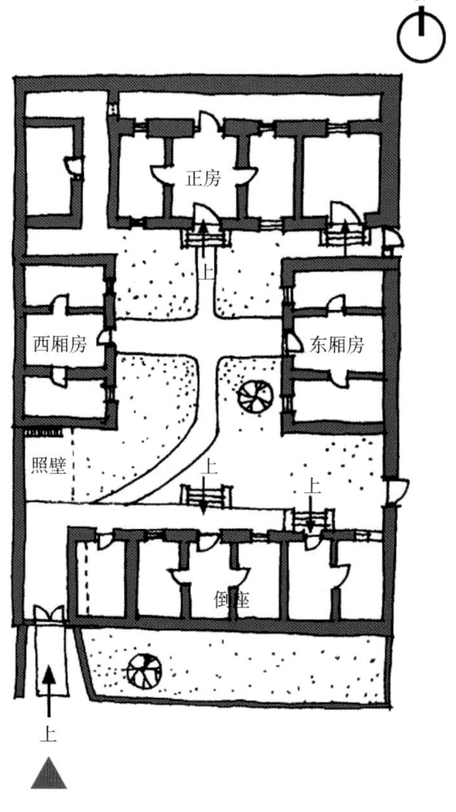

图29-20　白家大院平面图

图29-21 白家大院的照壁

图29-22 白家大院外观局部及其标语

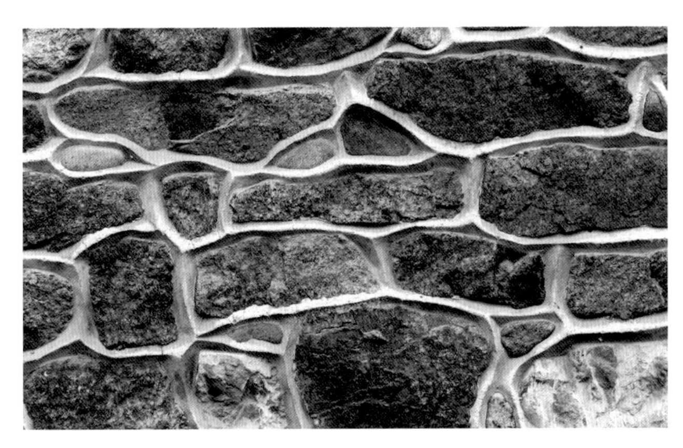
图29-23 白家大院正房的虎皮石

图29-24 白家大院的照壁细部

图29-25 白家大院屋脊

图29-26 白家大院屋顶局部

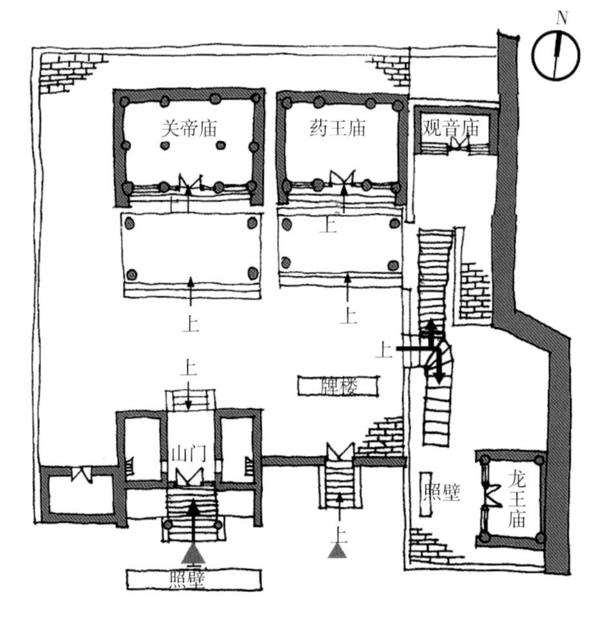

图29-27 药王庙平面图

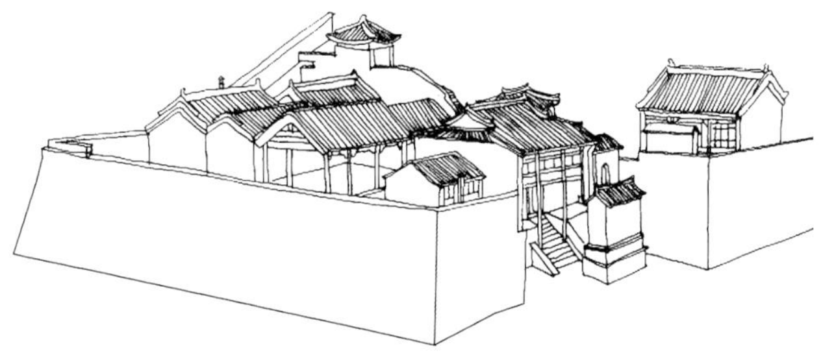
图29-28 药王庙鸟瞰图

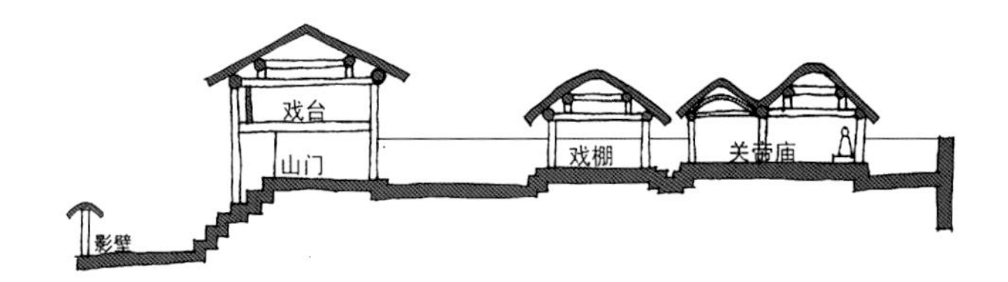

图29-29　关帝庙剖面示意图

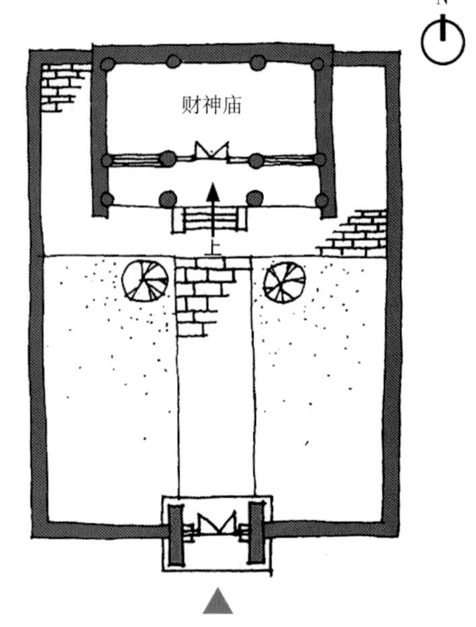

图29-31　财神庙平面图

图29-30　山门戏楼前的演出[23]

图29-32　财神庙壁画

年），为一独立庙院，“文革”时期因做了生产大队的仓库得以保存（图29-31 ~ 图29-33）。1996年被公布为密云县文物保护单位。入口为砖筑门楼，院内有正殿三间，里面供着三尊财神爷：文财神比干、范蠡和武财神关羽。

杨令公庙坐落在古北口村北门山坡[24]，坐北朝南，始建于辽太平五年（1025年），为古北口名胜（图29-34、图29-35）。1983年被公布为密云县文物保护单位。令公庙为前后两进院落，采用了“前朝后寝”格局。第一进院落为三合院，第二进院落只设后殿。前殿为庑殿顶建筑，供奉着杨令公与其八个儿子的塑像，大体保留了前代的建筑样貌。后殿为硬山双坡顶建筑，殿内供奉着佘太君等杨门女将，两侧山墙上的壁画讲述的是杨家将的传奇故事。

历代文人墨客路过古北口杨令公庙，多留诗凭吊，抒发敬仰之情。宋神宗熙宁十年，苏颂奉命贺契丹主生辰，有《和仲选过古北口杨无敌庙》：“汉家飞将领熊罴，死战燕山护我师。威信仇方名不灭，至今遗俗奉遗祠。”宋哲宗元祐四年，苏辙亦有《谒杨无敌祠》七律一首：“行祠寂寞寄关门，野草犹如避血痕。一败可怜非战罪，大刚嗟独畏人言。驰驱本为中原用，常享能令异域尊。我欲比君周子隐，诛彤聊足慰忠魂。”

图29-33 财神庙入口广场

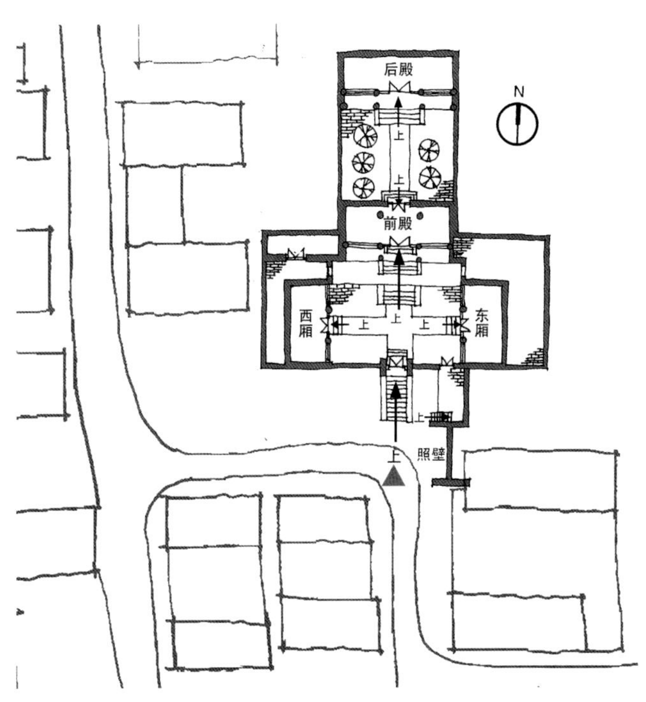

图29-34 令公庙平面

图29-35 令公庙入口

杨家将夜闯日军大营

古北口地区流传着许多有关杨令公的传说，其中“杨家将夜闯日军大营”是一段妇孺皆知的故事。说是1933年，日寇进攻古北口，战事岌岌可危。忽一夜一队古装将士杀入敌营，挡者死、遇者亡，势不可挡，直杀得日军晕头转向不知来了何方神兵天将，整整一夜紧闭营门。等第二天早上当地百姓进庙上香，发现老令公的坐骑通身是汗，杨六郎的枪尖血痕斑斑，穆桂英的绣花鞋缺了一个鞋尖，佘太君的龙须拐杖掉了一根龙须。于是，大家明白那是杨家将大显神通了。

相传，农历九月十四是杨令公的诞辰，每年的那一天古北口有盛大的令公庙庙会。届时当地的、北京的、河北的，成千上万人赶来上香，扭秧歌、耍把戏、拉洋片、卖东西，一时热闹非凡。独具特色的杨令公庙会，是太平盛世世人崇尚英雄的一种方式。

1 董明晋. 北京地区明长城戍边聚落形态及其建筑研究［D］. 北京工业大学，2008. 47.

2 土木之变是明英宗被蒙古瓦剌部所俘，使明王朝濒临崩溃的历史事件，因发生在河北省怀来县土木堡，故称土木之变。

3 李严. 明长城“九边”重镇军事防御性聚落研究［D］. 天津大学，2007. 25.

4 改绘自：董明晋. 北京地区明长城戍边聚落形态及其建筑研究［D］. 北京工业大学，2008：47.

5 汉代《史记·匈奴列传》载：“燕亦筑长城，自造阳至襄平，置上谷、渔阳、右北平、辽西、辽东郡，以拒胡。”另根据尹钧科著的《北京历代建置沿革》（北京出版社，1994年，第48～49页）中论述：“燕筑此长城、设五郡的时间在战国后期燕昭王二十九年（公元前283年）”。

6 顾祖禹（清）著《读史方舆纪要》载：“汉置厗奚县，属渔阳郡。厗音蹄。后汉曰傂奚县。晋废。魏收《志》：皇始二年，置密云郡，初治提携城，即厗奚之讹也。宋白曰：檀州密云县，即汉厗奚县旧治。”《汉书·地理志》载：“厗奚，渔阳郡辖县。”另《历代地理志韵编今译》云：“厗奚，西汉县，（属）渔阳郡，今直隶顺天府密云县东北。”

7 白天著. 古北口往事. 中国城市出版社，1997. 6.

8 参见《北史·齐本纪》

9 据《地理志三·新唐书》卷三十九记载：“东北百八十五里有东军、北口二守捉，北口，长城口也。”

10 胡三省（1230～1302年），中国宋元之际史学家，字身之，著有《资治通鉴音注》及《释文辩误》。

11 许亢宗（宋）著，《宣和乙巳奉使金国行程录·三朝北盟会编·卷二十》。

12 李东明编著. 古北口（北京地方志·古镇丛书）. 北京出版集团公司/北京出版社出版，2010. 4.

13 据《元史》卷五本纪第五记载：“丁亥，立古北口驿。”

14 据清代《读史方舆纪要》第五十七章记载：“密云后卫，在县东北百二十里，即古北口也。有城周四里有奇，雄踞山巅，至为险峻。洪武十一年，置守御千户所于此。”

15 据《明史》卷九十一记载：“九年，敕燕山前、后等十一卫，分兵守古北口、居庸关、喜峰口、松亭关烽堠百九十六处，参用南北军士。”

16 （清）张鼎华等总纂，张仲基绘图，《重修密云县志》，光绪八年（1882年）。

17 冈田玉山（日本）等编绘，《唐土名胜图会》，北京古籍出版社，1985年。该书在日本文化二年刻成，时值嘉庆十年（1805年）。

18 据《清史稿》本纪十三《高宗本纪》记载：“三十五年……命侍郎伍纳玺往古北口会同提督王进泰查勘水灾，发帑银二万两恤之，并开仓赈粜。”

19 宋庆煦著《密云县志·卷2·舆地·营城》，民国3年，台北：成文出版社，1968年，第102～104页。

20 古北口镇人民政府、密云县史志办编，古北口旧影遗珍，未公开出版，第7页。

21 古北口镇人民政府、密云县史志办编，古北口旧影遗珍，未公开出版，第8页；

22 口述来源：白家大院现居老人宋有权，1943年生。
据《北京地方志·古镇图志丛书》（李东明著，北京出版社）记载，该院清代名为“段家大院”，未有定论。

23 李东明著. 古北口志·北京地方志·古镇图志丛书. 北京出版社，2010. 106.

24 杨令公名杨业（又称杨继业），为北宋名将，被誉为“杨无敌”，史载其“军纪严明，屡建战功”。明万历年《大明一统志·祠庙》有记载：“杨令公祠在密云县古北口，祀宋杨业”。《古北口志》亦有记载：“历史上有名的杨无敌将军杨业曾于此击败契丹，其子杨六郎亦曾镇守于此。”

30

密云区·古北口镇·河西村

获得称号

第一批北京市传统村落。

地理位置

北京市密云区古北口镇，距市中心约107公里（图30-1、图30-2）。

社会经济

村中目前有居民600户，常住人口1900人。村内主要产业为种植业及民俗旅游业，2016年人均年收入为21255元。[1]

图30-1　河西村在密云区的区位图

图30-2　潮河鸟瞰

"潮河潮河，流迫山阿"

河西地区自古为兵家必争之地，朝廷在此布有重兵。公元前127年，汉武帝于元朔二年建驻军城（奚城），位置就在今河西村的中心小学。明代诗人杨选在《巡边》有诗云："潮河潮河，流迫山阿，中有嵯呀之巨石，旁倚峻嶝之危坡。长垣占乎重隘，铁垒肃乎金戈，虏兮虏兮奈如何！"可谓道尽了关河之险。[2]清康熙三十二年（1693年），清廷在此建柳林营，设东西二阁，置总兵。[3]康熙五十二年（1713年）将总兵升为提督，雍正元年（1723年）建提督署，署中有东西二阁，东西辕门。西辕门外有炮场，西阁外修校军场、演武厅。东阁有万寿行宫和清真寺。同治六年（1887年），提督郑魁士曾主修防洪坝千余米。由此可见，清代的河西村隶属古北口镇的一部分，虽曾称柳林营、西镇，但也从未分治。1911年后才以潮河为界，东西分治。因其位于潮河西岸，初称古北口河西，20世纪60年代简称河西。

通往避暑山庄的唯一通道

河西村不光具有军事防御的功能，还是京城通往热河避暑山庄的唯一通道，因此设立了九门提督府这样高级别的军事衙门。村中还有很多官房旧址，这些官房就是在此时期建造的。《日下旧闻考》中记载："每岁秋狝木兰，乘舆过此，例造正副浮桥以渡"，描述的正是皇帝渡潮河浮桥去往避暑山庄的情形。

独具特色的百家姓村

河西村还是一个有着130多个姓氏，7个民族的村落。[4]据统计，这些姓氏来自全国19个省、市、自治区的7个民族，可谓研究中华民族姓氏文化极具代表性的样本。之所以成为"百家姓村"，与明代修筑长城有着密切的关系。清康熙年间，驻扎此地的总兵是来自甘肃的马进良，他深受兵民拥护，以致后来他所带的士兵全部留在了当地。与此同时，大量的商贩也迁移至此进行贸易活动。相传，村内大街两侧曾经有过146家商户，有的甚至保留至今。[5]随着外来人口不断流入并扎根于此，河西村最终形成了独特的"百家姓村"。

"山合疑无路，溪回别有村"

河西村坐落在卧虎山下，其上建有吕祖庙，前山名为蟠龙山，其上建有关帝庙，青龙白虎，相峙而立，故有"坡面徘徊对垒门"之说。村前潮河犹如一条玉带绕村而过。清代诗人李调元描述了一幅山环水绕、古朴典雅的河西村村落景象："边墙圈不住，一径出关门。山合疑无路，溪回别有村。露花红朵朵，烟柳绿根根。谁画山峦好，远愁废莫痕。"村北卧虎山顶的长城敌楼有"望京楼"之称，该处地势优越，登楼远眺，不仅可见长城腾翔于群峰之巅，而且晴日可见北京，夜晚可见到京城的万家灯火。[6]

由于沿河分布，村落东西长三里，南北宽仅半里，呈船型。村内现有两条东西向的主要干道，前街和后街，民居分列于两侧。原衙署的驻地，经过军阀混战和"文革"后被拆毁，如今只剩下一块块空地。由于村民认为原衙署驻地的风水不适宜修建民宅，因此这些空地至今未被用作宅基地，村民多在此种菜，因此也就形成了一片片菜地。后街一处农家院旁，存有一棵老槐树，现为国家一级保护古树。每当逢年过节，村民都会来此祭拜，在树枝上悬挂葫芦，祈求风调雨顺，家庭和睦（图30-3）。

民居与商宅

河西村传统建筑多建于清代，以一进或两进合院为主。正房一般五间，厢房三间。建筑采用砖石砌筑，十分坚固。有的民居山墙和槛下墙都用卵石砌筑，并拼成独特图案，既节约砖材，又起到装饰的作用。讲究一点的院子，窗台石缝中还有雕花，十分精美。历史上的河西村商业十分发达，因此传统民居沿街立面往往开门开窗（图30-4～图30-9）。

段家大院，现存前后两进院落。原门楼位于南侧，现已封死。院落较为开阔。烟囱突出于建筑单体。窗下墙通过不同形态的石材拼接而成，图案精美。博风板收分处用圆形图案（图30-10~图30-15）。

紧对古北口关的吕祖庙

河西村历史遗产丰富，村内有吕祖庙、清真寺、提督府、参将衙门遗址、守备衙门遗址、校军场、点将台等众多宝贵的历史遗产。其中吕祖庙与清真寺为县级文物保护单位。吕祖庙地处河西村北侧的卧虎山上，建于明代成化年间，原名慈云寺，为佛教寺庙。清代宣统年间，道人郝祥麟将其重修，改慈云寺为道观吕祖庙。庙山门紧对古北口关，山下是潮河水。庙院为清代晚期典型的三合院形式，占地438平方米，南北稍长，东西较短。大殿内供奉着吕洞宾等神像的泥塑，墙壁上尚保存有很多精美的壁画。院内尚有3座残碑。庙西南有覆钵白色宝塔，塔下方有七郎坟。

图30-3 河西村鸟瞰

图30-4 民居

图30-5 影壁

“露八分”的“半拉子话”

河西村有着其独特的语言艺术——“露八分”，又称“半拉子话”。简单来讲，“露八分”就是在交流时故意省略四字成语或词语中的最后一个字。举例来说，说头发就是“披头散（发）”，说母亲则是“四郎

图30-6　山墙

图30-7　装饰

图30-8　瓦当滴水

图30-9　屋脊装饰

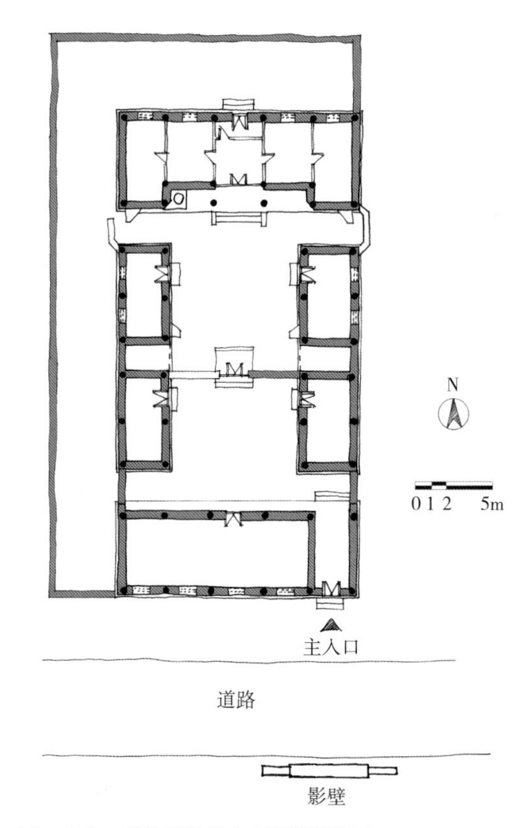

图30-10　古北口镇河西村段家大院现状平面

图30-11　河西村段家大院烟囱

图30-12 河西村段家大院厢房

图30-13 段家大院窗下墙装饰

图30-14 段家大院窗下墙装饰

探（母），亲上加（亲）"，如果说到某人的姓氏，比如姓尚则说"高高在（上）"。这种诙谐幽默的说法方式，很快就引起了人们的关注和讨论。

据村里的老人描述，这种语言方式大概形成于明清时期，起初是商人用于做生意时保密的暗语，旁人不知所云。后来演变为人们的日常用语，并在抗日战争中大放异彩。

"露八分"这种独特的语言形式与语境要素有着密不可分的直接联系。不论说话人还是听话人在交际时必须考虑到语境，否则会导致误解甚至交际失败。[7]"露八分"这种说法形式常用于插科打诨，活跃谈话气氛，或是彰显自己知识水平，或是作为暗语，不让第三方听懂。这种有趣的语言方式，相信也与河西村百家姓颇有渊源。

图30-15 段家大院博风收分装饰

1 北京市密云区2017年统计年鉴。

2 李东明．北京密云河西村：全国唯一"百家姓村"［N］．北京日报，2016-4-18．

3 密云地名志编纂委员会．北京市密云县地名志．北京：北京出版社，1992．104．

4 密云地名志编纂委员会．北京市密云县地名志．北京：北京出版社，1992．104．

5 莫闫．北京密云县百家姓村之谜［J］．今日科苑，2012，（20）：58-60．

6 密云地名志编纂委员会．北京市密云县地名志．北京：北京出版社．1992．104．

7 冀婷婷．"露八分"的语境因素探究［J］．延安职业技术学院学报，2013，27（3）：46-48．

31

密云区·古北口镇·潮关村

获得称号

第一批北京市传统村落。

地理位置

北京市密云区古北口镇，距市中心约106公里（图31–1、图31–2）。

社会经济

村中目前有居民175户，常住人口489人。[1]村域面积6平方公里[2]，人均耕地0.44亩，主导产业是种植业和劳务输出[3]，人均年收入18147元。[4]

图31–1　潮关村在密云区的区位图

图31–2　潮关村老村鸟瞰

潮河关堡

潮关村地处阴山西段山脚，潮河回环处北岸。据《北京市密云县地名志》记载，潮关又称“小城”，是古北口地区现存较早的古城。据《北京历史地图集》记载，潮河关在北齐武平三年称“提携城”，隋唐时叫“提奚城”，元代改为“潮河关”。明初，朝廷在古北口筑长城建关，在此地修建潮河川营城并设提调署，始称“潮河关堡”，由于地处古北口关城内外的重要通道之上，故将其作为古北口地区重要的防御据点。明朝正德六年（1511年）春季，经参将章君督视，循川筑城墙共计一百六十三丈八尺。清代，政府在原营城的基础上设营寨，为加强防务又在村北山上增设营寨，派把总驻守，并改营城叫“潮河关寨”，后来沿革为“潮河关”，今简称“潮关”。

1933年，日军为争夺这一要塞，曾发动古北口战役，两次血洗潮关村，导致83名无辜乡民惨遭杀害。可以说，潮关村见证了朝代更迭以及整个中华民族奋勇抗战的历史。潮河关城堡遗址为密云县级文物保护单位。

选址格局

村落选址三面环水，一面迎山，村北卧虎山，直面北齐长城。古时候出于军事防御的需求，潮河村四面都有城墙包围，目前西边城墙还尚存部分残垣，厚约5米。村落格局规整，整体呈方形，地势平坦，周围有耕地环绕。村庄规模较小，内部道路呈“工”字形，北侧道路与潮河关大桥连接，南侧沿道路直行可到达新村。

传统民居

潮关村现存传统民居多建于清代，保存状况较好。院落多为一进三合院，一般为砖、石、木结构，建筑多为三间（图31-3）。建筑墙体以河卵石和砖石砌筑而成，有的山墙面还嵌有照壁或镶嵌河卵石作为装饰，风格独特（图31-4）。屋顶均为硬山顶，屋面敷青瓦，密致有序。正立面窗扇较大，便于采光；背立面及山墙面全以河卵石砌筑而成，有的开有小窗（图31-5、图31-6）。

瘟神庙

北部村口有一座瘟神庙[5]，为密云县级文物保护单位。瘟神庙始建年代不详，据庙内壁画判断，应早于明代。庙院坐北朝南，东西长约20米，南北长约50米（图31-7）。据村中老人回忆，院内曾有两株直径约50厘米的古树。

南侧为清代戏楼，建在高约1.65米台基上，面阔三间，长8米，进深8米，原为硬山顶，现已改为卷棚顶。戏楼分为戏台和准备室两部分（图31-8）。戏楼两侧原各有一个大门，是瘟神庙的出入口，现已被封堵。戏台两侧山墙还有各朝各代、各类人物留下的绘画和字迹，比如“人在外面心在家，家中还有一枝花。高堂老母不相见，手中无钱南（难）回家”，十分有趣（图31-9、图31-10）。

北侧为正殿三间，称真武庙，供奉真武大帝[6]（图31-11、图31-12）。殿内拥有大量壁画，保存完好，画工精致，色彩艳丽。北壁西侧描绘有龙王行雨和回宫时的十八路神仙形象，其中的四目神，十分瞩目；北壁正中绘有云龙图样，描绘了两条翻云覆雨的巨龙；西壁描绘了真武大帝的传奇经历；东壁则描绘了大量的道教传说，用色大胆，线条流畅。殿内山墙则描绘了八仙形象和渔樵耕读等古民居中常见的生活场景（图31-13）。

正殿有东侧耳殿一间，供奉观音；西侧原有耳殿三间，供奉瘟神。据村中老人口述，瘟神为玉皇大帝指派到人间的神仙，他遍尝百草，能驱除瘟疫。古时候潮河总会泛滥，瘟疫肆虐，故沿河村民便集资修建瘟神庙，为其立像、建庙、供拜，以求驱灾避难。东西厢房一侧各有两殿，两殿各有三间。如今东侧厢房已经完全损毁，改为瘟神庙入口。

瘟神庙庙会

相传潮河水每二十年泛滥一次，水灾之后跟着瘟疫流行，所以百姓集资建起瘟神庙，祈求健康平安。当地老人回忆，庙宇当中真武爷的塑像有副大胡子，瘟神爷面部圆满。因为真武爷和瘟神爷五月初五日出家修行，所以自民国18年开始，潮关戏楼每年五月端午都有庙会，唱三天大戏。当时南来北往看客云集，大道两边尽是商贩，烧香的、上供的、听戏的，热闹非凡。传说那时戏台下边有一棵古槐，古槐之上有蛇居住，有人见过树上几百条黄蛇一同倒立；还有传说一条大黄蛇曾在庙会当中听戏入迷，不自觉地从树洞中伸出老大的蛇头骇到了观众，后来还是香客们好一番烧香祷告才算把它送走了。

图31-3　民居

图31-4　山墙艺术

图31-5　窗下墙装饰

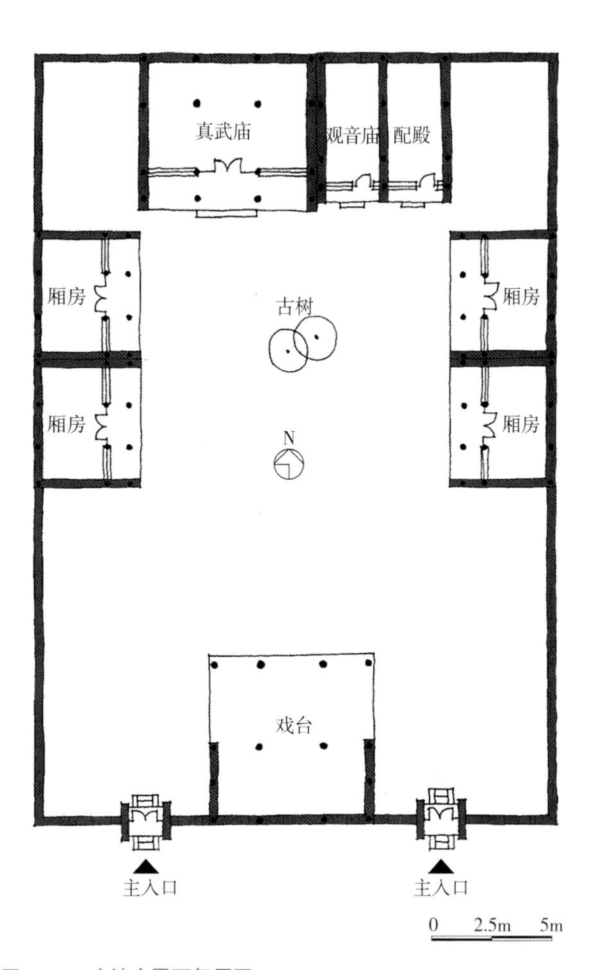

图31-6　民居结构

图31-7　瘟神庙平面复原图

图31-8　瘟神庙戏台

图31-9　戏台山墙文字

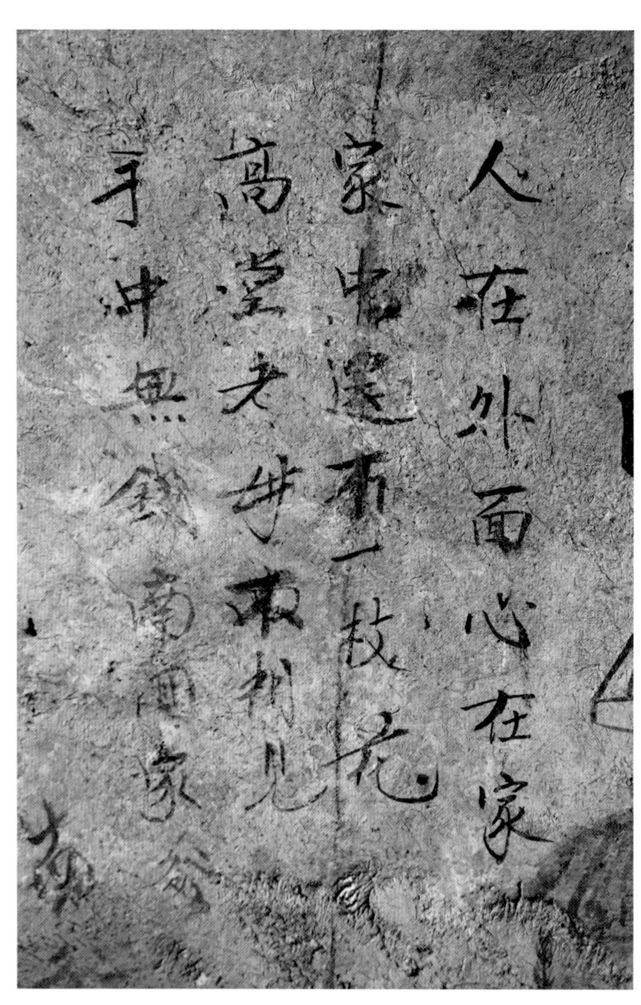

图31-10　戏台山墙打油诗

图31-11　从戏台看瘟神庙

图31-12　大梁彩绘

图31-13　龙王行宫十八路神仙形象

图31-14　东侧山墙彩画

图31-15　西侧山墙彩画

图31-16　黑白壁画

1 北京市密云区2017年统计年鉴。
2 密云地名志编纂委员会. 北京市密云县地名志. 北京：北京出版社. 1992. 107.
3 整理自百度百科词条——潮关村。
4 北京市密云区2017年统计年鉴。
5 瘟神，又称五瘟使者，是中国古代民间传说中司管瘟疫的神仙。分别为春瘟张元伯、夏瘟刘元达、秋瘟赵公明、冬瘟钟仕贵，总管中瘟史文业，并称五瘟使者。
6 真武大帝，为北方之神和水神，因万物生存皆与水相关，故深受人们敬奉。

32

密云区·冯家峪镇·白马关村

获得称号

第一批北京市传统村落。

地理位置

北京市密云区冯家峪镇，距市中心约100公里（图32-1、图32-2）。

社会经济

村中目前有居民164户，常住人口407人[1]，主导产业为种植业，人均年收入22422元。[2]

图32-1　白马关村在密云区的区位图

图32-2　白马关村鸟瞰

白马关及其传说

白马关村，原称白马关堡，与白马关关隘相组合，可谓是一夫当关，万夫莫开。此处山路狭窄，地势险要，曾是扼守关口的边关要塞。

明代洪武年间（1368~1398年），朝廷在北京郊区靠近内蒙古边界处广修长城，并陆续在边城要地构筑城堡；明永乐年间，密云境内设边城四路，白马关东有陈家峪、西坨古，西接北化岭、高庄子，属蓟镇西协石塘路管辖，朝廷在此修建防御型城堡；到了嘉靖三十年（1551年），官兵筑城修边，坚固城墙，建观察楼、防御城等，白马关堡规模得以扩大，变得能攻能守。

另外，杨家将的故事也为白马关村增添了不少传奇色彩。在北宋时期，辽人屡次南下侵犯中原，但是都被杨家将六郎杨延昭击退。于是，宋朝皇帝就委任杨延昭驻守燕郡（今密云区）三处重要关口——古北口、白马关、鹿皮关。由于杨延昭分身乏术，于是就将其心爱坐骑白马留在此处。辽人皆以为关堡内由杨家将坐镇，不敢来犯，故此得名“白马关”。但是这种说法有待考证。首先杨家将活跃范围为山西雁门关地带和河北中西部地区，而杨六郎把守的关口实为河北雄县的瓦桥关、淤口关、益津关。而且杨家将是北宋时期人物，白马关堡可确切推断的建成年代为明代，时间跨度久远。

虽然经不起推敲，但京郊地区确实有着大量与杨家将有关的传说和地名，比如冯家峪村、司营子村[3]等，也许是由于清代汉人仇视满人，视满族与入侵宋朝的辽邦为同类，于是对杨家将推崇备至，将自己的想象附会于地名中。

白马关堡

白马关村东侧靠山，西临道路及河流，北侧为明代长城和白马关关隘，地势平坦开阔，布局呈带状。白马关堡大部分已被拆毁，现仅存部分南墙和入口南城门。南墙外侧砌筑城砖，内侧砌筑毛石（图32-3、图32-4）。南门门额为汉白玉打造，长2米，宽1米，顶部镌刻“白马关堡”四字（图32-5）。城门现存上部城砖和条形石墙基，门前立有一尊白马石像（图32-6、图32-7）。由于城门是攻防战中的薄弱环节，因此城门门洞上通常设置厚达20厘米的木门，门扇上还嵌以蘑菇钉，以增强门扇的防御性能，同时降低火攻城门的危险。目前，城门券拱式门洞内还放置顶门杠的石窝。南门内有马道遗址，宽约2米，从马道能够很方便地用骡马将物资运输到城墙上，同时还能够防止敌人趁夜翻越城墙进入城堡内部。白马关堡为密云区级文物保护单位。

图32-3　堡墙外侧

图32-4　堡墙内侧

图32-5　南门门额

图32-6　南门拱券

图32-7 关城南门

堡中路网呈鱼骨状，平面呈“丰”字形，建筑分布于两侧，有利于城内的交往和联系，也便于及时和城外沟通。丁字路口、尽端小巷的布局均加强了聚落的防御性。留存下来的民居建筑以清代较多，就地取材，风格朴素（图32-8）。多数院落为三合院，但几乎都只有正房保存完好，东西厢房建筑质量普遍较差。村内常见以城砖盖起的房屋，风格别致，相似又不尽相同。整体来看，院落朝向都是坐北朝南，毗邻道路，建筑形态规则，排列紧密。

村内古井位于街心，是村内重要的节点。水井是传统村落中最为重要的公共设施，古代人际交往都是从水井边开始的，“市井”一词便是由此而来，因此水井周围一般多形成放大的节点空间，成为村民交流、交易、集会的重要公共空间。[4]村中还有古磨古碾，村民在此磨米磨面时也会相互帮助，一起交流，可以说，古磨古碾也是促进邻里交往的重要节点（图32-9）。

王青果古院

王青果院，位于白马关村中部北侧，西侧即为村中广场。院落坐北朝南，东侧倚靠山脚。该院原为三合院，如今西厢房已经损毁。院内房基高于一般院落，以碎石垒砌而成。大门位于南墙中间，正对照壁，院内皆用石块铺地。正房五间，厢房三间，皆为硬山顶，清水屋脊（图32-10）。屋面板瓦排列致密，正房垂脊处倒扣四列板瓦，厢房倒扣三列作脊。

正房建筑立面窗下墙部分填充有圆形的河卵石，西侧可以看到烟囱。背立面及山墙面全以当地碎石垒砌，据当地村民描述，这三面墙得由当地手法熟练的师傅亲自挑选形状大小合适的石头才能砌筑而成。因此虽然这些墙面看似杂乱无序，实则排列紧致，材料和肌理都十分丰富（图32-11）。

王春祥古院

王春祥古院，位于白马关村中部偏北的位置，坐北朝南，院落宽阔。院内种有核桃树，夏季绿树如茵，十分凉爽。该院损毁严重，现仅存正房五间，硬山顶，清水脊，门窗扇保存完好。正房门扇上挂有牌匾，但内容已无法辨认。建筑正立面用砖垒砌，中间规律地填充了圆润的长条形石头，别具一格（图32-12～图32-14）。

图32-8 局部街巷

图32-9 古碾

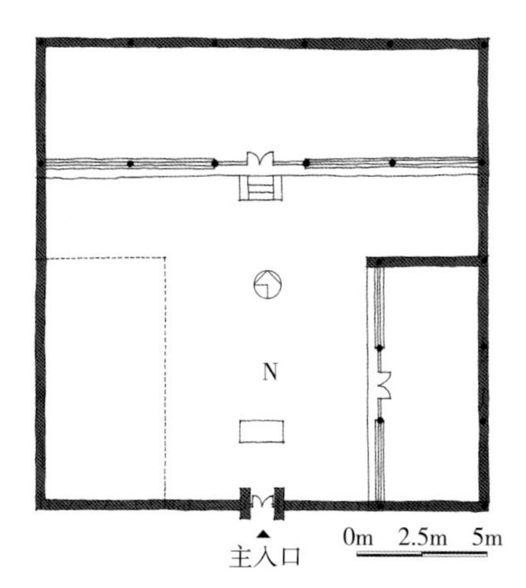

图32-10 王青果古院平面图

图32-11 王青果古院山墙

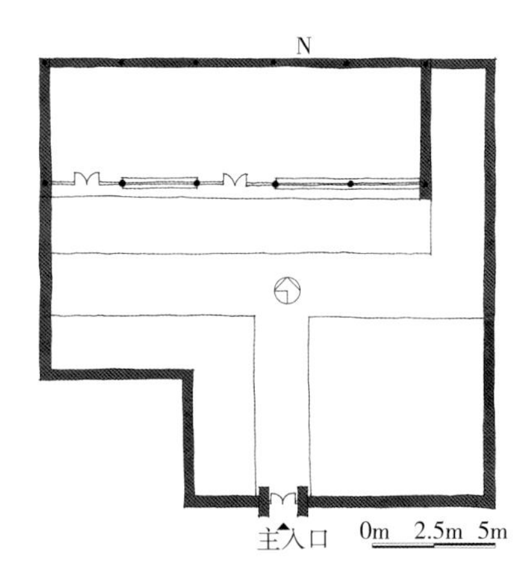

图32-12 王春祥古院平面图

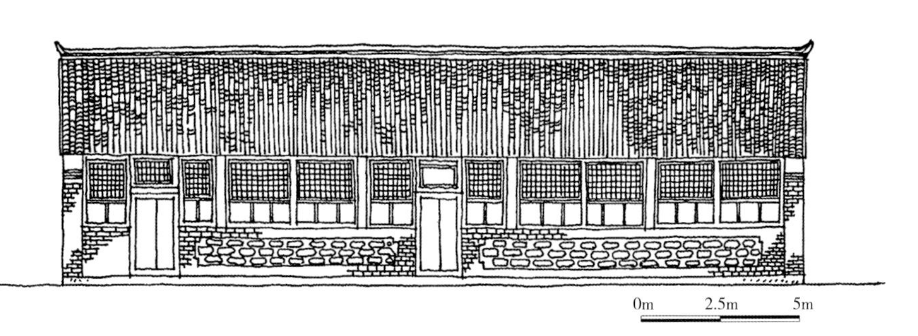

图32-13 王春祥古院立面图

图32-14 王春祥古院装饰

王清友古院

王清友古院，位于白马关村中部，王春祥古院南部，紧靠村内主路，正对村内广场。该院规模较大，现仅剩北侧正房。从残留的墙基可以判断，该院原为四合院，正房五间，东西厢房各三间，南房五间，正中开门。院墙墙脚以较大的方形条石砌成，墙体以规则的方形石块垒筑而成。建筑样式与别的民居差别不大，窗下墙部分填充的是大大小小不规则的河卵石和山石（图32-15、图32-16）。

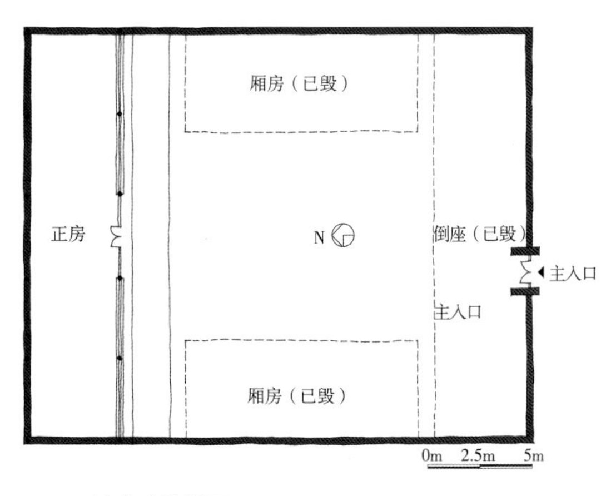

图32-15 王清友古院平面

图32-16 王清友古院正房立面

1 北京市密云区2017年统计年鉴。
2 北京市密云区2017年统计年鉴。
3 相传为穆桂英击败辽兵后，在村边缝补盔甲，于是将她撕盔甲的地方叫作“撕甲营子”，将缝盔甲的地方叫作“缝甲峪”，随着时间推移，演变为司家营子和冯家峪。
4 夏邈. 延庆地区传统村落风貌特征研究［D］. 北京建筑大学，2014.

33

密云区·新城子镇·吉家营村

获得称号

第二批中国传统村落。

地理位置

北京市密云区新城子镇，距市中心约111公里（图33-1、图33-2）。

社会经济

村中目前有居民500户，常住人口1460人。村中主导产业为种植业，主要为板栗，其次为玉米等农作物。2016年，人均年收入为19231元。[1]

图33-1　吉家营村在密云区的区位图

图33-2　吉家营村鸟瞰图

吉家庄营城堡

吉家营村位于墙子路和司马台长城附近，其形成发展与长城有直接的联系。长城防御工程体系并非仅指线性的墙体本身及其上墙台、敌台、烟墩等构筑物，还包括士兵驻扎的大大小小的屯兵城，即军堡。这些军堡才是军事防御组织机构的真正载体。大体而言，屯兵城分为镇城、路城、卫城、所城、堡寨，其中堡寨是最小的屯兵单位。同时，明朝廷通过屯田政策解决驻军粮饷问题，在长城沿线发展生产，即“边地卫所军，以三分守城，七分开屯耕种”。吉家营即为“亦守亦居亦耕”的长城堡寨型聚落（图33–3）。

关于吉家营的始建年代，明刘效祖编撰的《四镇三关志》中载：“吉家庄营城堡，洪武年建。”但1992年版《北京市密云县地名志》中有不同的记载：“吉家营原名吉家庄，始建于明朝万历初年，距今已有400余年的历史，在城堡的东门横额上刻有吉家营，后来改成现在的名字；据雾灵山上大字石记载：明崇祯年间吉家营曾驻守备武官。可见这里曾是长城驻军的城堡。在村内有明代修的关帝庙。”[2]村中王姓老人收集有半块城门砖，砖上刻有“万历五年……”的字样，可以确切地证明其建村历史可追溯到明朝万历初年（图33–4）。

图33–4　带有明朝刻字的城门砖

吉家营村自明代起便是驻兵城堡，到了近代也没有能够逃脱战火和硝烟。抗日战争时期，吉家营村作为八路军的一个根据点，为八路军提供补给并作掩护之所。在被日军发现后，吉家营村承受了前后三次扫荡。村民为求自保，只得暂时上山躲避，但是他们世代居住的家园，有着几百年历史的吉家营村，却在日军残暴的蹂躏之下，变得满目疮痍。[3]

在经历抗日战争的重创之后，吉家营村的厄运并没有就此结束。“文革”时期，红卫兵来到吉家营村，对其中残存的古迹又进行了破坏。甚至有的村民拿起斧头，亲手砸坏了自家门口的古照壁。改革开放后，吉家营村的村民们逐渐谋求发展，修路盖房。随着人口的增加，村落规模逐渐扩大，突破了城门的界限，往北往东发展。

选址格局

吉家营村地处雾灵山西北麓，三面环山，北面有一条小溪从村落前面流过，整体地势南高北低。这样背山面水的选址，首先考虑了“因地形、用险制塞”的军事防御作用，又最大限度地满足了村民生产生活的需要（图33–5）。

村落格局大致保留了吉家庄营城堡最初的骨架（图33–6）。城堡原有东南西北四座城门，其中西城门为主要出入口，门额上书“吉家营村”字样，门前种有两棵古槐；东城门门额上书“镇远门”字样，字迹已经模糊；南北城门走水，可泄山洪。目前仅存东西两座，西城门由砖石砌筑，门洞为拱券结构，厚达数米，依然坚固耐久，上部城楼已损毁，只余几个圆形柱础（图33–7～图33–9）。

堡内路网由三条连接城门的街道组织，其中正对东城门的称为大街，正对西城门的称为前街，这两条街道

图33–3　吉家营附近长城分布图

图33–5　选址示意图

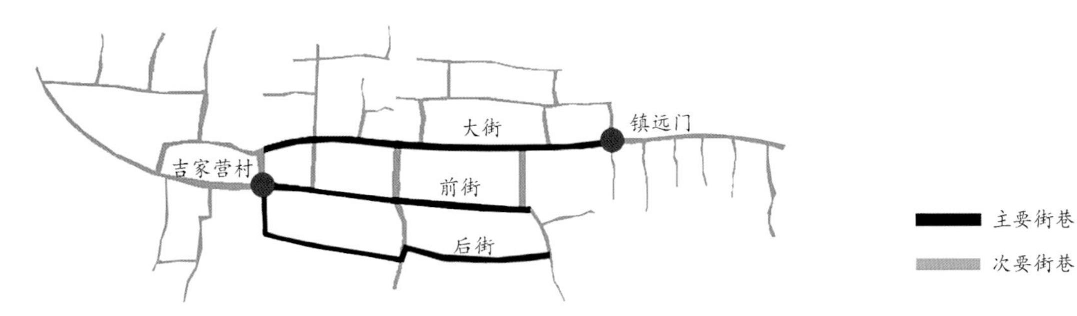

图33-6 吉家营村街巷分布图

图33-7 城墙现状

图33-8 西城门现状图

图33-9 城门复原图

均为明代修筑堡寨时形成。后街推测是在村落发展后期形成的。其余街巷避直就弯，宽窄变化，防御性较强，敌人即使进入堡内，也无法顺畅行进。目前村内地面全部重新经过硬化，街巷铺地大多都是水泥地，仅在少数荒废的房屋周围还留存有碎石路。

传统民居

吉家营村现存的古迹寥寥，村中的大多数民房已换上了现代的砖瓦和水泥。据村民口述，村内鼎盛时期有九座庙，至今已全部损毁，近年重建了药王庙（图33-10）。当被问起村落古建损毁殆尽的原因时，村民多悲愤不已。现如今，吉家营村的人口结构也像大部分城郊村落一样，老人留守，年轻人在外发展。村内的老人保留着传统的居住生活模式，冬季依靠火炕取暖，平时仍烧火起灶。交通不便、相对封闭，这在一定程度上使吉家营村保留了热情淳朴的民风民情。

吉家营村的传统民居建筑体现了典型的北方合院民居特征（图33-11）。一合院居多，大门通常设置在东南角。若是三合院、四合院，则会对入口空间作一定的处理。通常是大门正对厢房的山墙，进门左转方可进入庭院之中，这“一挡”“一折”体现了中国传统的

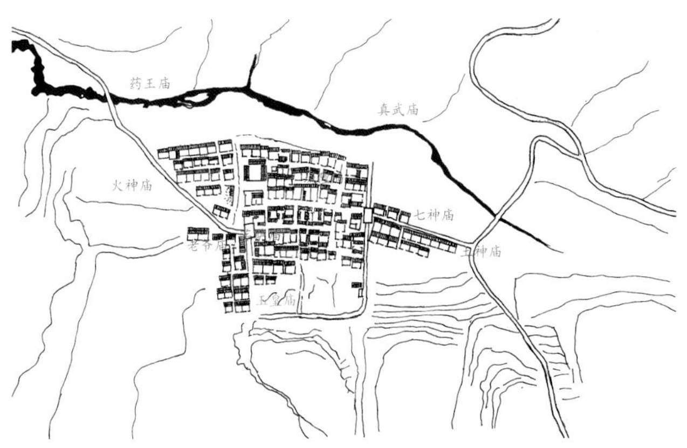

图33-10 传统村落格局

图33-11　传统民居院落

"含蓄"思想（图33-12、图33-13）。建筑单体为砖、木、石混合结构，屋架、结构柱以及门窗为木制，墙体为砖块以及石块垒筑，厚约400毫米左右，冬季保温（图33-14）。大部分未设置梁、枋等构件，而是硬山搁檩结构。屋顶为双坡硬山顶，屋脊两端飞翘，屋面仰瓦灰梗，合瓦梢垄。

建筑平面多为三开间，门开在明间，中间一间作为"厅"，通常设置桌椅、炉灶，是进餐、交流的场所；两侧的次间，作为卧室，设置火炕，只有一些橱柜类的储物设施。立面方面，无论是正房、倒座还是厢房，均表现出"内向性"，即朝向院内的立面大面积开窗，背向院落的立面开小窗，山墙基本不开窗。圆石构成的墙面肌理为本村传统民居的独特之处。窗下槛墙均采用大块、经打磨的圆石垒筑，石与石之间的缝隙用"麻刀灰"（碎麻布加以白灰，再加以白矾）填充。

建筑装饰主要集中在墀头、屋脊、檐口、墙壁以及影壁等处，以石雕装饰为主。内容以菊花、荷花、海棠、梅花、牡丹等传统名花为主，古朴精美，表达了人们对生活的追求。对于北方民居来说，土炕是必

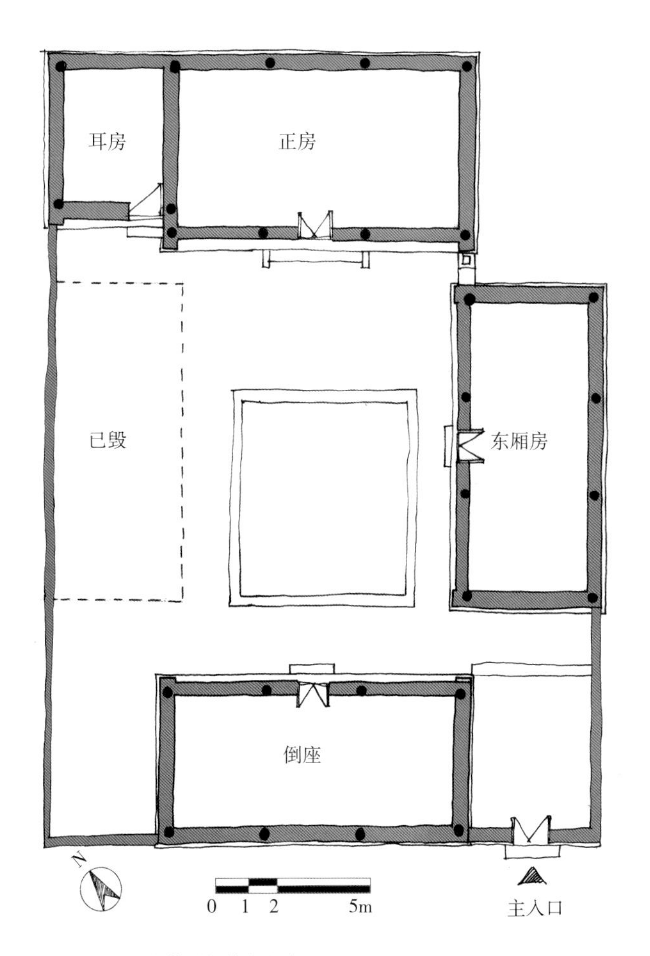

图33-12　吉家营村郝俊宽宅院平面图

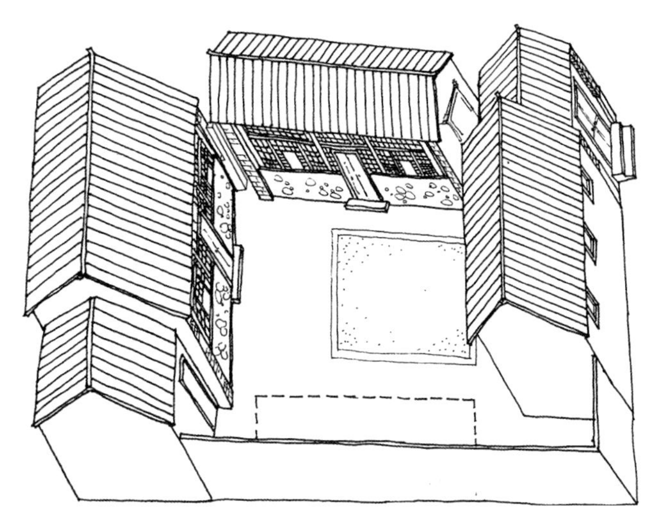

图33-13　吉家营村郝俊宽宅院轴测图

图33-14　石头砌筑的墙体

不可少的东西，烧炕就要有烟囱。人们出于对美的追求，烟囱也逐渐作为一种装饰。烟囱顶端大多做成亭子，在亭子四角挂上铃铛；也有的会在上面雕刻孙悟空（图33-15）。博缝头[4]通常用于歇山顶和悬山顶建筑，具有美观装饰作用（图33-16）。清代常常钉头用七颗金色半圆球形的装饰物作成雪花形状以为装饰，后来多以圆形图样收分，以植物图案进行装饰。吉家营村现存两座影壁，最古老的一座已有一百多年历史，影壁装饰精美，上面花举、瓦当雕工精细，并配有葡萄等装饰图案，意为多子多福（图33-17、图33-18）。

图33-15　烟囱盖装饰图

图33-17　村内最老的影壁

图33-18　原地主宅的影壁

图33-16　博缝头装饰图

1　北京市密云区2017年统计年鉴。
2　密云县地名志编辑委员会．北京市密云县地名志．北京出版社，1992．353．
3　本段文字系根据村民口述整理。
4　博缝头：建筑屋顶的两端伸到山墙外，为了防御风雪，可以用木条将其钉在檩条顶端，起到遮挡桁（檩）头的作用。

34

密云区·新城子镇·遥桥峪村

获得称号

第一批北京市传统村落。

地理位置

北京市密云区新城子镇，距市中心约116公里（图34-1）。

社会经济

村中目前有居民342户，常住人口809人。遥桥峪村在雾灵山旅游地段属中央腹地，以自然景观、山川河流而著称，为此该村一直以发展旅游产业为主，2016年人均年收入23190元[1]。

图34-1　遥桥峪在北京的区位图

图34-2　遥桥峪古堡整体鸟瞰

沿边卫所遥桥峪

为了加强京师及皇帝陵寝的防御，明朝政府修筑了京师周边密云、延庆及怀柔一带的长城及堡寨。堡寨属于沿边卫所。由于长城沿线许多地区不设府、州、县，所以都司卫所自成区域，兼理民政，即成为地方行政制度的一部分，这与内地卫所依附于省、府、州、县城市设置而作为单纯的军事机构有所不同，属于“实土卫所”[2]（图34-3）。

遥桥峪堡寨始建于明朝万历二十六年，竣工于万历二十七年秋，戚继光（1567～1583年）镇守蓟州时曾多次视察檀州至曹家路一带关隘，对完善长城防御设施作出重要指示。戚继光去世后，戍边官兵一直遵照他的遗命加强边防建设。明朝灭亡后，清军入关，长城戍边聚落失去其军事价值，遥桥峪开始回归于普通聚落的自然发展历程中。据说，因为村前的桥不稳定，摇摇晃晃，故得名“摇桥”，村名遂以谐音“遥桥”称之。遥桥峪村主要为倪氏聚落，亦聚居了部分的张氏家族，系明代戍边将士后裔。

抗战时期，八路军以遥桥峪为根据地，充分利用地形优势，与盘踞在曹家路的日军对抗。之后，这里曾经一度荒废。新中国成立后，随着人口数量的增加，不少居民从周边的戍边聚落以及密云县搬迁到遥桥峪，村落逐步恢复并继续发展。如今堡寨内仍然居住戍边将士的后代，而且聚落逐渐向西面扩展（图34-4）。

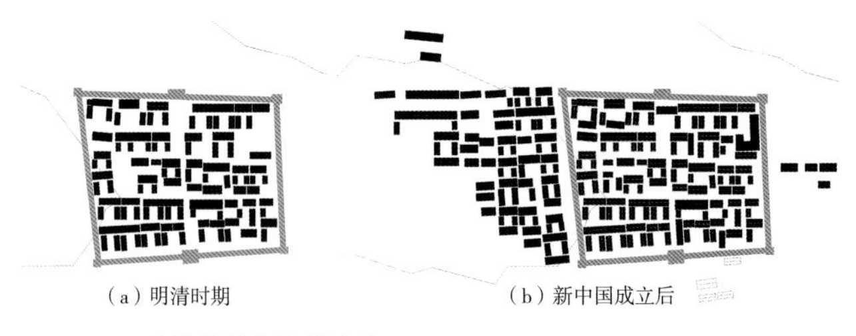

图34-4　遥桥峪堡寨聚落演变

堡寨选址

长城沿线的堡寨功能被定位为“亦守亦居且亦耕”。遥桥峪堡寨的选址，主要考虑了以下因素：

一是军事防御。明代茅元仪辑《武备志》中曾讲到：“堡，置者非无置之难也，置得其所之难也。夫左背山陵，右前水泽，古之行军莫不则其地。”长城沿线的军事堡寨，其选址应居险驻塞，包括依高、避泽、避卫及避壅等。遥桥峪堡寨以云岫谷山羊精楼为耳目，与司马台以东至曹家路一带长城敌楼遥相呼应，与新城子通往曹家路和遥桥峪村的三岔路口处的小口堡寨，形成共同防御。当长城遭遇敌情时，在山羊精楼上值勤的哨兵马上点起狼烟，把预警信号传到城内，城内立即集合部队迅速增援曹家路以西长城沿线，达到堡寨协同防御的目的。同时，遥桥峪堡寨基地有所抬高，不仅便于安全防御，也利于烽火信号的传递。

二是生产生活。遥桥峪堡寨南面面水，便于村民获得日常生活、生产用水；北面靠山，可形成抵御北风的天然屏障，同时具有良好的通风日照。耕田则位于堡寨北面。这些都为堡寨内将士的生活生产提供了有利条件。

三是风水格局。遥桥峪堡寨周边被雾灵山、云岫谷和雾灵湖等崇山峻岭及湖泊所环绕。该村坐北朝南，背靠雾灵山，其支脉向左右两侧延伸呈环抱的形势，把村落包围在中央，村前临安达木河。村落正面远山为案山和朝山。其选址很好地体现了中国传统风水择地学说（图34-5）。

2000年，“遥桥峪城堡”被公布为密云县文物保护单位。

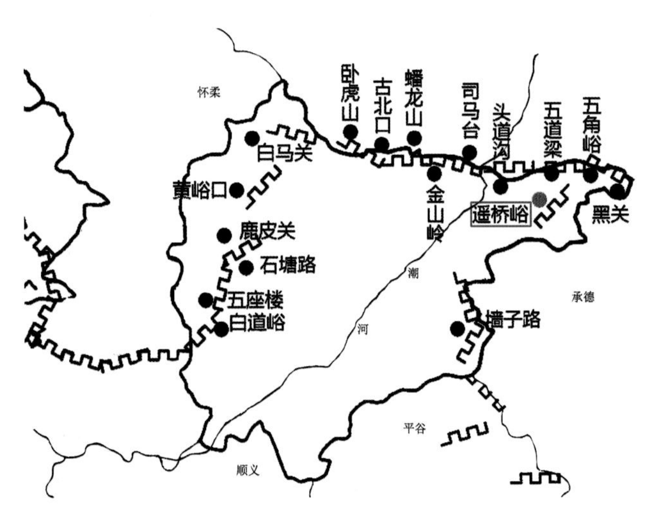

图34-3　遥桥峪堡寨与周边堡寨关系

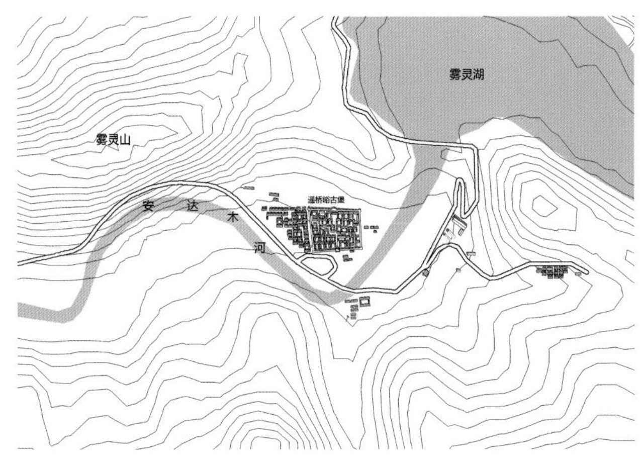

图34-5　遥桥峪城堡及其周边环境

图34-6 遥桥峪堡寨平面布局

堡寨格局

遥桥峪堡寨坐北朝南，平面大致呈矩形，东西长163米，南北宽135米（图34-6）。考虑到防洪，堡寨建于高台之上，石基座周长45.3米，高10.7米。南面正中有城门一座，连通堡内的南北向主街。多用丁字巷，宽度一般3～4米左右，高宽比在0.3～0.6之间（图34-7）。堡内历史遗存数量不多，据村中老人口述，由于战乱，明清时期的建筑已不复存在，现存建筑绝大多数都是新中国成立后重修，这其中不乏采用堡墙材料建造而成的。改革开放以后，经济条件有所改善，重修的房屋大部分改建成砖石结构（图34-8）。

遥桥峪堡寨的防御体系由外向内包括三层：第一层是外围堡墙；第二层是街巷，表现为道路宽窄的变化、丁字路口的处理、尽端小巷的安排以及堡墙内侧环行路的设置；第三层是居住院落，设置了封闭的外墙、藏兵洞、高起的望楼以及暗道等各种防御措施。

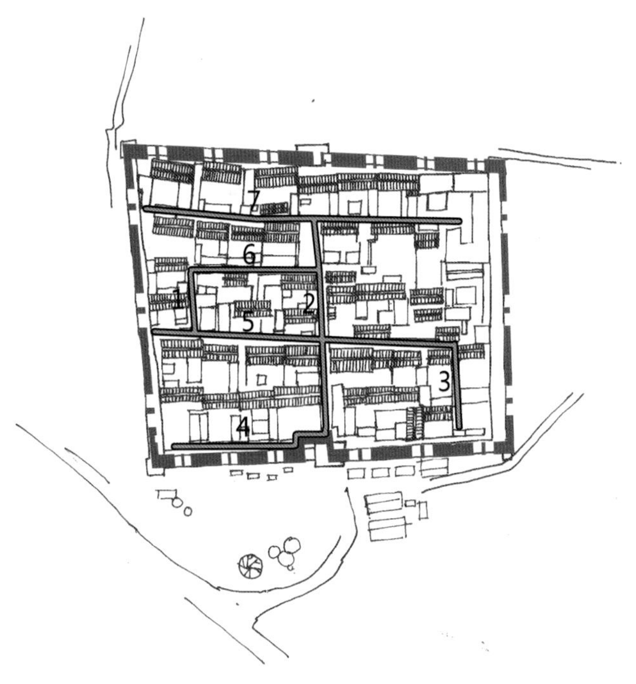

图34-7 遥桥峪堡寨街巷格局示意图

堡墙、堡门与堡楼

遥桥峪堡墙是北京地区保存最为完整的一段（图34-9）。堡墙为砖石结构，主体建筑材料为砂石、卵石、黏土等（图34-10）。其墙体构造满足防御要求：首先，墙体的厚度很大，顶部宽约4米，石块错缝垒砌，由下到上依次变小，石块之间的空隙采用碎石与泥沙填充，内部亦用石块堆积，具有较强的整体性；其次，堡墙上部略有收分，外檐砌有用于瞭望和射击的垛口及悬挑石块，内檐筑有宇墙[3]等设施，防止敌人靠近与攀爬；最后，外墙转角处弧线交接，大概与楚人“削折城隅”的筑城习惯相关，避免坍塌（图34-11）。此外，在墙

图34-8　村内传统民居

图34-9　堡墙

面上还设有排水沟以及吐水嘴，吐水嘴之间距离大约为31米（图34-12、图34-13）。

通过现场勘测，堡墙垂直高度大约为6650毫米，收分大约1/8.3。现状堡墙顶宽3.67米，较历史文献记载略微减小，推测其受到历史的侵蚀与破坏（图34-14）。垛口、宇墙均不存，根据现状遗迹可推断其位置。据当地老人回忆，原堡墙四角各有供放哨用角楼一间，北堡墙中间顶部还建有真武庙一座，20世纪40年代时，庙内有神像供人祭拜，后神像被毁，不知所踪（图34-15）。新中国成立后，堡墙进行过三次翻修：第一次在20世纪90年代，主要进行了填补堡墙豁口和找平；第二次在2000年，主要在堡墙顶部铺砖并翻修城楼；第三次是在2008年，对堡墙整体进行了维护。

堡门上额镌刻着“遥桥古堡”，门洞内安装巨大的双扇板门，内侧装有门栓及锁环，外覆铁皮，镶嵌巨大的门钉。原板门已毁，只留下后人补修的板门。堡门上原建有砖木机构城楼一座，现已拆毁。根据柱础的分布，可知其为三开间，前后出檐。在建堡初期，堡门并不是对外联系的唯一通道。堡墙北侧靠近真武庙旁还设有一个豁口，当双方实力悬殊时，守军可通过豁口撤退，保存有生力量，同时也便于及时传送消息，使附近堡寨能在第一时间得到预警并做好防御工作。

图34-10 城墙局部

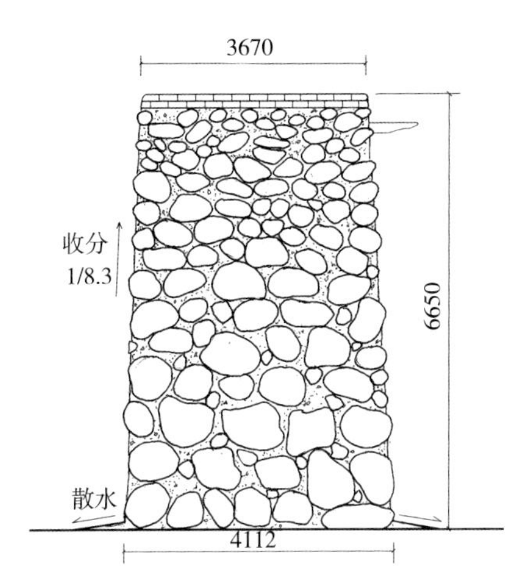

图34-11 堡墙构造示意图

图34-12 城楼及堡墙上的排水槽

图34-13 城楼及堡墙上的排水孔

图34-14 遥桥峪古堡堡门透视

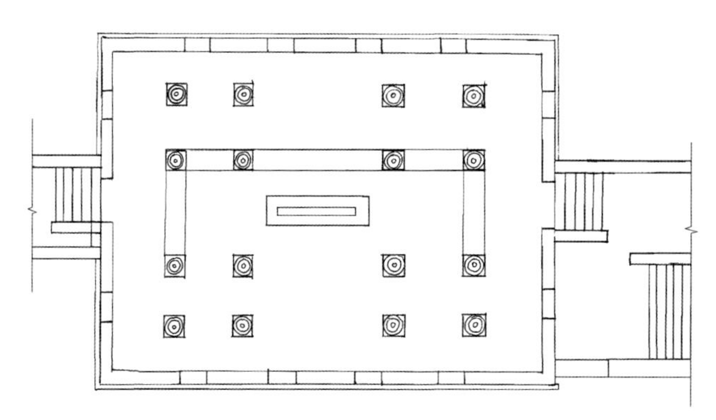

图34-15 遥桥峪古堡城楼平面图

1 北京市密云区2017年统计年鉴。
2 边地不设府州县区域的卫所，辖民户兼理民政，被称为实土卫所。
3 也叫女墙，是指堡墙上所筑的矮墙，其主要作用是保护人马防止从墙顶上跌落。

35

密云区·新城子镇·小口村

获得称号

第一批北京市传统村落。

地理位置

北京市密云区新城子镇，距市中心约115公里（图35-1、图35-2）。

社会经济

村中目前有居民90户，常住人口214人。[1]因其处于遥桥峪水库下游，是水库移民接收村之一。村域面积2平方公里。2017年全村集体收入280万元，人均年收入0.97万元，以林果业作为主导产业，果品收入人均5000元[2]。

图35-1 小口村在密云区的区位图

图35-2 小口村鸟瞰

屯有重兵的小口城堡

村落临近长城，周边有堡墙，具有戍边聚落的特征。戍边聚落主要形成于明代，随着明长城军事体系逐渐完备而产生。“边军皆屯田，且耕且守”[3]，描述的就是早期戍边聚落的生存状态。到了明代后期，朝廷推行世袭制军户制度，越来越多的军兵长期驻扎于此，繁衍生息，“军士以卫所为家，父兄子弟在焉；以州县为老家，族姓在焉”[4]，表明了卫所具有家属同所、寓民于兵的特点。屯田制的推行为村落的形成和发展创造了条件。

戍边聚落往往需要与周边村落通过烽燧的方式相互策应，共同御敌。因此，聚落之间相距一般不足十里，故有“五里一墩，十里一堡”的说法。密云地区的聚落随长城整齐有序地分布，但是延庆地区戍边的村落却是分布散乱，这是因为密云地区的长城是在北齐长城的基础上修建的，明代设置屯所后发展成聚落，而延庆地区则是先有聚落而后修建长城。

小口村成型于明洪武年间，作为长城关口，其城池因山就势而建。明万历十三年（1585年）建营城，并设置城门、城墙、角楼和点将台等，与司马台、唐家寨、吉家营形成了进能攻、退能守的防御体系。小口村地理位置险要，村落处于通往曹家路和遥桥峪的两股道的岔道口上，是三股道的枢纽，军事地理位置十分重要。小口城堡以前屯有重兵，且有将军驻阵指挥，因村内曾住过一位将军因此又名“将军台”。

图35-3　小口村城墙

选址格局

小口村南临溪流，北侧靠山，整体地势北高南低，形如太师椅。聚落选址以防御为先决条件，其选址遵循“依高、辟泽、避卫、避奎”的准则，“依高”指的是关城需位于居高处，便于取得军事主动权；“避泽、避卫”指远离沼泽，预防水害；“避奎”指必须保证战略交通的需要，不能设置在交通容易堵塞的地方[5]。

聚落平面呈不规则的六边形，北圆南方。出于军事防御的需求，村落封闭性强。北面于山顶上修墙，南面随坡而下，东、南墙基本为直墙，西、北墙随山就势为半圆形，于南面设城门。城墙以坚固的砖石和卵石垒筑，并在制高点设置角楼（图35-3）。小口村城墙内原以将军府为中心，除了营地、宅院、庙宇、楼台外，还有大量的农耕用地，现仅存关帝庙和角楼。

村内道路路网整齐平直，呈“口”字形，与堡门正对的主街宽阔畅达。堡门后为放大的广场空间，与村中的重要的公共建筑关帝庙共同形成了村民日常的集散空间。院落分等级而设，布局方正、规矩，院与院之间联系方便，利于防卫（图35-4）。

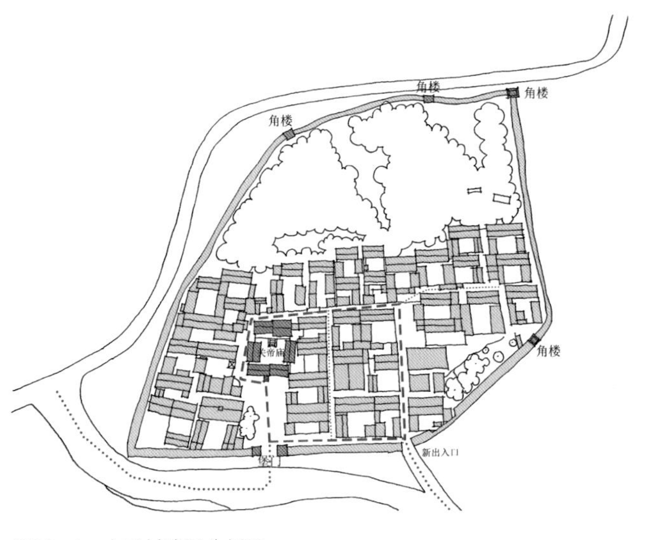

图35-4　小口村路网分析图

传统民居

村内传统民居主要建成于清代。民居形式多为四合院，但与京城内的四合院不同，该处的民居为阔院式，既无前院也无后罩房，仅有正房。民居选址因地制宜，建筑风格简朴，多为硬山顶，板瓦盖顶，瓦片倒扣便于排水，正脊两端作蝎子尾装饰（图35-5）。建筑立面最大的特点就是就地取材，很多建筑的窗下墙都填充有圆形的河卵石，形成了独特的装饰风格（图35-6）。山墙面和建筑背面亦由当地卵石砌筑。

图35-5 小口村民居建筑

图35-6 小口村民居装饰

关帝庙

关帝庙是戍边村落最常见的庙宇形式，供奉武圣关羽。因为军士常年驻扎在边关，巨大的精神压力和艰苦的边塞环境，不可避免地影响着官兵的士气，不少人因此滋生了厌战的情绪。关帝作为武圣，是“忠义、勇武”的代表，在军事城堡中设置关帝庙可供士兵及其家眷祈求神明庇佑，获得心理和精神上的慰藉。

小口村的关帝庙位于村口，正对堡门，是密云区级文物保护单位。庙宇坐北朝南，平面独特，为一进合院。庙内有关帝庙、娘娘庙、火神庙、药王庙和马王庙。南面正中为入口，北面东侧三间为关帝庙，进深两间；西侧三间规格略小于关帝庙。东西厢房各三间，南面倒座内有马王庙（图35-7~图35-10）。

关帝庙台基方正，高0.72米，硬山顶，筒瓦盖顶，屋脊装有鸱吻。庙宇结构为抬梁式，室内墙壁、梁枋都绘有道教题材彩画（图35-10）。正门为五抹四扇隔扇门，斜方格格心棂花。据村中老人口述，关帝庙始建于元代，明清时期都有修缮过。过去古庙内松柏、槐树擎天，云遮雾罩。当年康熙皇帝去往热河行宫避暑，遭遇反清复明人士追杀，脱离御道，正巧来此庙内，突逢瓢泼大雨。康熙惊道：“何人护驾？”空中忽有人言：“二弟护驾在此。”待康熙回宫谈及此事，深受触动，因此特封关羽为“协天大帝，亘古一人”。而此庙也因此备受殊荣，得到康熙御封，至今庙内还绘有康熙御封的两条神龙。修复后的关帝庙香火旺盛，村中每年阴历三月十八日举办庙会，方圆各村的村民与游客都会前来助兴，络绎不绝。

图35-7 关帝庙正殿鸟瞰

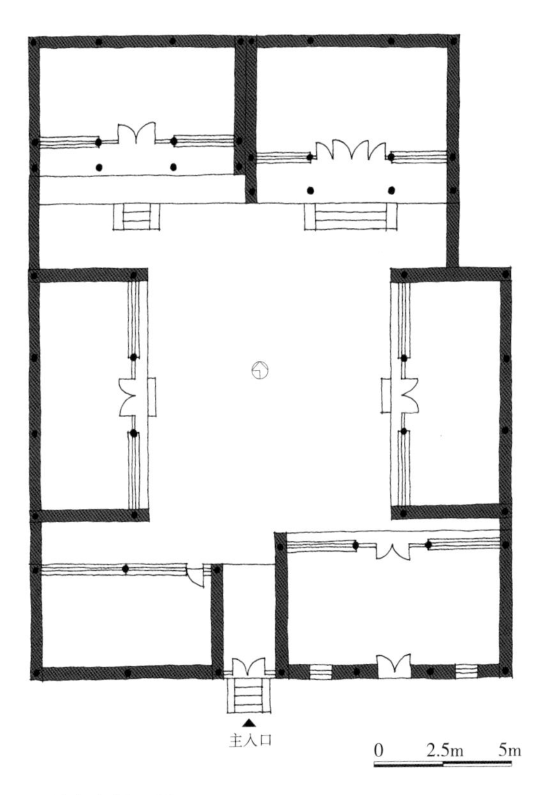

图35-8 关帝庙平面图

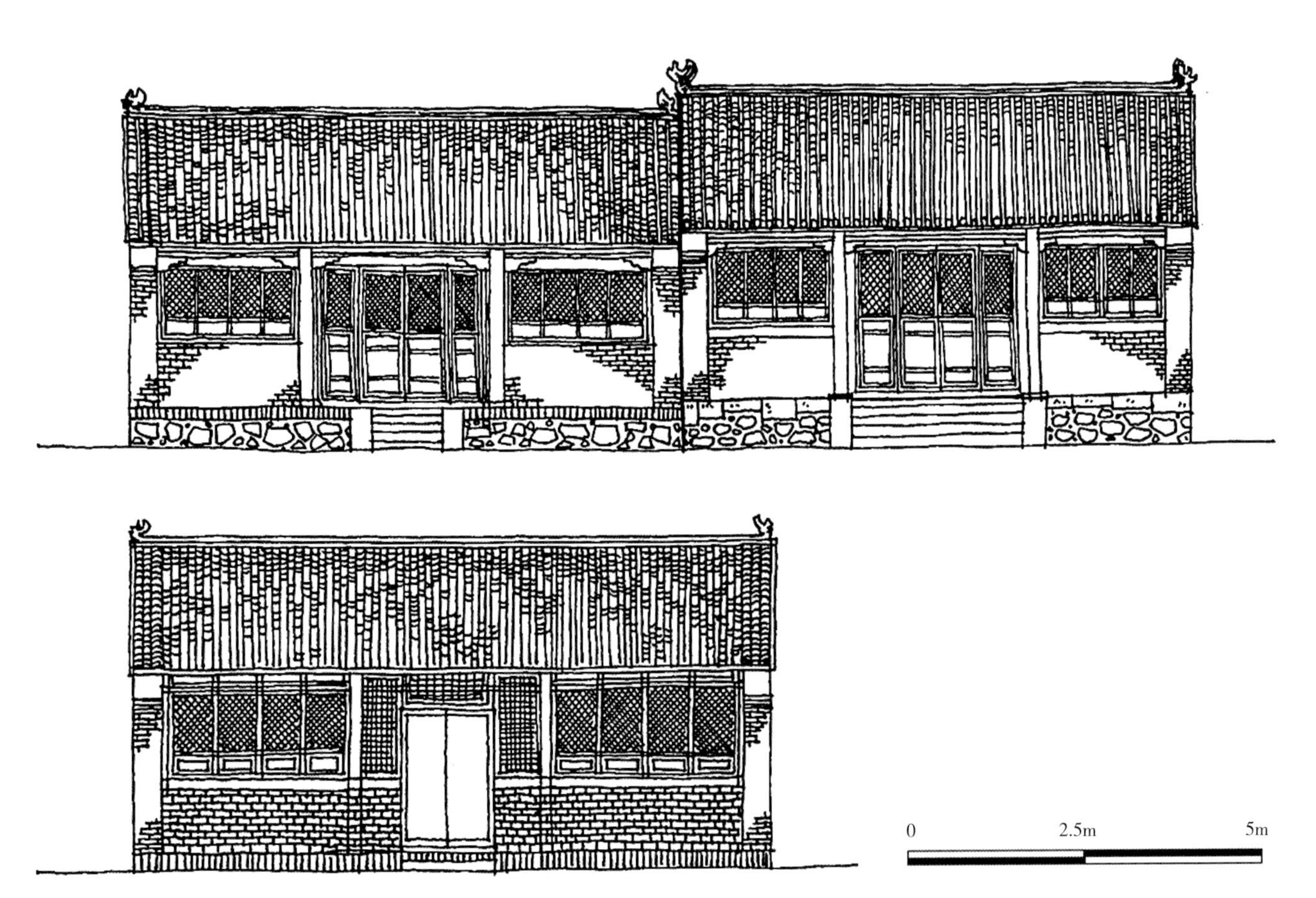

图35-9 关帝庙正殿及厢房立面图

图35-10　关帝庙内彩画

1 北京市密云区2017年统计年鉴。

2 整理自北京市密云区新城子镇人民政府官网http://xchz.bjmy.gov.cn/nzcms_show_news.asp?id=5447

3 畿辅人物考. 江苏广陵刻印社影印本. 1990; 1: 3.

4 陈史龙选辑. 明史经世文编. 中华书局. 234: 2640.

5 董明晋. 北京地区明长城戍边聚落形态及其建筑研究［D］. 北京工业大学, 2008.

36

密云区·太师屯镇·令公村

获得称号

第四批中国传统村落。

地理位置

北京市密云区太师屯镇，距市中心约103公里（图36-1）。

社会经济

村中目前有居民415户，常住人口1050人[1]。村域面积670万平方米，主导产业为种植业和旅游业。2016年统计数据显示，人均年收入为16770元。[2]

图36-1　令公村在密云区的区位图

图36-2　李秀莲古院

与杨家将有关的古村落

村子西南方向有辽代居住聚落的遗址。遗址位于黄土台地之上，面积约2万平方米，距地表2米以下发现有墙基、灶址和炭灰。出土有辽代的沟纹砖、绳纹砖及釉陶罐、碗、瓷片等。文化遗存如此丰富的辽代村落遗址，在北京地区也不多见。[3]可见辽时期，已经有人在此聚居生活了。到明洪武年间，为了抵御北部的元军，朝廷在此修建城堡。据清代《密云县志》记载："令公堡，把总戍之。"可见，令公村在明清时期是重要的军事要冲。

令公村的村名则与宋代名将杨继业（杨令公）有着一定的联系，《北京市密云县地名志》上记载，杨令公曾经带兵到过此地，村子因此得名。还有一种说法源自《王氏家谱》，村中多王姓，而王姓始祖生于山西太原，名为王统。明初，王统带着四子从山西迁居密云，辗转后落居于古北口镇，开枝散叶。到了明末，为了躲避战乱，王姓某支迁至本村。因先祖曾居于古北口令公庙旁，故将落脚地更名为令公村。这两种说法各执一词，真实性无从考证。但从杨家将生前活动范围来看[4]，家谱中的记载真实性更高一些。

"坚壁清野"的古城堡

"令公村，靠北坡，金银财宝十八锅；朝阳洞，万花山，二柏搭枝好神仙。"这首歌谣流传至今，生动形象地描绘了村落的空间格局、自然山水和人文景观。

令公村选址于山前平原，沿山脚形成三角形聚落。村东有安达木河，村北沟谷内有一处20世纪70年代建成的小型水库。二柏搭枝庙位于村北仙居谷山崖上，又名三清观，是供奉道教三位天尊的庙宇。三清观山门朝西，北侧大殿三间，东侧有配殿。庙前有两棵古柏，枝叶交错。据村中老人传说，这两棵柏树是一对情侣幻化而成，他们二人情投意合，只因父母阻挠，逃进深山。三清神仙被其坚贞不渝的爱情打动，将二人点化为柏树，自此共结连理，长相厮守。庙院内有古井，东南角植有花椒树和槐树。院内石碑断裂，内容已无法分辨。

据村里的老人王崇永描述，村民原来居住在古城堡内，堡墙南长北短，呈簸箕形，仅有一门，名为"清野门"，取"坚壁清野"之意。城中有贯穿东西向的长街，过去铺的全是鹅卵石。为了进出方便，长街两端开门。经过数百年的发展，人口急剧增加，村落逐渐向堡外发展，古城慢慢地融入了村落中，形成了独特的"村中城"的格局（图36-3）。村内现有区级文物保护单位令公城堡和令公庙，有国家一级保护古树两株。

图36-3 城墙

村中传统民居多建于清代，大都就地取材，造型古朴庄重。建筑单体为砖石木结构，硬山顶，清水脊。门窗扇均用木材制作，内部的花心呈现出一定的规律。建筑底部台基由大块的山石垒砌而成，大方美观，坚固耐用。窗下墙多砌河卵石，也是民居建筑装饰的重点，体现了当地独特的建造技艺（图36-4～图36-12）。

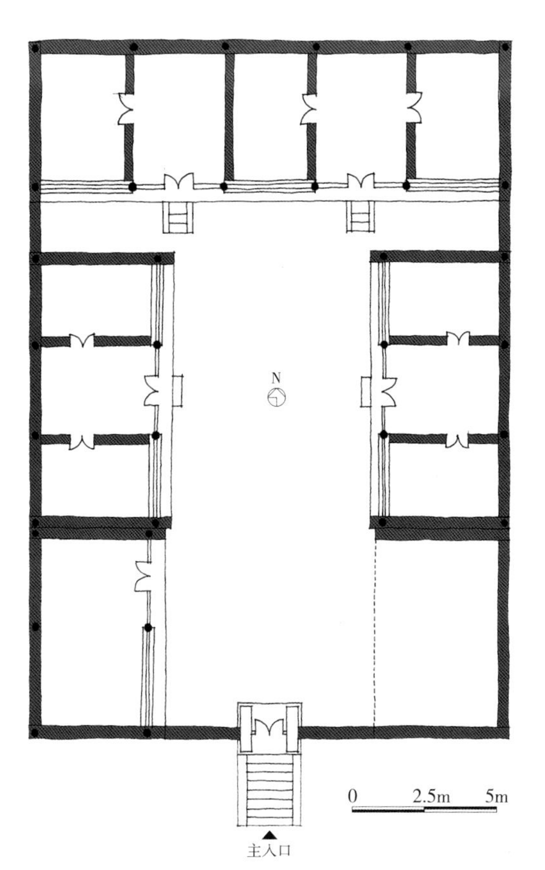

图36-4 王作勤古院平面图

图36-5　民居

图36-6 山墙1

图36-7 山墙2

图36-8 石敢当

图36-9 窗下墙

图36-10 屋脊装饰

图36-11 烟囱

图36-12 肌理

1 北京市密云区2017年统计年鉴。
2 北京市密云区2017年统计年鉴。
3 王晓易. 令公村：碧水仙居“村中城”［N］. 北京日报，2016-12-29.
4 杨家将的活动范围为今山西雁门关和大同一带。

37

密云区·石城镇·黄峪口村

获得称号

第一批北京市传统村落。

地理位置

北京市密云区石城镇，距市中心约88公里（图37-1、图37-2）。

社会经济

该村驻地椴树梁，共有口门子、转山子、椴树梁和山神庙四个村民小组，是典型的深山区传统村落。全村共有村民41户，400人，人均收入25418元[1]。村域面积约12平方公里，平均海拔275米左右。自2008年以来，黄峪口村依托环境优势和本土中华蜜蜂优势，创立了北京市黄峪口村蜜蜂专业合作社，建立了中华蜜蜂保护区域，打造了“中华蜜蜂生态观光谷”。

图37-1　黄峪口村在密云区的区位图

图37-2　敌楼鸟瞰

长城与敌楼

黄峪口村地处关公山南麓，是与长城休戚相关的戍边村落之一，因长城关口黄峪口关而得名。据村中老人介绍，黄峪口原属关外，口门子村属于关内。黄峪口村的村民大多为守城军兵的后代。

作为密云北侧防御少数民族入侵的城堡型聚落，其防御性极强。村前后山峰上是明朝时期修建的石长城，西起不老屯的转山子峡谷的山峦，向东过峡谷后向北拐，在转山子村背后的山岭关公山南侧沿山势向东折，在冯家峪附近，随着山势的起伏，呈W形上下曲折而行，终止在上峪附近。这段长城北连古北口，向西过白河峡谷与黑龙潭附近的鹿皮关相连，折向西南后，经云蒙山南麓的五座楼，与著名的慕田峪长城连为一体，再向西南延伸便是箭扣、北京结、黄花城、西水峪、龙泉峪、居庸关、八达岭，最后从西南方向折向河北。这是京城的一道重要屏障，突破了这道屏障，便可直插京北的平原地带。目前，部分段位长城仅剩基座，敌楼大部分已残破。

另外，“原关口及南北对峙两敌楼尚存，但是早年修进村公路时，将关门及北面一座拆毁，如今仅有南面一座楼顶垛口尚存。”[2]仅存的这一座为典型的3×3结构，东南西北四个方向上各有三个可以向外射击的窗口，防御性极强。敌楼内部纵横交错，以数个砖砌石拱承重，采光良好（图37-2、图37-3）。敌楼仅设一门，与上至山顶的山道相接，堡门由七块坚固的石块砌成（图37-4）。敌楼顶部设有排水装置，减小了雨水对墙体的冲刷、损害（图37-5）。

民居院落

黄峪口村民居建筑风格质朴、形式简单，注重实用性，这与戍边聚落以防御性为主的功能特性紧密相关。

图37-4　古堡入口

图37-3　敌楼内部

图37-5 排水装置

建筑多为双坡硬山顶，坡度较大，屋面倒覆青瓦，形成连续的“U”字形，利于排水。屋脊为清水脊，两端的蝎子尾高高翘起。建筑以功能实用为主，没有过多的装饰，仅在窗下墙部分，填充不同形状和颜色的卵石以做简单修饰。建筑面阔多三间，门窗扇通常尺寸较大，利于进出和采光（图37-6）。

中华蜜蜂生态观光谷

黄峪口村村民保留传统养蜂技艺，在山坡上用泥土和稻草搭建蜂桶（图37-7），依靠环境优势和本土中华蜜蜂优势，创办了北京黄峪口村养蜂专业合作社，引领鼓励村民大力发展中华蜜蜂。村子近几年计划依托云蒙山开发、密关路拓宽、新建大关桥等有利条件，大力发展民俗旅游，并结合中蜂科普馆，利用科普文化、观光、休闲、互动体验等环节打造“中华蜜蜂生态观光谷”。

图37-6 传统民居

图37-7　泥土和稻草搭建的蜂桶

1　北京市密云区2017年统计统计年鉴。

2　北京市密云区2017年统计统计年鉴。参见密云区人民政府官网。

38

延庆区·张山营镇·东门营村

获得称号

第一批北京市传统村落。

地理位置

北京市延庆区张山营镇，距市中心约79公里（图38-1、图38-2）。

社会经济

村中目前有居民420户，常住人口952人[1]，均为汉族。村域面积6.73平方公里，村庄面积11万平方米，以种植业和旅游业为主。村庄水利条件优越，佛峪口水库西干渠从村北1.5公里处经过，政府出资建机电井6眼，构成了村内水利网。

图38-1　东门营村在延庆区的区位图

图38-2　东门营村鸟瞰

东门营屯堡

明建文元年（1399年）设隆庆卫，在延庆区西南区域兴起了一批村落，东门营村便是其中之一[2]。据明《嘉靖隆庆志》记载，明嘉靖十六年（1537年）设“东门营屯堡”，仍属隆庆卫[3]。在2002年村民整修村落时，从西城门附近挖出一块古城门额，上书“迎恩门”三字，落款为“钦差怀隆兵备道按察使胡思伸建修”，时间为“万历四十六年孟秋”，进一步证明了“东门营屯堡”明已有之。至于村名的来历，村中老人口述，东门营的西侧原有一座废弃古城，而明代朝廷驻军的位置正好在古城东门，故名“东门营”。

选址格局

东门营村北靠海坨山，处于山前冲积扇上，地势北高南低，相对平坦开阔，利于耕种和村庄建设（图38-2）。据光绪《延庆州志》记载，东门营村四周“有土城”，有“东西二门”，两城门之间有“东西街一”，“关帝庙、佛寺、龙王庙、三官庙在村中”。东城门很早以前就没有了，但西城门在20世纪七八十年代还在。东西街是村中古街，长约二三百米，宽约四五米，东低西高。四座庙宇均沿古街两侧分布，街北有泰山庙，旁边是真武庙，临近西门的街南有阎王庙，街北有关帝庙，均为延庆区文物普查中登记的不可移动文物。另外，据老人回忆，古街中间原有五六棵古槐，现已不存。与古街垂直的是数条南北向巷道，与古街共同构成了“丰”字形的道路结构，民居建筑临街而建，井然有序。

孙殿宽院

孙殿宽院，位于东门营村旧村主街中部41号，曾为文举人孙寿龄的院落。院落坐北朝南，院门开在西北角，为半间宽的蛮子门[4]。受风水学影响，民居入口并不正对街道，而是建起平台，筑起矮墙，从侧面进出（图38-3～图38-5）。门额上书“百世墨香”四字，表明了院内主人乃“书香门第”出身（图38-6）。院门正对西厢房的影壁，厢房山墙上雕刻有精美的悬鱼（图38-7）。

正房共四间，中间为堂屋，两侧住人或储物，室内布局基本保持原样。纱窗和闭户的木销仍在，只是窗户拆除了窗棂，换上了玻璃，比以往采光更加充足。[5]正房东侧有门道可通向后院。后院基本无存，只是正房的后檐墙上部多出了三层拔檐砖，至今仍悬挂着五块木匾，隐约可见上面的“德寿双全”、“年高德昭[6]”、“齿德可风”[7]等字样。

有意思的是，村中“耕读”主题的装饰很多，如40号院门楼雀替上雕有“耕”字，其院内砖雕影壁上还有

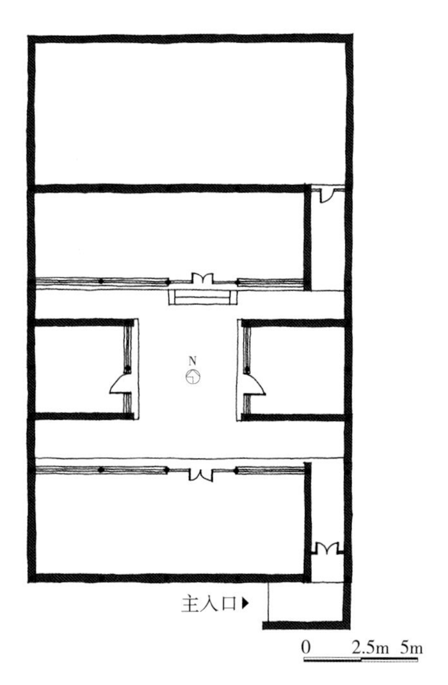

图38-3 孙殿宽院平面图

“家传敬义数千载，世继诗书几百年”的砖雕对联。在5号民居残存的座山影壁上也有“世间好事忠和孝，天下良图读与耕”的砖雕对联。这些无不反映出传统村落深厚的文化底蕴。

阎王庙

阎王庙，位于东门营村西侧。该庙坐西朝东，庙前有七级台阶，为一进院落，院内原有古树一棵（图38-8）。西侧正殿三间，面宽7.8米，进深3.8米，高约4米，檐口至台基2米。正面门窗装饰一新，斗栱和横梁上绘有彩画。殿内正中端坐阎王塑像，两侧立有判官和黑白无常等鬼使阴差，脊檩施有彩绘，并题有“大清光绪二十四年仲夏月六月初一日立”以及“东门营阁堡众善人合堡重修寺”的字样（图38-9）。院内其余建筑不存。

关帝庙

关帝庙，位于村西。该庙坐北朝南，庙前有五级台阶（图38-10～图38-12）。院落狭长，南北长约16.8米，东西长约7.7米。院内有一通清乾隆二十二年重修碑和一对元代石狮，东西两侧各有一棵古树。北侧正殿三间，面宽7.2米，进深4.3米，高约4.6米，檐口至台基2.8米。关帝庙近年已重修，不过屋顶上的悬鱼和脊兽均为原建筑上的老构件。

图38-4　孙殿宽院

图38-5　孙殿宽院入口

图38-6　匾额

图38-7　悬鱼

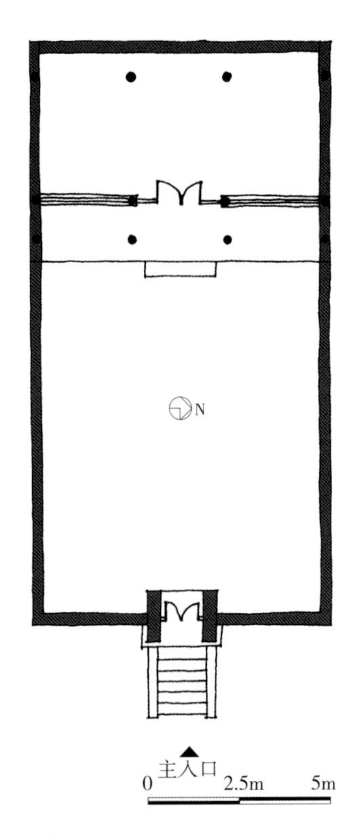

图38-8　东门营村阎王庙平面图

泰山庙

泰山庙，位于村东十字路口交汇处。该庙坐北朝南，为一进院落（图38-13）。院落长约15米，宽约14米。正殿前有南房，通过南房进入院内。正殿三间，面宽8.5米，进深5.6米，高约4米，其中檐口距台基约2.7米；南面的过殿三间，面宽8米，进深4.4米，高约4米，屋檐距台基约2.6米。泰山庙前有广场，村民常常聚集于此。

泰山庙供奉的是碧霞元君泰山娘娘，殿内有泰山娘娘塑像，左右有金童玉女。泰山娘娘是华北地区民间信仰的女神，其道场位于五岳之尊的东岳泰山。人们认为泰山娘娘“庇佑众生，灵应九州”。其东西山墙的壁画生动描绘了十殿阎罗的形象，壁画色彩鲜艳，笔触细腻。山墙北侧用水墨绘有升龙形象，巨龙张牙舞爪，吐云吐雾，气势逼人；南侧则绘有武将立像，相对而立，威风凛凛。泰山庙内的壁画极为珍贵罕见，即使在延庆地区也是不多见的精品（图38-14）。

真武庙

真武庙，位于村东泰山庙西侧。该庙坐北朝南，为一进院落。正殿三间，面宽8米，进深4.8米，高约4.1米，檐口距台基约2.5米。正殿为两坡硬山顶，殿前有檐廊，檐柱为两根明柱，两根半柱。正面门窗漆以红色，以菱形方格装饰，窗台较低。整个建筑古朴大气，庄重沉稳。

真武庙最具历史价值及艺术价值的部分当属殿内的壁画。前廊两侧绘有两位武将立像，一人持鞭，一人握戟，形象威武。殿内东西山墙各有纵横36幅共计72幅彩绘，四行九列，每一幅图画都有四字图名。这些彩绘详

图38-9 阎王庙大梁

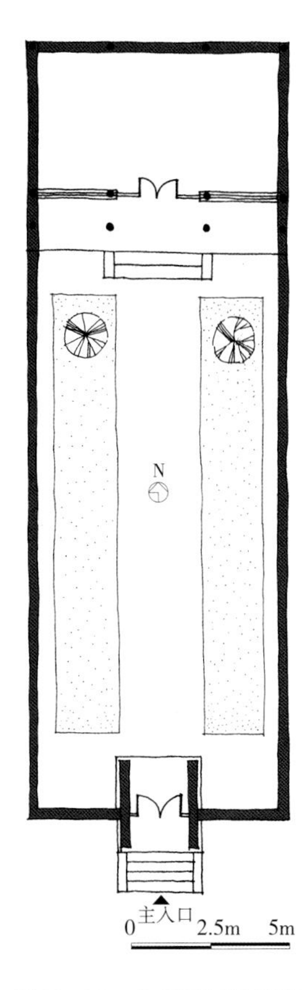

图38-10 东门营村关帝庙平面图

图38-11 关帝庙

图38-12 关帝庙大梁

尽地描绘了真武大帝修道成仙、救助世人的故事。壁画线条简约凝练，色彩鲜艳，画面内容更是妙趣横生，比如“虎蛇拦路”一幅，真武大帝披发跣足，身着黑色道袍，挥剑斩向拦路虎蛇，画面富有张力，气氛渲染十分到位。殿内山墙顶端则用水墨描绘了“渔樵耕读”等传统题材（图38-15）。

古崖居

在1979年地名普查工作中，工作人员在村西北2.5公里处的山谷内，发现有古崖居群，崖居分布于两座花岗岩绝壁上，共计有117窟，面积达960平方米。1990年定为北京市重点文物保护单位，1991年开发成旅游区（图38-16）[8]。

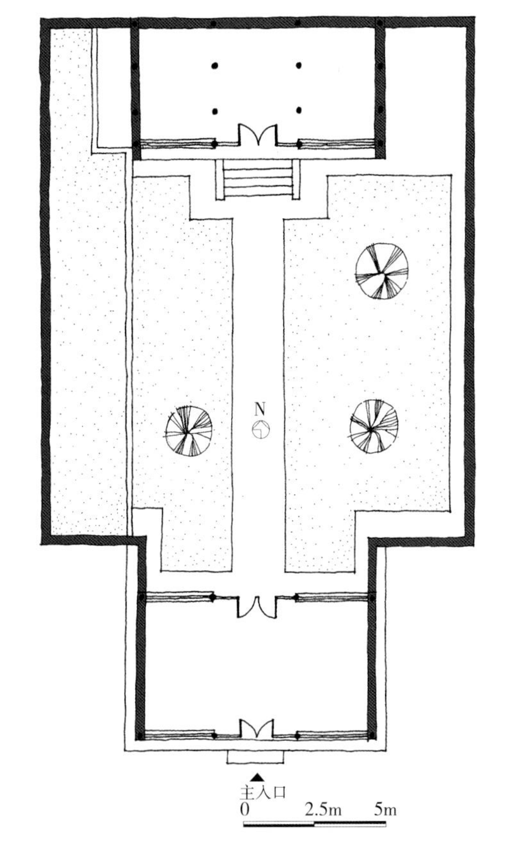

图38-13 东门营村泰山庙

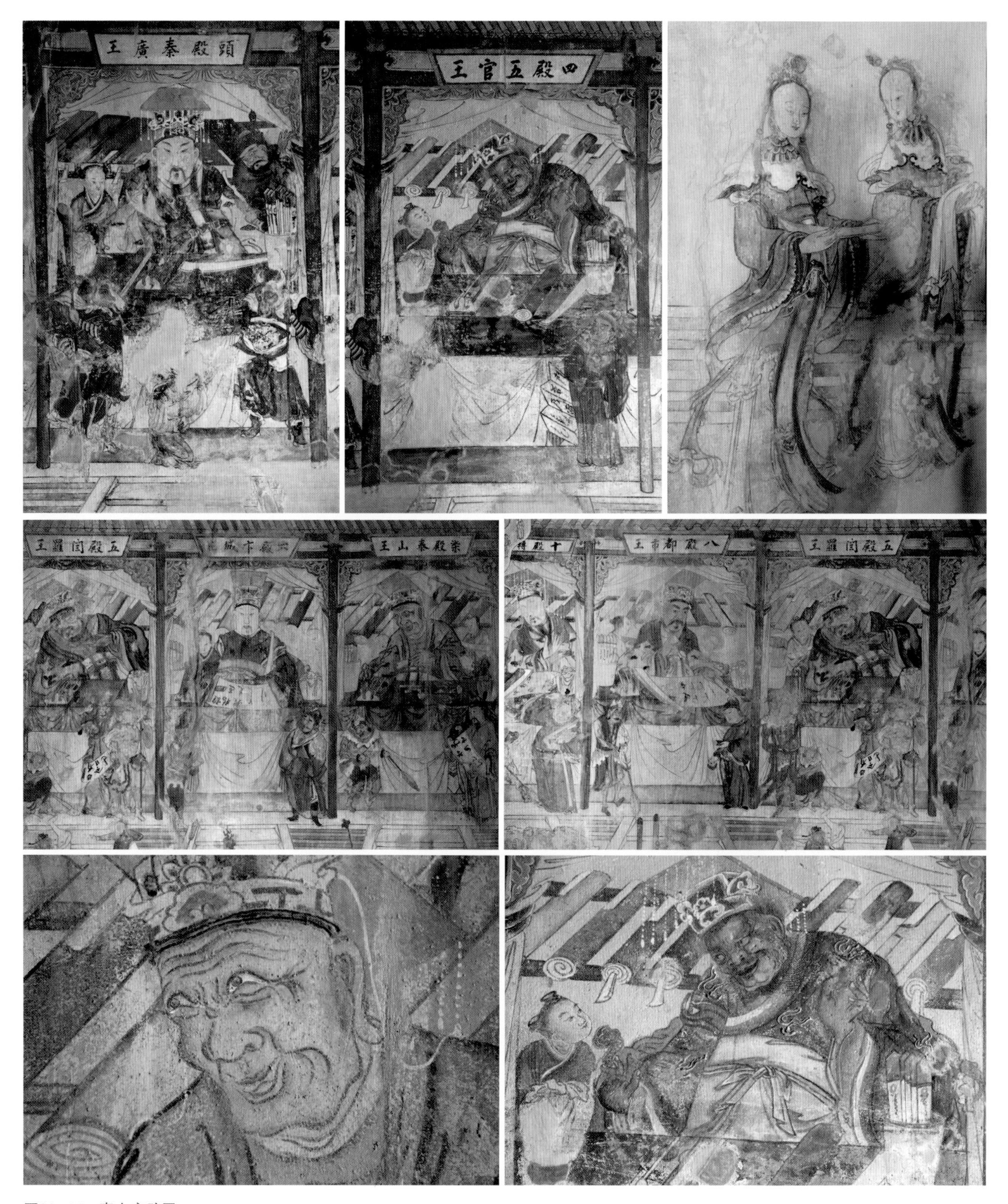

图38-14　泰山庙壁画

图38-15 真武庙壁画

1 北京市延庆区2017年统计年鉴。

2 郭阳．北京地区传统村落分布与特征研究［D］．北京建筑大学，2014．

3 延庆县地名志编纂委员会编．北京市延庆县地名志．北京：北京出版社，1993．118．

4 蛮子门，古建筑中的一种屋宇式宅门，安装在前檐檐柱间，属北京四合院宅门的一种。

5 高文瑞．边远小村东门营：秀才匾犹在古城墙已“吃”．北京日报，2016．3．

6 出自汉代扬雄《法言·孝志》：“年弥高而德弥劭。”

7 出自《孟子·公孙丑下》：“天下有达尊三：爵一，齿一，德一。”后世用“齿德”指代年龄与德行。

8 延庆县地名志编纂委员会编．北京市延庆县地名志．北京：北京出版社，1993．118．

图38-16　古崖居

39

延庆区·井庄镇·柳沟村

获得称号

第一批北京市传统村落。

地理位置

北京市延庆区张山营镇，距市中心约65公里（图39-1、图39-2）。

社会经济

村中目前有居民402户，常住人口1100人，均为汉族。[1]村域面积4.4平方公里。乡村旅游为村中主导产业，特别是以火盆锅为核心的“豆腐宴”饮食文化独具特色。

图39-1　柳沟村在延庆区的区位图

图39-2　柳沟村鸟瞰

南控长陵，北镇独石，东历四海冶，西历岔道

关于村名的来历，村民说法不一。据传，柳沟村在明代又称“凤凰城”，因其东西两关形似展翅欲飞的凤凰而得名。明朝在此设把总署，筑城屯兵，称柳沟营（或称柳沟城）（图39-3）。到了清代，柳沟村凤凰堡被毁。[2]还有的说法认为，村子东南和西部沟壑内种满柳树，以阻止水土流失，村民因此将凤凰城改名为“柳树沟村”[3]，后简称“柳沟村”。究竟哪一个为村子得名的具体缘由，已无从考证（图39-4）。

柳沟村在历史上具有极其重要的军事战略地位。《宣府镇志》中载：“本城边界，其西灰岭次冲，山险可恃，敌骑不通；塔儿峪极冲，但柳沟当其前，永宁蹑其后，虽冲亦何患焉……其余军丁、操守与巡捕、把总管领亦驻柳沟，以备防御。”“（柳沟村）西南沙河，东北平坦，乃南山适中之地。其护口墩与塔儿峪极冲，西灰岭次冲。”《钦定日下旧闻考》亦载：“陵后柳沟南控长陵，北镇独石，东历四海冶，西历岔道，又若左右腋之擎后背然。向设南山两协，一驻柳沟，一驻榆林，布置颇密，惟是两协势不相下，恐画地自委。今议改协为镇，总兵仍驻柳沟，居中调度。”

图39-3 明长城戍边聚落——柳沟村区位图[4]

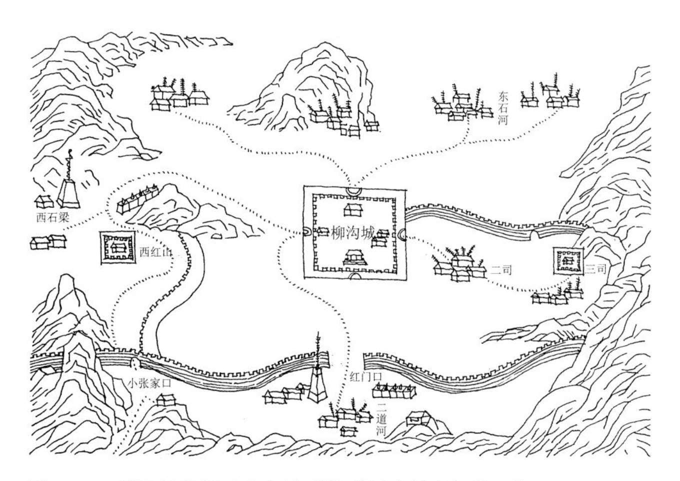

图39-4 柳沟城舆图（摹自清光绪《延庆州志》卷一）

根据村前所立石碑表明，柳沟村始建于明嘉靖二十二年（1543年），依长城而筑。嘉靖三十年（1551年）城内设四门，设守备一员；嘉靖四十五年（1566年）设宣府南山路参将一员；明万历二十四年（1596年）复增北关；明崇祯十六年（1643年），为了加强对明皇陵的守卫，明朝廷在柳沟村设陵后总兵，其管理范围西到榆林，东到四海冶，成为当时延庆地区最高军事长官的驻地。

到了清代，柳沟城逐渐没落与荒凉。清康熙二十一年（1682年），著名词人纳兰性德奉旨巡边，曾留宿柳沟城，有感于边塞风光填词一首：

《柳沟晓发》

何处焠吴钩，一片城芜枕碧流。曾是当年龙战地，飕飕，塞草霜风满地秋。

霸业等闲休跃马，横戈总白头。莫把韶华轻换了，封侯，多少英雄只废丘。

结合瓮城的堡门

明柳沟城选址于山前的冲积平原上，地势平坦，布局规整，平面呈方形，面积约63000平方米。城门连接瓮城，从外侧堡门进入瓮城，路线折转后另有入村的隐蔽堡门（图39-5）。这种堡门结合瓮城的防御形式，是军事时代堡寨型聚落的典型形态特征（图39-6）。[5]城墙外侧包砖，内侧夯土，坚固厚重。北城下，有明代石旗杆座，座高0.96米，外径0.35米，内径0.21米，完整无损。[6]现城已毁，北城门尚存，可登临俯瞰全村。村西九龙山上有外长城遗址，城墙与烽火台的轮廓都清晰可见。

村内格局受“井田制”影响，呈整齐的方格网，主要的道路为十字街，东西向主街长200米，宽7米；南北向长街贯穿全村，北抵城门。正如《礼记·王制》中所述：“凡居民，量地以制邑，度地以居民，地邑民居，必参相得也。”由于居民户数、各户所占面积与田地划分的规模息息相关，最终形成了类似于划分农田的“邑”，在其周围用高高的夯土或砖石包围形成了“原始城堡”。[7]

柳沟村院落形制多为四合院。一般正房和倒座五间，四根明柱，两根半柱；厢房三间，两根明柱，两根半柱[8]。屋架为木构抬梁式，屋顶为双坡硬山顶，采用筒瓦盖顶（图39-7）。墙体多为砖砌或石砌，前檐下为木构，当地俗称“三封一敞”，门窗扇一般较大，多用方格花心。

图39-5　柳沟古堡鸟瞰

图39-6　柳沟古堡

图39-7　建筑外部

图39-8　建筑立面

门楼通常位于院落东南角，占据倒座半间，正对入口的厢房山墙上设有照壁，多有砖雕（图39-9）。有的照壁主题为浮雕松鹤，松树遒劲有力，两只仙鹤毛发毕现，栩栩如生，背景浅刻云雾缭绕的崇山峻岭，画面层次丰富，砖雕四角雕刻蝙蝠，寓意吉祥。有的照壁中央会雕刻八仙过海的场景，八位仙人各显神通，神态活灵活现，十分有趣。还有的山墙照壁装饰简单，没有繁复的砖雕图案，仅仅铺砌方砖，两侧阳刻对联，上联为“修身实业为三省”，下联为“克己功夫在九思”，表达了深厚的儒家思想，也反映了主人告诫自己及子嗣“克己修身”的意向。

图39-9 照壁

城隍庙

城隍庙，建筑面积73平方米，明代建正殿3间，清代重修，现被小学占用（图39-10）。[9]庙院内有一棵国槐，干径140厘米，为市一级保护古树。庙宇结构完好，大梁上有彩绘，色彩鲜艳，正中以红、蓝二色作底，绘有两条金色云龙形象（图39-11）。东西山墙上绘有以僧人、花卉、鹿与鹤为主题的壁画，画面恬然自得，自在洒脱（图39-12）。

凤凰城、火锅盆、豆腐宴

“民以食为天”，中国人最讲究的便是日常饮食。柳沟村依托“火锅盆豆腐宴”成功打造了“凤凰城、火锅

图39-10 城隍庙

图39-11　城隍庙结构

图39-12　壁画

盆、豆腐宴”这一民俗体验，经过十几年的发展，已经成为享誉京城的特色乡村旅游品牌。食客、记者纷纷慕名而来，就连北京市第十一次党代会召开期间，柳沟村每天都要将十二锅豆腐宴送进党代会的五个餐厅，足见柳沟村的火锅盆豆腐宴有多受欢迎。

豆腐宴在传统老豆腐的基础上，又开发出了三色豆腐，即美容养颜的黄豆豆腐、滋补养肾的黑豆豆腐、清热去火的绿豆豆腐。火锅盆具有素菜为主、荤素搭配、油而不腻的特点。四周配以具有农家特色的三个辅锅，三个小碗，六个凉菜，取三阳开泰、四平八稳、六六大顺之意。不仅如此，火锅盆放料和火候也十分讲究，概括起来叫“菜要炖烂，豆腐抱蛋，肉味扑鼻，粉条成线，菜叶要鲜，众人喜欢”。[10]火锅盆最大的特色就是味美菜鲜，常热常吃，随吃随加。

老腔大鼓

大鼓书是一种说唱兼有的艺术形式，说书人配合三弦琴、四胡等乐器，和搭档一同表演。表演顺序为乐师弹一段三弦琴开场，再由搭档拿着竹板、敲着鼓开始唱，此时乐师则换成四胡为其伴奏。琴声悠扬低沉，说唱诙谐有趣，是过去十分受欢迎的一种表演形式。由于发源地的不同，大鼓书分为很多种，调子略有不同。除了奉天大鼓起源于沈阳，其他大鼓都产生于京、冀地区，如老腔大鼓。大鼓书在延庆地区很受欢迎[11]，但它已经成了一项面临失传的技艺。目前，柳沟村内还有一位该门技艺的传人——姜德琴。老人年轻时作为一位说大鼓书的艺人，常辗转于各村间。

图39-13　柳沟村体验做豆腐

1　北京市延庆区2017年统计年鉴。

2　延庆县地名志编纂委员会. 北京市延庆县地名志. 北京：北京出版社，1993.

3　郭阳. 北京地区传统村落分布与特征研究［D］. 北京建筑大学，2014.

4　改绘自董明晋. 北京地区明长城戍边聚落形态及其建筑研究［D］. 北京工业大学，2008. 49.

5　孙弘扬. 延庆地区传统堡寨型聚落形态及保护策略研究［D］. 北京建筑大学，2015.

6　延庆县地名志编纂委员会. 北京市延庆县地名志. 北京：北京出版社，1993. 281.

7　夏邈. 延庆地区传统村落风貌特征研究［D］. 北京建筑大学，2014.

8　半柱就是指柱子一半隐于山墙之中，只有一半露明的做法。

9　延庆县地名志编纂委员会编. 北京市延庆县地名志. 北京：北京出版社，1993. 281.

10　罗建军. 京郊特色农家宴“柳沟火盆锅”［J］. 北京档案，2012（8）：34-35.

11　王璐. 孤独的老腔大鼓艺人［J］. 北方音乐，2006（7）：31.

40

延庆区·珍珠泉乡·南天门村

获得称号

第一批北京市传统村落。

地理位置

北京市延庆区珍珠泉乡，距市中心约83公里（图40-1、图40-2）。

社会经济

村中目前有居民52户，常住人口112人，均为汉族。[1]村域面积2.5平方公里，耕地208亩，农作物主要为玉米和春小麦，耕作方式为套种。村西南方向500米有莱食河，1987年在河旁修渠，引水入村，自此村民开始用上自来水。村中现有扬水站2座，渠长1500米，水浇地119亩，水利条件为珍珠泉乡最好。2011年村集体年收入达156万元。

图40-1　南天门村在延庆区的区位图

图40-2　传统民居鸟瞰

二石直立，其形似门

村落选址于河谷台地之上，土壤肥沃，资源丰富。因村域内南山崖上有二石直立，其形似门，故名南天门村。[2]聚落沿沟谷呈带状分布，村南有一条长约五百米的主街贯穿东西。道路尽头有圆形广场，是村民集会的主要场所。圆形广场附近还遗存一处古石碾，成为标志性的节点（图40-3）。另外，村中现有油松1棵，树龄270年，干径100厘米，长势旺盛，为市二级保护古树。村南山顶还有一棵古树虽已枯死，但枝干遒劲（图40-4）。

图40-3　村中古碾

宽阔的庭院，质朴的瓦房

村内民居院落普遍较大，布局自然舒展，坐北朝南，采光充足。常见的院落形式以一合院、二合院为主，三合院较少（图40-5）。建筑单体为抬梁式木结构，墙体用砖石和泥土砌筑，屋顶采用双坡硬山顶，上覆青瓦。建筑立面虚实对比强烈，窗下墙和屋顶部分较实，中间的门窗扇较虚。窗下墙是重点装饰的部位，填充了各色当地的卵石（图40-6～图40-9）。门窗扇尺寸较大，多为方格状，利于室内采光；窗扇为上悬窗，方便夏季通风（图40-10、图40-11）。

图40-4　山顶古树

图40-5　整体风貌

图40-6　南天门村5号院

图40-7　5号院正房

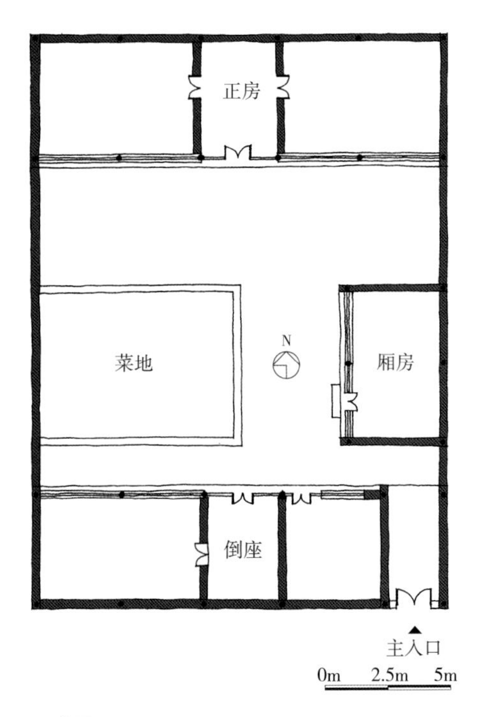

图40-8　5号院平面图

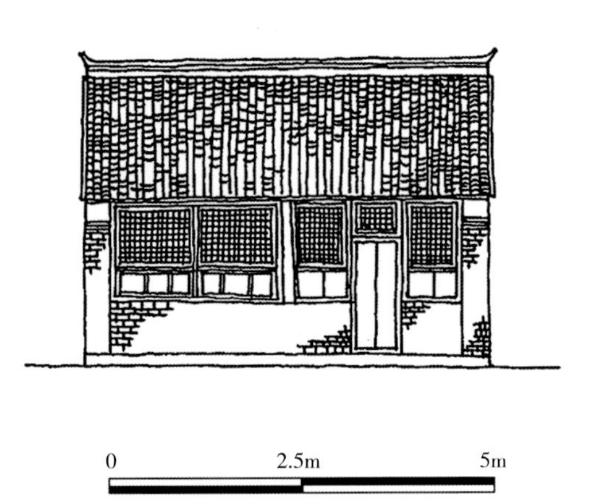

图40-9　5号院立面图

图40-10 门窗扇

图40-11 窗扇开启方式

1 北京市延庆区2017年统计年鉴。

2 延庆区地名志编纂委员会. 北京市延庆区地名志. 北京：北京出版社，1993. 257.

41

延庆县·康庄镇·榆林堡村

获得称号

第一批北京市传统村落。

地理位置

北京市延庆县康庄镇，距市中心约68公里（图41-1、图41-2）。

社会经济

村中目前有居民690户，常住人口1920人。村内种植业主要以粮食种植为主，蔬菜及其他经济作物种植为辅，粮食作物面积一直占种植面积的85%左右，以玉米为主。随着榆林堡葡萄采摘园的建立，产业结构将向多元化方向发展。[1]

图41-1 榆林堡村在延庆县的区位图

图41-2 榆林堡村鸟瞰

妫川八景之一，其名榆林夕照

榆林堡，亦称榆林屯、榆林驿、榆林屯堡，因一片榆树林引得无数文人佳客奔赴前来。元代诗人陈孚曾写诗《妫州》描述这大片榆林：“榆林青茫茫，塞烟三十里”。元代周伯琦的《榆林驿》中提到“此地名榆林，自汉相传旧。”《（嘉靖）隆庆志·卷一·地理》载：“榆林，在州城西南三十里，为妫川八景之一，其名榆林夕照。”由此可见，此地以“榆林”命名历史久矣。

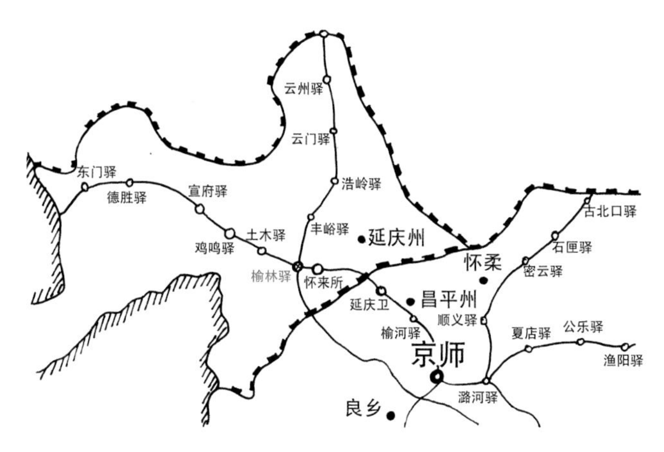

图41-3 明初驿路分布图（改摹自《明代驿站考》）

皇帝巡行的必经之路

《（嘉靖）隆庆志·卷一·地理》载：“榆林驿，在州城西南三十里，隶隆庆卫。”但根据据王灿炽在《北京地区现存最大的古驿站遗址——榆林驿初探》一文中指出，元代榆林驿的旧址，当在“西旧榆林”，即今河北省怀来县西榆林[2]。

榆林驿始建于元世祖中统三年（1262年）。《元史·世祖纪》载：“中统三年五月，自燕至开平立牛驿，给钞市车牛。”又《永乐大典·卷一九四一七》载：“中统四年五月十二日，中书右丞相安童、平章政事忽都答儿奏：中都至上都站赤以聚会故，递运系官及投下诸物数多，滞不能发，至甚劳苦，臣等与枢密院制国用使司、御史台宣徽院，及四怯薛官同议，洪赞至独石四站，各增车驴三十具，榆林站增牛驴十具，总计价钞一百五十六锭。”

在元代，榆林驿隶上都路管辖。作为元代的官方驿道，榆林驿是每年皇帝巡行的必经之路，备受皇家重视。明代《永乐大典·卷一九四二二》载：“上都路所辖陆站一十八处，马一千九百三十六匹，车六百辆，驴二千二十头，牛一千三百四十只。……榆林站，马二百五十匹，车四十辆，驴四百头”。又，《元史·世祖纪》载：“至元十六年（1279年）六月乙酉，榆林、洪赞、刁窝，每驿益马百五十，车二百，牛如车数给之”。

景泰五年筑堡障卫

《（嘉靖）隆庆志·卷六·屯堡》载：“本州境内军民杂处，屯营星散其周，以垣墉而为堡者……虏贼复来未破者止十馀堡耳。东红寺屯堡、泥河屯堡、榆林屯堡”。现址的榆林堡筑建于明英宗正统十四年（1449年）。当年八月，明军在土木堡惨败，明英宗被俘，史称“土木堡之变”。瓦剌军洗劫了从居庸关至大同、宣府的驿站。在总督军务兼兵部尚书于谦的领导下，明朝在此营建榆林堡城，用作军事防备（图41-3）。清《读史方舆纪要》写道：“（榆林）堡初置于卫东羊儿峪北，正统末移于此。”

筑造榆林堡耗时5年，于明代宗景泰五年（1454年）完工。故而《（正德）宣府镇志》载：“榆林驿在城东南二十里，俱隶直隶隆庆卫，景泰五年筑堡障卫”。《（康熙）怀来县志》亦载：“榆林堡，景泰五年建。”

《宣大山西三镇图说》载：“本堡（榆林堡）建自国初，先设于羊儿峪北，正统己巳，而后改移今址。隆庆三年甃周二里，高二丈五尺，设操守官一员，所领见在，官军七十四员，名马一十七匹。本堡坐落介岔道、怀来，间而實聯延庆永宁之境，喻此即昌镇，白羊口藉使力守此城。虏欲南入宁不顾后，此亦扼险处也。旧属昌镇，今併改隶本镇，乃把总防御不属本路统辖，有警昌镇既不能越岔道为之援本镇，或以非分土不之急。谁于守者似应照永宁例，改本路节制为便。”

另外，在榆林堡南城东门外有一块石匾额题刻“新榆林堡”（图41-4）[3]，左侧落款“大明正德十三年夏六月吉日立”；右侧书：“钦差分守居庸关等处指挥同知孙□□，委官千户吉完文”。可知，明武宗正德十三年（1518年），榆林堡扩建南城完工。

明隆庆己巳年（1569年），榆林堡北城包砖完工。明万历四十五年（1617年）主管兵备事宜的胡公思伸重修榆林堡。《（光绪）怀来县志》记：“万历四十五年（1617年），兵备胡公思伸重修，周三百六十五丈，内外

图41-4 “新榆林堡”石匾额

砖砌，城楼六座，八字墙十二丈”。重修的榆林堡周长三百六十五丈，约合1200米，北城墙内外皆采用砖砌，城内有城楼六座。南城城墙仍保留原先夯土材质。

榆林驿开设永兴集

清代后，长城的军事防备作用逐渐减弱。榆林堡开始从军事堡垒转型为一处民用聚落，清康熙时在此设立集市，使其逐渐成为周边区域的中心。据《（康熙）怀来县志》记载：“康熙四十二年始，榆林驿每月一、三、五、七、九日在人和街开设永兴集。当时南城东大街至西门外仅四、五十户人家就有王家客店、吕家车马店、德丰恒百货店、油房、缸房、药店、当铺十六、七家，还有零售、设摊流动小商。每逢集日商客云集，工、农、副、渔各类商品样样俱全，人山人海热闹非凡。”原古驿大道（现东西大街）横穿南城，街道宽9米，两旁商铺林立，可以遥想当年热闹非凡的盛况。

北洋政府裁驿置邮

1913年，北洋政府宣布裁撤所有驿站，全国范围内开始进行“裁驿置邮”，榆林驿作为邮驿的历史落下帷幕。如山西《曲沃邮驿考》中载：“清末宣统三年（1911年），县城开办了现代邮政局，驿站依然存在，直到民国三年（1914年）才正式关闭。”江苏《句容邮政》中载：“光绪二十二年（1896年）大清邮政成立，驿铺逐渐裁撤；光绪三十年（1904年）句容县城始设邮寄代办所，县城‘云亭驿'于宣统三年（1911年）裁撤。”由于京张铁路的开通，驿站的裁撤，现代的交通方式取代了古老的邮驿，过往人流物资减少，榆林堡逐渐衰败。

榆林堡的规制

为了抵御蒙元残部的骚扰，明朝构建了以长城为主体，沿线划分为九个防区的九边镇戍体系。九边重镇的驿路多沿袭原有通衢大道。驿路沿线驿站数量众多，东起鸭绿，西抵嘉峪，主要分布于长城以南沿线的广大地区。

榆林驿是大都至上都十二站中的重要驿站，是元朝皇帝往返大都和上都车驾扈从的必经之地。由于地处怀来盆地中心，这里是洋河、妫川、桑干河交汇处，地势平坦、土地肥沃。良好的自然条件有利于农作物的生长，出现了“戍卒已无烽燧警，田家多有稻粱肥”[4]的太平景象（图41–5）。

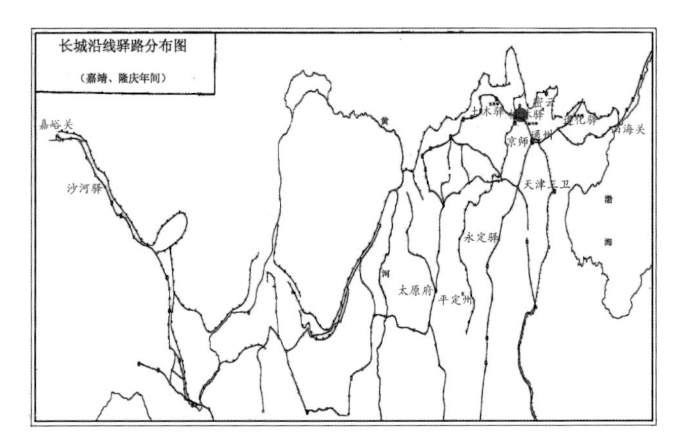

图41–5 长城沿线驿路分布图（出自《明代驿站考》，杨正泰撰）

图41–6 现存城墙遗址

一般驿站多有边墙障卫。有关榆林堡的规制，诸书所记略有不同。清康熙《怀来县志》中载：“砖城。向南。周围三百七十九丈五尺，高三丈五尺，厚一丈五尺，池深八尺，阔二丈。”清光绪《怀来县志》中载：“万历四十五年（1617年），兵备胡公思伸重修，周三百六十五丈，内外砖砌，城楼六座，八字墙十二丈。”《宣大山西三镇图说》中载：“（榆林堡）周二里，高二丈五尺。”（图41–6）

就目前遗存的现状而分析，榆林堡呈“凸”字形平面，分北城和南城两部分（图41–7）。北城略呈方形，周长974米，占地面积为59276平方米，约6公顷；南城为长方形，东西长423米，南北宽245米，周长1336米，占地面积103092平方米，约10公顷。南北城全周长2064米，共占地162368平方米，约合16公顷。古驿大道穿过南城，城内东西大街称“人和街”[5]，为县级文物保护单位。当年大街两侧旅店、商店等鳞次栉比，繁华热闹。其余街巷宽度各不相同，宽至十几米，窄仅五六米。这些街巷半数保留了原貌，穿行其间，或拾级而上，或曲径通幽，或通达开阔。

不过，榆林堡的保存现状并不容乐观。现残存土城墙，南、北二城共计199米，其余城墙已夷为平地，荡然无存[6]。原有的六座城楼早被拆除。北城设东、南二门，南门名曰“镇安门”，有城楼和瓮城。南城设东、西二门，在这二座城门上，均嵌有“新榆林堡”石匾一方。

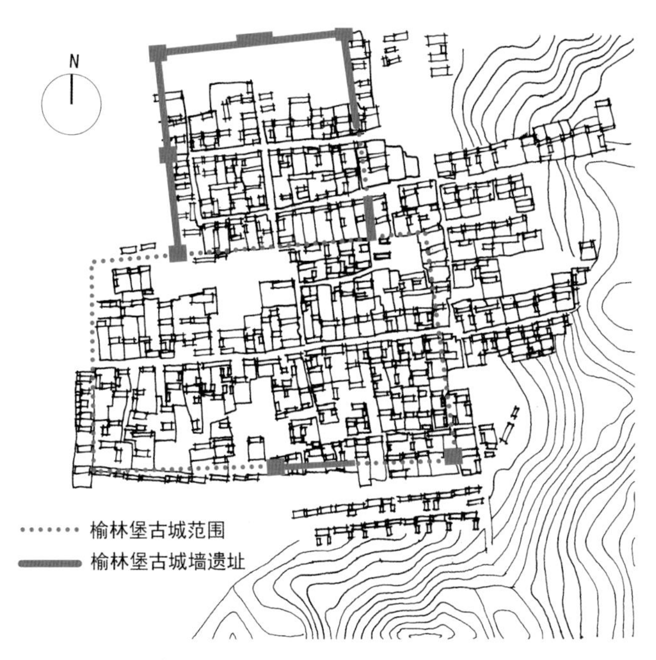

图41-7 “凸”字形城堡

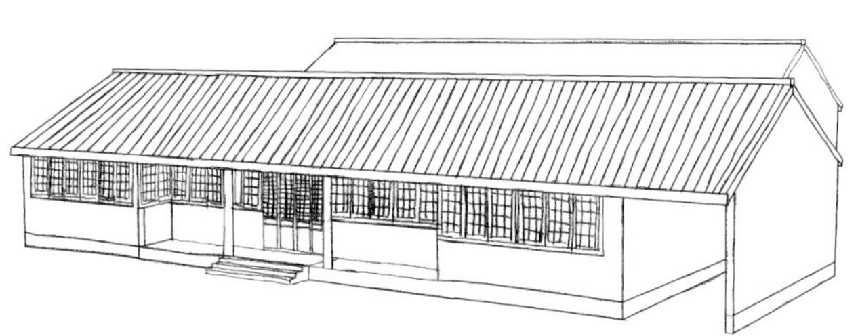

图41-8 刘家公馆透视图

图41-9 刘家公馆精美的雕饰

“慈禧西行、乾隆托梦”的刘家公馆

光绪二十六年（1900年），庚子国变，慈禧太后携光绪帝避难西行，途经榆林堡时曾在刘姓人家休息。该宅院因而更名为刘家公馆（图41-8）。公馆位于人和街路南，单层民宅，保存相对完好（图41-9）。紧靠人和街的墙壁上依稀可以看到“慈禧西行、乾隆托梦”的字样。南房门窗格扇雕饰精美，图案是传统的“明八仙”[7]，以及一些反映田园生活和祈求吉祥的图案，工艺精巧，令人惊叹（图41-10～图41-12）。

图41-10 刘家公馆的“明八仙”图案

城隍庙

据载，榆林堡内原来还有若干寺庙。如马神庙、藏经庙、龙王庙、文昌阁和武昌阁等大小庙宇十余座[8]。除城隍庙外，其余旧址皆不可考。

城隍庙，位于村北的东庄户大街西侧路北，庙前有一片狭长的空地，用于庙会时人流集散（图41-13）。该庙是坐北朝南的一进院落，建造年代不详。现正殿、东西配殿、钟楼、倒座保存完好。正殿三间，面宽约11米，进深约8米，硬山顶。东西厢房两间，面宽约3米，进深约5米，单坡顶，当地有“屋顶半边盖，肥水不流外人田”的说法。厢房南侧有东西偏殿廊庑，五开间，面宽约15米，进深约3米，单坡顶，由6根木柱支撑，无檐墙。廊庑南侧有钟楼鼓楼对称而立，两层高，平面3米见方，歇山顶。倒座三间，南北开门过厅，面宽约9米，进深约7米（图41-14、图41-15）。

图41-11 反映田园生活的窗棂图案

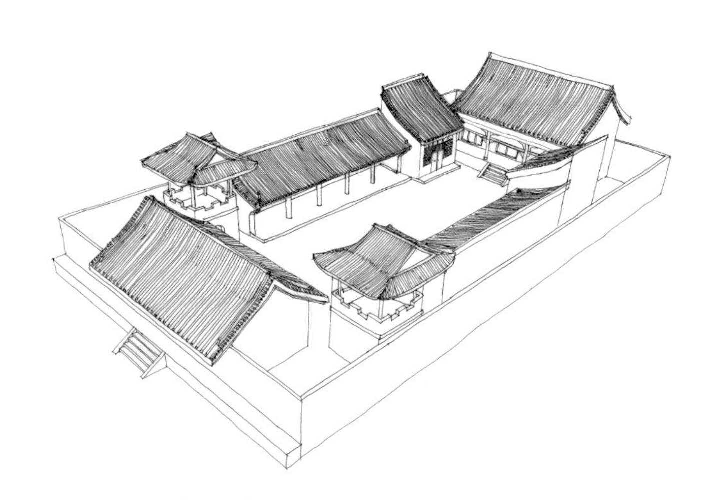

图41-13 城隍庙鸟瞰图

图41-12 刘家公馆中男耕女织的窗棂图案

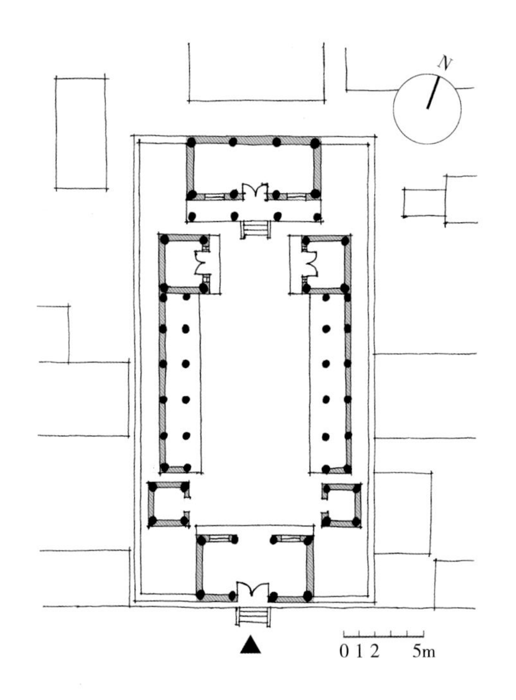

图41-14 城隍庙平面图

装饰精美的堡内民居

由于长期受自然及人为的破坏，榆林堡保存完整的传统民居数量较少，主要分布于人和街两侧（图41-16）。建筑装饰一般见于其关键部位，平实简朴，有点睛之趣，主要集中在窗棂、门枕石以及墀头等处，以木雕装饰和石雕装饰为主，现已留存不多（图41-17）。其中，门枕石以箱形与抱鼓形居多。箱形门枕石，主要用于文人的院门，彰显主人的文化修养；抱鼓形门枕石，石鼓下常以花叶托抱，鼓座上多雕有包袱角，线雕花饰细腻精美（图41-18、图41-19）。墀头常见的图案有寓意高洁的兰花和寓意富贵的牡丹等，也有寓意子嗣繁盛的葡萄图案及寓意吉祥和飞黄腾达的狮子图案（图41-20）。

图41-15 城隍庙

图41-16 人和街南侧的现存民宅

图41-17　村内照壁

图41-18　村南某民居箱型门枕石

图41-19　民居抱鼓形雕花门枕石

图41-20　民宅墀头雕刻

1　https://baike.baidu.com/
2　王灿炽. 北京地区现存最大的古驿站遗址——榆林驿初探［J］. 北京社会科学，1998（1）.
3　该石匾现由北京市延庆县文物保管所保存。
4　嘉靖《隆庆志》中提到《妫川八景·榆林夕照》。
5　出自《怀来县志》："康熙四十二年始榆林驿每月一、三、五、七、九日在人和街开设永兴集。"
6　参见延庆县文物管理所：《塞外古驿站——榆林》（1997年1月13日该所油印本）；榆林堡文物保护小组：《榆林堡文物资源调查简报》（1997年5月19日该小组油印本）。
7　指的是道教中八位惩恶扬善、济世济贫的神仙，共七男一女，即汉钟离、张果老、韩湘子、铁拐李、曹国舅、吕洞宾、蓝采和及何仙姑，用以祈求吉祥如意，福乐长寿。另外，相对应的暗八仙，指的是八仙所用的法器，以代表其人其事，表达一种美好的愿望和祝福。
8　康庄镇人民政府：明代榆林堡驿城遗址记，1999年9月9日，碑现存于榆林堡东门。

42

延庆县·八达岭镇·岔道村

获得称号

第一批中国传统村落。

地理位置

北京市延庆县八达岭镇，距市中心约61公里（图42-1、图42-2）。

社会经济

村内现有居民520户，常住人口1280人。

图42-1　岔道村在延庆县的区位图

图42-2　岔道村主要街道鸟瞰

从岔道堡，到岔道城，再到岔道村

明时出八达岭关城后，道路一分为二，一路向西经榆林堡、土木、鸡鸣三驿至宣府，一路向北至延庆州、永宁卫、四海冶，岔道村便位于这道路分岔之处。明嘉靖二十六年（1547年），巡按直隶监察御史王士翘巡视居庸关等后，认为岔道村的战略位置极其重要，但设防不足。王士翘在《西关志·居庸关》中记载道：“居庸者京师之门户，岔道者居庸之藩篱”，“设使胡虏犯顺深入，将欲窥伺居庸，必先首及岔道”，而岔道“往年虽建有土墙而卑矮可踰，倾圮过半，虽设有巡检而弓兵不过二十余名，虽协守以壮夫而往来不常，缓急莫倚……岔道之城以守则无城，以御则无兵”，“委岔道不守是弃藩篱以资盗寇，非长策也”，上疏说：“然欲守此非城不可，非兵不可”，建议在岔道修城驻兵。《西关志·居庸关》载：“八达岭外不一里许，有所谓岔道堡者，乃该关隆庆卫余丁与保安、隆庆等州、卫军民杂居，贸易久而成聚者也。”[1]

嘉靖二十八年（1549年），巡按直隶监察御史曾佩巡视居庸等关后，也上疏说道：“（岔道堡）四周虽罗以土墙，卑矮可踰，虏若登坡而下，虽有贲育莫能御之，此堡之势危矣……盖岔道此堡适当八达岭之口，居庸关之藩篱，唇齿相系，如欲虏之绝意于居庸也，必先使之无垂涎于岔道，未有岔道危而八达无事、居庸不震惊者也，居庸震惊则京师、畿辅又可知矣”，恳乞在岔道筑堡保民“寝戎心以图关隘万全”[2]。

嘉靖三十年（1551年），由于岔道堡频传警报，开始修筑城墙。起初，城墙只是用黄土夯筑，“城墙上设有马道，外侧宇墙设垛口、望孔、射口”[3]。隆庆五年（1571年），开始在土城墙外包砌石块和城砖，工程持续到万历三年（1575年）才完成。修筑后的岔道城与八达岭、上关城、居庸关城、南口城形成沿关沟一线由北向南纵深布置的5道防线，共同保卫京师的安全（图42-3、图42-4）。清代以后，岔道城不再设防驻军，遂逐渐演化为如今的村落。

图42-3　岔道城与八达岭的关系（根据张惇德等《延庆州志》改绘）

图42-4　关沟沿线五道防线（据冯瑗《九边图说开原图说》改绘）

岔东雄关，岔西雄关

如今的岔道村由东关、岔道古城、西关三部分组成。岔道古城即原岔道城所在，选址于两山坡峡之间，由东向西沿沟谷展开，依山势而建。古城平面呈不规则“船形”，中间略鼓，东西两端均向内收缩，北部城建在半山之上，南部建于山脚之下，筑城之初“城周二里一百一十丈八尺，高三丈”[4]（图42-5）。现存城墙东西长约510米，南北宽约158米，高约8.5米，宽约6米，东、南两面城墙保存较好，北侧城墙损毁较为严重，仅存有东西两端两座夯实的城台遗址（图42-6、图42-7）。

城墙原辟有东、西、南三门，南门已无存，仅剩东西二门，东城门匾额上刻有“岔东雄关”，西城门匾额上刻有“岔西雄关”（图42-8～图42-10）。一条贯穿东西的主街将两门连接起来，建筑沿主街两侧依次排布，这样的布局利于战时军民的快速集结和调动，符合岔道城作为军事要冲的功能。另外，主街道旁有三棵枝繁叶茂的古槐，其中一棵位于西段南侧，另外两棵位于街道东段，分居街道南北两侧，见证着岔道古城的历史沧桑。

图42-5 岔道城现状总平面

图42-6 明城墙东北角城台遗址

图42-7 明城墙西北角城台遗址

图42-8 修缮后的南部城墙

据老人口述，城内原有数量众多的明清民居院落，紧临主街的院落将沿街的倒座房或者整个院落设置为商铺、旅馆等。古城内另有关帝庙、城隍庙、清真寺、三官庙、戏台等多处公共建筑（图42-11、图42-12）。其中城隍庙和关帝庙两庙共用城隍庙的山门。两座庙宇规模都不大，均为一进合院。古井位于村子中部，主街道北侧，现仍保存完好（图42-13）。2001年，岔道城被公布为北京市市级文物保护单位，并于2002年进行了修复。

传统文化

岔道村依托长城景区，恢复了古城内百年前已有的康家老店、三顺店、兴隆店等老店铺，重现古城原始风貌。同时，村中组织成立了威风锣鼓队，并先后参加了县、镇举办的迎奥运倒计时等大型文化活动（图42-14）。

图42-9 东侧包砖城墙

图42-10 东城门

图42-11 岔道村局部鸟瞰

图42-12　民居院落鸟瞰

图42-13　古井

图42-14　岔道村威风锣鼓队

1　王士翘．西关志·居庸关·卷 6，筑堡保民寝戎心以图关隘万全疏
2　王士翘．西关志·居庸关·卷 6，筑堡保民寝戎心以图关隘万全疏
3　郭汉文．延庆古堡岔道明城．北京档案，2001（7）.
4　杨时宁．宣大山西三镇图说．岔道城图说．

43

通州区·漷县镇·张庄村

获得称号

第一批北京市传统村落。

地理位置

北京市通州区漷县镇，距市中心约44公里（图43-1、图43-2）。

社会经济

村中目前有居民383户，常住人口984人[1]。

图43-1　张庄村在通州区的区位图

图43-2　村南凤港河

京杭大运河的最北端

张庄村，再往北2公里即为京杭大运河。作为京杭大运河的最北端、当年水陆进京的必经之地，张庄村的形成发展与京杭大运河休戚相关。漕船搭载着江南的万千锦绣扬帆而来，在天子脚下36公里的古运河积淀起丰厚的历史文化底蕴。乾隆三十七年（1722年）“御制”神道碑记载可见古运河当年的盛世繁华：“潞河为万国朝宗之地，四海九州岁致百货，千樯万艘，辐辏云集，商贾行旅梯山航海而至者，车毂织路，相望于道，盖仓庾之都会而水路之冲达，”所谓“舟楫之盛，可抵长城之雄”。如今，通州依然保留着燃灯佛舍利塔、中仓仓墙、石坝码头等近百处与大运河相关的建筑和遗址。但是，由于地处平原，张庄村交通便利，水源充足，土地肥沃，村庄建设发展迅速，保存的传统民居已经为数不多，仅从雕刻精致的抱鼓石遗存，得以窥见当初村落的繁荣景象（图43-3、图43-4）。

蓝色双龙，运河崇拜

伴随着水运文化兴起的民俗活动——龙灯会与小车会却得到了良好的传承。其中，运河龙灯会为北京市级非物质文化遗产，其历史能追溯到170年前的清代道光十四年（1835年）[2]。据传，每逢年节或遇灾害，龙灯会都要走会[3]，祈福迎祥以求神灵保佑。

龙的造型为七节，龙身为蓝色，龙口大张，需20人进行表演。龙头方口造型及蓝色双龙在北京地区较为少见，蓝色代表“水”，反映了人们对运河的赞颂和崇拜。龙的脖子上各系五个铜铃，双龙舞动时，铃声清脆悦耳，极大地调动了群众的参与积极性。龙灯会曾有表演套路30余种，但现在只整理出其中的13套，有待于进一步的挖掘抢救。如今的龙灯会，已经逐渐成为群众娱乐健身、营造喜庆气氛的文化娱乐活动（图43-5、图43-6）。

图43-4　抱鼓石

图43-3　传统民居

图43-5 舞龙道具

图43-6 舞龙

1 北京市通州区2017年统计年鉴。
2 据龙灯会现任会头谢文荣讲述。
3 走会是一种传统的民俗歌舞表演，在北京又叫作香会，1949年后改称花会。

44

海淀区·苏家坨镇·车耳营村

获得称号

第一批北京市传统村落。

地理位置

北京市海淀区苏家坨镇，距市中心约33公里（图44-1、图44-2）。

社会经济

全村面积9506亩，居住居民135户，人口340人。村中适宜种植果树，三季有花、四季有果，以盛产“玉巴达”杏而名满京城。另外，该村绿色植被覆盖率达到95%以上，空气纯度为市区的5倍，负氧离子含量是市区的150倍，平均气温比市区低3~4℃，享有“京都绿肺自然大空调”之美称。

图44-1　车耳营在海淀区的区位图

图44-2　车耳营村总平面图

从车营，到车儿营，再到车耳营

车耳营成村于辽金时代，至今已有500多年历史。明隆庆元年（1567年），抗倭名将戚继光奉命镇守内长城，以都督同知总理蓟州、昌平、保定三镇。他在镇16年，练兵、治械、陈图都有创见。这位名将曾进行军制改革，用新式火器装备明朝军队，其部下在西山一带建立车营，一直延续到清代。故而，人们将此地称为“车营”。因后人发声儿化音太重，“车营”逐渐演变为“车儿营”，今日则称“车耳营”[1]。

车耳营粥茶老会茶棚

除军事防御功能外，车耳营村还是妙峰山古香道中的重要一站。妙峰山上有一座供奉碧霞元君的娘娘庙，自明朝起便有举办妙峰山娘娘庙会的习俗，明清两代及民国年间一直盛行，号称“香火甲天下”，是老北京及北方省市影响最大的一项汉族民间信仰、民俗风情活动。

据《燕京岁时记》载，庙会期间香火极盛，“庙在万山中，孤峰矗立，盘旋而上势如绕螺。前可践后者之顶，后可见前者之足。自始迄终，继昼以夜，人无停趾，香无断烟……夜间灯火之繁，灿如列宿。以各路之人计之，共约有数十万。以金钱计之，亦约有数十万”。据史料记载，自山前去妙峰山进香有多条山道，最为著名的有四条，分别是南道、中道、中北道和老北道。车耳营村就在老北道上[2]。老北道上有茶棚9座，供人们歇脚。过去天津人去进香时都走这条香道，所以此条香道上茶棚也为天津人所建，如老爷庙（关帝庙）茶棚、车耳营粥茶老会茶棚、双水泉茶棚、磨镰石河“天津磨镰石河馒首粥茶会”、双龙岭茶棚、大风口“天津合郡路灯茶会”、磕头岭茶棚、苇子巷粥茶老会茶棚和贵子巷茶棚。其中，关帝庙、龙泉寺、双水泉、磨镰石河等都在车耳营村附近。但原朝圣道上的茶棚多已破坏，实属遗憾。

《北平风俗类征》中引史料描述北道：“相距五六里即有茶棚小憩，所由上下……棚内供庄严宝相，磬声清越，凡想顿消。过此，睹庙门，路仍缭曲，往复不可以一蹴几，檀烟缭绕，楮帛满积庭除，香客皆屏足息气，无敢少哗云。”老人们亦津津乐道，朝顶进香期间，唯有北道路上点的是汽灯，十分明亮，如同白昼，故而夜间上山者，以走北道者多。《妙峰山》一书也载有天津公善汽灯会的会启，称“老北道历年沿路所点汽灯，所有一切资费，皆由本会自行筹备”，又特书曰“不敛不化，并无知单”。此外，尚有天津合郡路灯会亦参与此事。由此可见进香道上的壮观场面和娘娘庙香火之盛况、资金之阔绰。

背靠燕山，上风上水之地

《光绪昌平州志》书载：“车儿营距城四十里，东至聂各庄四里，南至山，西至山，北至山，东南至西阜头村五里，西南至山，东北至抬头村五里，西北至山。”由于地处山区与平原交接处，村落选址背靠燕山支脉，为上风上水之地。整体地势西高东低，聚落形态呈东西向线性展开。

道路骨架基本呈现鱼骨式的格局，由一条东西向主街和与之相连的众多南北向次要街巷构成。民居建筑大都建在东侧相对平缓的山谷地带，朝向、光照及通风条件良好。沿主街向西，靠近山体有少量零散分布的宅院，建筑布局灵活，并通过尺度的变化及不同院落的组合，与周围山势相适宜。不同标高的台地间以石阶或坡道相连，形成平面线性延展、竖向层次丰富、整体布局自由的村落形态。

寺庙和古道限定了村落的边界和节点空间。如黄普院、龙泉寺建在地势较高的山上，关帝庙位于村落东侧入口，村南向西则为妙峰山古香道。目前，村落外围开辟了多个采摘园，满足村民生产生活需求。

“阎惠端为皇帝太皇太后造像”

石佛殿乃石佛寺的佛殿，距车耳营关帝庙二百余米，位于车耳营村北（图44-3）。原大殿坐西朝东，殿前曾有山门。据史料记载：清咸丰二年有住持僧，法号融和。《妙峰山琐记》云：“其处久远无僧徒，现一安定门内方家胡同姚姓者居守，庙以‘石佛殿’称。”民国15年（1926年），石佛殿漏雨欲塌，由国民党文人李石曾、段其光（姚家女婿）仿西欧建筑，请白虎涧石工，翌年春建造石亭一座（图44-4、图44-5）。亭高7米许，四面辟有拱形门窗，将石佛保护起来。石佛像，也称魏太和造像，雕凿于北魏太和二十三年（499年），其背面的造像记中明确记载：“太和十三年三月十五日阎惠端

图44-3 石佛殿遗址

为皇帝太皇太后造像"，该造像弥足珍贵，于1957年被列为北京市重点文物保护单位（图44-6）。

关帝庙，老爷庙茶棚

关帝庙为三合院落，位于村东入口处，俗称老爷庙，此庙过去是"老爷庙茶棚"，始建于明嘉靖年间，清光绪初年重修，2003年又有修缮，现为海淀区文化保护单位。庙前矗立有辽代所植的"迎客松"一株，树干周长为3.5米，至今已有一千多年，是北京的"古油松之最"。听当地人讲，从不同的角度观赏这棵迎客松可以看到龙、凤、鹿等不同的吉祥物造型，所以当地人又把它称为"福寿禄迎客松"（图44-7）。

图44-4　姚氏后人[3]

图44-5　石亭

图44-6　石佛[4]

关帝庙有坐北朝南的正殿三间，硬山灰筒瓦顶，殿内梁檩上有旋子彩画[5]，在构图上采用一整二破法，且用金量少，仅在旋眼部分贴金，枋心部分装饰无具象图案，用青绿色叠晕处理（图44-8～图44-10）。殿内供奉关羽塑像，周仓、关平各立两边。东西墙上，绘有关羽过五关斩六将的壁画。院内尚存光绪二年"关帝庙重修"石碑一通，方首，额题"万古流芳"四字，碑西侧另有一块刻于2005年的重修碑记。后院有大殿三间，现为三正两耳，供奉观音大士。每逢初一、十五小庙里都会挤满上香祈愿的村民。

"明照洞瑞云庵"

瑞云庵位于车耳营村西北地势较高的凤凰岭上，避开了低凹喧嚣之地，与村落保持着物理和心理上的恰当距离。据相关史料记载，该庙原为金章宗黄普院旧址，明弘治十四年（1501年）易名为瑞云庵（图44-11、图44-12）。庵坐北朝南，背依崇山，背靠深谷。山门石额题："明照洞瑞云庵"（图44-13）。山门东侧耸出一块巨石，名金刚石，高约20米，石顶建有一座高约3米的

图44-7 庙前古油松

图44-9 关帝庙娘娘殿梁枋彩绘装饰

图44-8 关帝庙崇宁殿

图44-10 关帝庙外墙墙体装饰图样

图44-11 瑞云庵

图44-12 瑞云庵正吻及戗兽

图44-13 瑞云庵山门

六角七层密檐式砖塔，塔基由青砖砌成，塔身每角处均有一个颇似卷角羊头的怪兽头浮雕，神韵非凡，栩栩如生（图44-14）。庵后为明照洞，凿石成洞，砌砖为室，后洞上有佛龛，下有金井。

图44-14 金刚石塔

图44-15 龙泉寺

龙泉寺供奉魏老爷

古刹龙泉寺始建于辽代，距车耳营村北二里，为西山北端的大寺（图44-15）。寺的西部原建于辽代，故坐西朝东，而东部现在的主要建筑则重修于明代，建筑坐南朝北。寺内以明代的“神柏”和古银杏著名。现以龙泉寺为中心建成“凤凰岭自然风景区”。

据刘乾泰考证，龙泉寺分东西二寺，各三大殿。西之正、后两殿坐西朝东，山门殿原有哼哈二将，门额镌“龙泉寺”三字。正殿有南北配庑厨库20余间，正殿内供释迦牟尼，旁列十八罗汉。东殿供奉着一农民泥塑像，当地乡民都称其为魏老爷。每年农历八月十七日是老爷庙会之期，进香者甚多。老爷庙背后的山即称老爷山，当地流传着很多有关魏老爷的民间传说。

如今，龙泉寺法会仍为兴盛，每年大致有10～20次法会举行，全国各地的香客信徒们，纷纷前来“朝顶进香”，一定程度上带动了当地旅游业的发展（图44-16）。

图44-16 龙泉寺香客信徒

民风民俗

车耳营村传统民俗活动如扭大秧歌、小车会、跑驴等。其中，小车会是历届海淀百花闹春——花会踩街活动的保留节目（图44-17）。

图44-17 车耳营村小车会

1 房志雄. 车耳营——深藏北京西山的古村落［J］. 首都食品与医药，2016（5）：51-54.

2 常华. 妙峰香道考察记［M］. 北京出版社，1997.

3 图片来源：http://360. mafengwo.cn/travels/info.php?id=7403156

4 图片来源：北京市农委提供.

5 旋子彩绘是用或圆润饱满或流畅柔韧的各色线条旋转盘结而成，瑰丽奇巧，眩目迷彩。其形成时间较和玺、苏式彩绘较早，是中国建筑装饰史上使用时间最长，使用范围最广的彩绘种类，涉及一般官衙、庙宇的主殿、坛庙的配殿以及牌楼等建筑物。

审图号：京S（2019）022号

图书在版编目（CIP）数据

北京传统村落（第一批）／北京市农业农村局主编．
—北京：中国建筑工业出版社，2019.4
ISBN 978-7-112-23221-5

Ⅰ.①北… Ⅱ.①北… Ⅲ.①村落－建筑艺术－北京
Ⅳ.①TU-862

中国版本图书馆CIP数据核字（2019）第016782号

责任编辑：费海玲　张幼平
责任校对：赵　颖

北京传统村落（第一批）
北京市农业农村局　主编
*
中国建筑工业出版社出版、发行（北京海淀三里河路9号）
各地新华书店、建筑书店经销
北京锋尚制版有限公司制版
天津图文方嘉印刷有限公司印刷
*
开本：880×1230毫米　1/16　印张：21½　字数：776千字
2019年12月第一版　2019年12月第一次印刷
定价：230.00元
ISBN 978－7－112－23221－5
（33295）